国家自然科学基金资助项目（编号：51678029）

当代城市轨道交通枢纽开发与空间规划设计

U0195856

目 录

当代城市轨道交通枢纽
开发与空间规划设计

夏海山 林春翔 刘晓彤 著

中国建筑工业出版社

序

　　2013 年初，北京交通大学夏海山院长组织的"轨道交通综合开发理论与实践国际研讨会"令我印象很深，我与邹德慈院士都参加了，我在大会开幕的发言中强调要提高城市规划对轨道交通的引导作用，会议上城市规划与轨道交通的专家们对轨道交通与城市协同发展的问题进行了热烈探讨。七年的时间过去了，我一直在关注夏海山团队围绕轨道交通与城市空间规划开展的研究工作，例如他们 2016 年为徐州市轨道交通换乘点的地下空间开发所做的研究，采用了很多量化的分析技术，为工程决策和规划实施起到了支撑作用。

　　夏海山教授也在我担任主编和名誉主编的《都市快轨交通》《Urban Rail Transit》两本城市轨道交通学术刊物中担任编委，积极参加刊物组稿和审稿工作，特别是在英文刊物初创阶段，为组织海外专家和策划专栏文章做了很多有益的工作。中国轨道交通协会成立专家委员会时，我推荐夏海山作为城市规划领域的专家加入委员会，也是希望通过这个平台发挥他的专长，促进轨道交通与城市协同问题的深入研究。2019 年 10 月正值庆祝中华人民共和国成立 70 周年，也是我国第一条地铁开通 50 年，我收到夏海山送来的《当代城市轨道交通枢纽开发与空间规划设计》书稿，很高兴答应为这本书写个序。

　　中国已经进入城市轨道交通时代，目前中国内地累计有 40 座城市开通城市轨道交通，运营线路共计 6730 千米，预计到"十四五"规划末开通城市轨道交通的城市将达到 79 个，正在建设和已经获批的轨道交通里程达到 14000 千米。根据最新的数据统计，全国一年的城市轨道交通总运量已经达到 230 亿人次，每年还在以 10%~15% 的速度增长，城市轨道交通已经成为一线城市公共交通的主要方式。

随着我国城镇化进程的加快和交通强国战略的提出，我国城市轨道交通迎来了新的重要发展机遇，大中城市群及新兴城镇的形成，成为当今经济社会发展的重要载体。城市轨道交通凭借着良好的技术、运营优势将大幅提高城市和都市圈内资源流动率，成为城市群形成和发展的前提条件和必然选择，充分体现建城市轨道交通就是建城市的理念。要使新增的城市轨道交通发挥最好的社会效益和经济效益，必须充分掌握城市未来的体量与分布、人口规模与组成、产业类型和布局、财政收支等基本大数据，从城市整体规划入手，并考虑规划的前瞻性，超前编制线网规划，科学编制建设规划，贯彻"量力而行、协同发展"方针。通过轨道交通与城市功能的协同融合，引导城市迈入集约高效的发展模式是大城市的共同目标。

建设生态文明的现代化大城市，离不开以轨道交通为主的公共交通运输体系的支持，纵观世界上纽约、巴黎、伦敦、东京等大城市，无一不拥有完善、便捷、发达的城市轨道交通网络。然而，与这些城市相比，我们轨道交通与城市协同效率上还存在很多问题值得研究。例如东京与北京的城市职能首位度相似，土地面积相近，东京常住人口是北京的 1.7 倍，GDP 总量是北京的 5 倍，这其中轨道交通与城市的高效协同发挥了重要作用，支撑了东京高密度高负荷的城市功能。东京与北京相比存在人口总量更高、职住分离更严重、平均出行距离更长的问题，但实际平均轨道出行时间比北京少 7 分钟，高峰期列车满载率也低于北京。另一方面，东京城市空间与轨道交通的契合度很高，沿山手线的轨道枢纽布置了 7 个副都心，并向外构建了多条放射廊道，通过在轨道站点周边高密度聚集建设用地，充分发挥了轨道交通大容量快速化的通勤走廊效应。目前我国城市轨道交通建设仍然处于快速发展阶段，经过这些年的发展大家已经认识到了轨道交通与城市协同发展的重要性，认识到轨道对城市空间价值的影响作用。然而，轨道交通与城市是一个非常复杂的系统，城市进入轨道交通时代及城市化高级阶段，对于这个复杂系统规律的深入探究是非常必要的。

这本书研究的城市轨道交通枢纽开发与规划设计，涉及城市与轨道建设的很多因素以及不同的利益相关者，这也是以往轨道交通建设与城市脱节的主要原因。从当今的实践和理论发展需求来看，轨道交通与城市协同发展应当作为一个重要的研究领域来拓展，这需要多专业的交叉融合以及多视角的碰撞。我认为这本书很有价值的一点，就在于作者从城市的本质需求和发展趋势来认识轨道交通枢纽，观念的转变会直接推动规划设计理论的创新和开发建设的思维转型。

因此，这本书的出版，对于当前正在快速发展的城市轨道交通和城市建设都是恰逢其时。希望书中探讨的问题能够引起更多研究者和实践者的关注，更加全面深入地推动我们在这个领域的思考与实践，"不驰于空想、不骛于虚声"，脚踏实地，不懈努力，进一步提高我国轨道交通与城市协同发展的整体质量和水平，使城市的每位乘客均成为"幸福轨道交通的出行者"。

施仲衡

中国工程院院士

北京交通大学教授　博士生导师

当前中国城市快速发展，轨道交通也处于集中建设期。"轨道新城""TOD""站城综合体"不仅成为社会关注的热点，也给我们规划和设计提出了很多问题，既有不同交通方式的换乘问题，也有城市功能的衔接问题，不仅有地上土地利用的问题，也有地下空间的综合开发问题……因此，很高兴看到夏海山院长的新书《当代城市轨道交通枢纽开发与空间规划设计》即将出版。在新的站城一体化的背景下，研究城市和轨道交通的协同发展，将轨道交通枢纽与城市作为一个有机的整体十分重要，是我们城市发展所面临的问题，更是我们设计师关注的热点。

由于轨道交通线网布局对城市空间的组构及效率起到决定作用，各大城市都呈现出枢纽空间的城市功能不断聚集，密度不断增强的现象。以往土地权属和投资、管理责任的切分缺少协调机制。站城往往产生出不协调的种种矛盾，造成枢纽空间多种交通换乘的效率低、地上地下空间的协同不足、多种复合功能的组织困难重重，严重影响了枢纽功能的作用，乘客的体验感也比较差。

如何解决这些问题？如何用更综合更融合的规划设计营造新型的枢纽空间？我们应该重新思考信息科技带来的人行为方式的变化、交通建筑空间的变化、城市功能的变化，思考轨道交通枢纽如何与原有的地域文化结合，并承载和传播适应时代发展的城市文化，创造有体验性的城市新名片。

　　事实上，轨道交通枢纽建筑本身与传统概念已经发生了很大的变化，承载了更加复杂的交通需求和更多的城市职能。这本书中不仅是从交通视角，更多是从城市的视角，特别是从网络化城市空间的视角，研究枢纽与城市空间的关系，研究枢纽本身的职能及其未来的变化。我想这也是一个值得大家关注的新视角，这些思考也会引发我们对未来城市空间形态的思考。作者在书中提到的"站城一体""站街一体"正是这些新的认识在规划设计上的体现，赋予"枢纽"新的内涵，形成集约高效、多功能、具有城市特色的公共空间。

　　在轨道交通高速发展的今天，城市也在进行空间结构的转型和再生，这是城市和轨道交通再融合的机遇。希望这本书能够打开一扇窗口，让读者对轨道交通枢纽的开发与空间规划设计有更新的观察和思考。

中国工程院院士

中国建筑学会副理事长

中国建筑设计研究院有限公司总建筑师

前　言

　　轨道交通重新定义了城市的空间与时间，轨道线路对于城市空间有重要的引导作用，其线网布局对城市空间的组构及效率起到决定作用，轨道交通枢纽对于城市已经超越了本身的功能，出现一些新的现象和趋势，探究站城协同发展规律成为当今大城市发展亟待解决的问题。

　　城市轨道交通已有 150 多年的发展历史，世界主要大城市都有比较完整和高效的轨道交通系统，例如，巴黎轨道交通承担 70% 的公交运量，东京达到 86%。纵观这些城市，轨道交通枢纽伴随城市的发展也经历了几个阶段的演化过程，伦敦、纽约和东京等地的地铁都经历了百年的发展，逐步建设，与城市空间形成协同关系，轨道网络主导了城市空间结构，这些城市用时间跨度形成轨道站城协同关系。反观国内，近二十年城市轨道交通得到快速发展，北京、上海、广州等一线城市轨道交通运量分担城市公交运量也已经超过 50%。但是，由于城市轨道交通起步晚、发展快、规划滞后建设，造成了轨道交通建设与城市化转型快速发展的同时，出现新城建设上时空不对位，内城更新上资源与移动性不匹配的现象，轨道枢纽的站城关系越来越引起重视。

　　另外，在我们所处的信息时代，当"人、财、物、信息"这四种与交通相关的基础资源高度数字节点化，并彼此连接成"网络"，便构成了一种以"流"为中心的城市空间图景。迈克尔·巴蒂在《新城市科学》中提出城市复杂性理论和网络科学是两个研究城市的新视角，认为"网络"和"流动"的思想尤为关键，这一思想正在改变城市科学对于"场所"的强调。

当代城市轨道交通枢纽的概念在不断发展，东京被称为"轨道上的城市"，轨道枢纽成为城市持续再发展的内生动力，枢纽地段空间的城市功能不断聚集，密度不断增强。通常来说，轨道建设进入成熟期的城市，枢纽呈现出较强的集聚化特征，不仅是三线枢纽，甚至四线枢纽、五线枢纽、六线枢纽均有不少建设实例。因此，本书中的枢纽概念不是传统交通视角下的，这里进行的枢纽层级、枢纽网络和枢纽率等的研究都是从城市视角进行的研究。根据研究，仅对东京十四条地铁线路进行统计，多线枢纽占比为 29.3%，如果考虑私铁、JR 等承担通勤功能的轨道交通，枢纽数量将更多。根据我们的数据分析，我国城市的轨道枢纽率相对较低，反映出我国轨道交通线网的空间集聚性相对较弱，空间集聚的均质性还有待加强，节点性交通结构系统尚待完善。通过对比，让我们思考轨道交通与城市空间的相互协同发展关系，不应仅看到建设里程数的"量增"，更应深度探讨在空间上轨道推动城市的"质变"。

最后，通过研究我们更深刻地认识到，由于站城不协调衍生出的种种矛盾都对以人的流动为核心的城市空间大系统的有机性和高效性提出了挑战，这些问题背后的核心是对轨道与城市构成的复杂系统的认识不足。当代城市轨道交通基于城市交通职能并融入城市生活功能，已呈现出网络化和节点化的发展特征。因此，城市轨道交通枢纽的研究，首先应当建立在城市轨道网络化、枢纽网络化和空间网络化的基础上。从网络关系来看，枢纽与城市存在空间网络层级及作用强弱关系；从空间节点来看，枢纽与城市存在集聚与分散的矛盾关系；从复杂系统理论来看，枢纽与城市的影响因子复杂且输入量大，存在非线性关系，这些现象与问题用传统的思维与理论方法很难深入阐释和有效应对。正因如此，轨道枢纽空间的研究综合性很强，涵盖了城乡规划、建筑学、轨道交通规划与管理、风景园林、地下工程等学科专业，这也决定了该研究具有很强的学科交叉性。

　　本书的结构组织从理论、方法与工程案例等三个层面展开，不同层面所关注到的问题不尽相同，同时又围绕城市轨道交通枢纽空间规划设计的主线展开。

　　第 1 章"城市轨道交通枢纽空间及发展趋势"，通过对城市轨道交通枢纽的发展历程及演变特征的梳理，探讨轨道交通枢纽空间的概念发展及分类分级。

第 2 章 "轨道交通枢纽站城一体化开发"，从站城融合角度，提出规划思维转型下探索轨道交通枢纽站城一体化开发的一些方向和实施方法。

第 3 章 "城市轨道交通枢纽空间开发模式"，针对当前我国轨道交通枢纽几种开发模式的主导因素和规律展开探讨。

第 4 章 "城市轨道交通枢纽空间规划与设计"，探索如何通过规划和设计在城市中创造一系列 "枢纽城"，淡化建筑属性形成公共活力空间，实现城市和轨道交通枢纽的融合。

第 5 章 "城市轨道交通枢纽空间景观及导标系统设计"，从枢纽景观设计的理论与方法阐述相关的理念、影响因素、设计原则和内容；从空间导向和标识设计两个角度阐述空间开发和安全疏散对于枢纽建筑的作用与方法。

第 6 章 "国内外工程实践研究"，分别从 "站城融合、价值集聚、综合开发、空间共享和文化艺术主题" 五个专题对工程案例进行对比研究，从交通组织、开发模式、空间设计、景观设计、标识导向设计等多方面认识轨道枢纽空间规划设计。

夏海山

于北京交通大学

目　录

第1章　城市轨道交通枢纽空间及发展趋势

第2章　轨道交通枢纽站城一体化开发

第 3 章　城市轨道交通枢纽空间开发模式

第4章　城市轨道交通枢纽空间规划与设计

第5章　城市轨道交通枢纽空间景观及导标系统设计

第6章 国内外工程实践研究

PART *1*

城市轨道交通枢纽空间及发展趋势

第1章   城市轨道交通枢纽空间及发展趋势

1.1   引言

大都市的清晨六点，城市轨道交通早已运转了起来。北京西直门地铁枢纽站内逐渐开始人头攒动，行人脚步匆匆。远在2千多公里外的日本东京站，已经迎来了当日的早高峰，轨道交通载着塞挤得结结实实的乘客快速穿行于城市地上与地下空间。而大洋彼岸的英国伦敦和美国纽约，如潮水般的人流匆忙地穿梭于城市轨道交通枢纽站内，地铁上永远是座无虚席，甚至可能车厢内无处站立。涌入地铁的人们关心是否能挤上车，别在拥挤的人流中掉队错过……

这是当代每一个轨道交通枢纽繁忙的缩影，也是当代人们对大都市的第一印象，而早高峰的地铁，也成为当代年轻人的一次成长短行，每一次的出行，都是一次对大都市生活脉动节律的融入和体验。

在快节奏的都市生活中，轨道带来的也有休闲惬意的一面。当今的轨道交通枢纽已不再仅仅承担单一的交通移动和换乘功能，与城市功能的结合使轨道交通枢纽空间也能为市民的购物、娱乐、社会交往等各种活动需求提供可能。轨道交通枢纽作为交通换乘空间，一方面，能够协调各种交通方式的衔接，引导人流有序换乘，提高整体交通效率；另一方面，由于拓展了办公、商业、休闲、娱乐等多种功能空间，对大都市的流动性能够起到削峰平谷的蓄水池作用。

轨道交通枢纽已经成为城市最具活力的场所，成为城市集聚空间的代表。在不断延展生长的轨道交通路网中，轨道交通枢纽是城市空间网络的动脉节点，支撑着城市日复一日的高效运转，保障着城市的运行效率。当代城市轨道交通基于城市交通职能并融入城市生活功能，呈现了网络化和节点化的发展特征，轨道枢纽空间也作为城市空间价值集聚的地方，有着自身的内在发展规律和许多新的发展趋势。

正因如此，学术领域及工程领域都越来越重视和关注轨道交通枢纽空间的演化发展规律、技术理论方法、规划设计特点，以及未来的发展方向。

1.1.1   城市轨道交通枢纽

1. 关于城市轨道交通枢纽

在城市各种交通设施越来越完善的今天，轨道交通枢纽不再仅仅是城市交通基础设施，而是实现了多种城市功能空间的高度综合。纵观世界各大城市，轨道交通枢纽伴随城市的发展也经历了几个阶段的演化过程。

发达国家从 1950 年代开始对交通换乘枢纽的规划设计及开发政策进行研究。1964 年，日本建成了世界上第一条高速铁路——日本新干线，由此发展了"核心型"交通枢纽。随后，各发达国家的高速铁路和城市轨道交通相继发展，各类交通枢纽站也逐渐发展起来。伦敦、纽约等国际性大都市利用自身铁路交通网络发展较早的优势形成了"更新型"交通枢纽的发展策略，将城市轨道交通、铁路、长途客运以及市内公共交通汇集的综合交通换乘枢纽，与商业、餐饮、娱乐等城市功能相融合，最终更新成为一体化的综合性城市枢纽，实现了立体化的无缝换乘，也划分出了多种不同规模与等级的综合枢纽体系。美国纽约的宾夕法尼亚车站和华盛顿的联合车站、荷兰鹿特丹中央车站、德国柏林中心火车站都是其中典型的代表。

由于学科专业的视角不同，对枢纽的内涵认识也存在差异。从交通的视角看，城市轨道交通枢纽的概念为：集有多条轨道交通线路、不同交通方式，具有必要的服务功能和控制设备，为城市对内对外交通、公共交通、私人交通及其内部集散和换乘提供场所的综合性市政设施。在交通运输学科中，城市轨道交通枢纽是强调以轨道交通为主导综合多种不同交通方式，为多种公共交通系统内部换乘提供场所的综合性市政设施。交通枢纽要实现多种功能空间的高度综合，解决复合功能与运营效率问题。从城市发展的角度，轨道交通引导着城市空间和行为模式的变迁。从规划设计理念上，也出现了如日本的"轨道枢纽城""站街一体化"等新的概念，促动我们更深入地思考枢纽的内在本质。

以城市的视角，结合《中国大百科全书》和《美国建筑百科全书》的解释，城市轨道交通枢纽可以理解为：城市中由于人员密集流动而产生的交通、商业、服务、住宿甚至文化娱乐等大量城市功能需求的汇集，特别值得关注的是包含最基本的市民日常城市生活层面的需求，可以解读为城市生活在具备集中交通换乘功能的城市空间综合体中的集聚，是一个有快速交通集散功能的城市场所。也正是从这种理解中，我们看到了日本"轨道枢纽城"的发展。由于高铁时代时空尺度的改变，轨道枢纽具有城际间快速链接能力，以城市轨道交通枢纽为核心而形成的城市空间综合体具有独特的中心引力。"轨道枢纽城"就是借助这种由交通触发的空间引力，不断叠合空间功能、强化空间密度、集聚空间活力。

从概念的梳理中可以看到，轨道交通枢纽已从单一交通视角向多重的城市视角转变，从单一交通功能向复合的城市功能发展。不仅要满足交通的接驳和换乘要求，还要兼顾人们购物、娱乐、商务、服务等需要，使之成为集多种城市功能于一身的城市空间综合体。从站房到外围空间，满足的不仅是出行乘客对交通便捷的需求，而是从整个城市层面激发和承载高效城市活动❶。

❶ 夏海山，刘晓彤，等. 当代城市轨道交通综合枢纽理论研究与发展趋势 [J]. 世界建筑，2018（4）: 10-15.

2. 轨道交通枢纽的作用及特点

从城市功能上看，轨道交通枢纽对调节城市客流流量、流向，合理引导城市用地开发具有重要作用，可以促进城市功能的集中，提高土地利用效率，是城市客运体系中不可或缺的重要网络节点，主要发挥着"换乘、停车、集散和引导"四个方面的重要作用。

除此之外，当代城市轨道交通枢纽由于自身的交通移动属性吸引了大量人流所带来的商机，具有巨大的空间聚集效应，促进了多功能型枢纽的综合开发，不仅实现了城市土地的综合利用，并随着时代的发展衍生了融合商业、办公、

娱乐、社交等功能的复合性空间，为城市创造了良好的经济效益和活力场所，使之成为城市空间网络的重要功能节点，发挥着支撑城市运行的重要作用。同时，多层级的枢纽网络又构建了以枢纽为多中心的城市形态，枢纽成为城市空间的新地标和人们心理的地标中心，如北京轨道交通西直门枢纽站（图 1.1-1），是北京轨道交通网络的重要节点，不仅承载着城市重要的交通功能，在城市空间中也起到地标建筑作用，成为该区域人们心理的空间认知中心。

轨道交通枢纽作为不同线路间、不同交通工具间、对内对外交通间的换乘场所，具备一定的客流规模和交通可达性。总的来说，轨道交通枢纽具有以下

图 1.1-1 北京西直门枢纽站
来源：刘高攀 / 视觉中国

三方面的特点：

1）流线复杂性和组织立体化

轨道交通枢纽不仅是交通换乘的重要节点，也是人们休闲、购物的场所，需要组织大量不同的功能流线，如各类车流、交通人流、商业人流等，在一个平面内难以满足如此庞大的流线体系。因此，枢纽通常采用地面、地下、空中立体化的空间体系来组织功能和流线（图 1.1-2），形成城市中空间最为复杂的建筑组群。

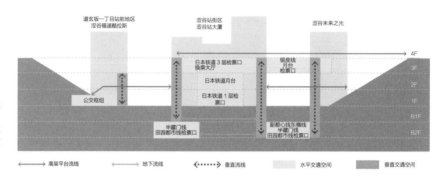

图 1.1-2 涩谷轨道枢纽立体化空间组织示意
来源：日建设计站城一体开发研究会.站城一体开发 ‖ TOD46 的魅力 [M].沈阳：辽宁科学技术出版社，2019.

2）功能集聚性和价值最大化

枢纽空间因交通带来的大量人流和各种需求，逐渐衍生了办公、居住、商业、休闲等多种功能汇聚于此，这种功能的集聚，成为城市活力的象征和集聚点，提高了枢纽的商业价值，也成为人们城市生活的重要空间节点（图 1.1-3）。正是由于一体化的特点，轨道交通枢纽及周边空间也成为城市土地价值的增长

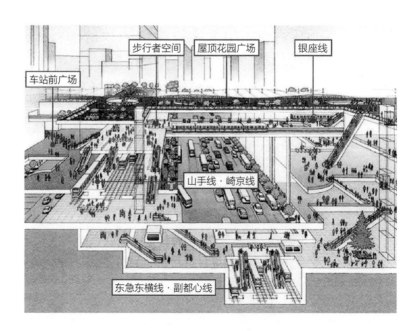

图 1.1-3 复合性空间
来源：北田静男，周伊.公共建筑设计原理 [M].上海：上海人民美术出版社，2016.

热点，为了充分利用枢纽的外部性价值，通过精心规划布局，能够获得良好的
经济效益、社会效益、环境效益，实现枢纽价值的最大化。

3）投资巨大化和融资多元化

轨道交通枢纽是复合多种功能、多种交通方式的综合体，其规模庞大、涉
及的用地范围广、开发技术复杂，所需的资金投入巨大，收益方众多。因此，
这就需要政府、企业、公众等各方协同合作，打开多方融资渠道，也因此形成
多种投融资和开发建设模式。

3. 轨道交通枢纽的类型和层级

为了便于对轨道交通枢纽深入理解和认识，从规划设计的角度突出其功能
和特点，轨道交通枢纽的分类可根据建设形态、交通功能、客流性质、交通方
式、服务区域等进行划分（图 1.1-4）。

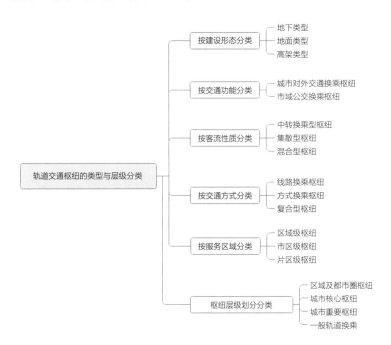

图 1.1-4　轨道交通枢纽层级
划分
来源：作者根据相关资料整理

1）枢纽的类型

按建设形态分类：根据建设形态可分为地下类型、地面类型和高架类型。

按交通功能分类：根据交通功能可分为城市对外交通换乘枢纽和市域公
交换乘枢纽。城市对外交通换乘枢纽一般位于城市内外交通的结合处，解决城
市快速交通与对外客运枢纽的衔接换乘。市域公交换乘枢纽主要解决城市快速
交通与市域内部其他客运交通的换乘接驳。

按客流性质分类：根据客流性质可分为中转换乘型枢纽、集散型枢纽和混
合型枢纽（表 1.1-1）。

枢纽按客流性质分类　　　　　　　　　　　　　　　　表 1.1-1

按客流性质分类	分类依据
中转换乘型枢纽	此类枢纽承担的作用是连接城市快速交通网络，起到网络节点作用；或是将城市快速交通转换为其他交通形式。此类枢纽以中转换乘的客流为主，集散客流相对较少，例如几条城市轨道交通线路相交所形成的站点、城市轨道交通与机场或火车站连接的站点等
集散型枢纽	此类枢纽的作用是汇集城市快速交通枢纽所在区域的集散客流，而中转客流相对较少。例如位于城市郊区、新开发区、大型居住区、产业园区、大型工业区、卫星城镇等用地地区域的轨道交通换乘枢纽以及一般的城市轨道交通枢纽等
混合型枢纽	此类枢纽是中转换乘型枢纽与集散型枢纽的结合，既有中转换乘客流，又有集散型客流。例如位于城市中心区、副中心区、CBD 地区的轨道交通换乘枢纽大部分属于该类枢纽

来源：作者根据相关资料整理

按交通方式分类：轨道交通枢纽按交通方式可分为三类（表 1.1-2）。

枢纽按交通方式分类　　　　　　　　　　　　　　　　表 1.1-2

按交通方式分类	概念	具体分类
线路换乘枢纽	位于城市轨道交通线路交汇处，乘客可以在不同线路之间换乘的枢纽	两线换乘枢纽
		多线换乘枢纽
方式换乘枢纽	城市轨道交通与其他客运交通方式衔接处，乘客可以在不同客运交通方式之间换乘的客运枢纽	城市轨道交通与铁路之间的换乘枢纽
		城市轨道交通与航空客运之间的换乘枢纽
		城市轨道交通与公路客运之间的换乘枢纽
		城市轨道交通与水路客运之间的换乘枢纽
		城市轨道交通与常规公交之间的换乘枢纽
		城市轨道交通与小汽车、自行车、步行等私人交通方式之间的换乘枢纽
复合型枢纽	由上述两种枢纽复合而形成的换乘枢纽	具有综合性特点

来源：作者根据相关资料整理

按服务区域分类：根据服务辐射范围可以将轨道交通枢纽分为区域级、市区级和片区级枢纽，具体见表 1.1-3。

枢纽按服务区域分类　　　　　　　　　　　　　　　　表 1.1-3

按服务范围分类	分类依据
区域级枢纽	位于或连接火车站、航空港、客运港、公路主枢纽等对外交通出入口，服务城市群范围和对外交通客流的轨道交通换乘枢纽
市区级枢纽	位于城区内交通重心处，服务城市中心区、副中心区和 CBD 地区的轨道交通枢纽
片区级枢纽	位于城市片区中心客流集散点的轨道交通换乘枢纽

来源：作者根据相关资料整理

2）轨道交通枢纽的层级

了解轨道交通枢纽的分类方式有助于加深理解城市轨道交通枢纽的意义与内涵。同样，通过对轨道交通枢纽的合理分级，可以清楚辨别枢纽站点的不同特点，确定枢纽交通核的具体资源配置、设施负荷标准以及选择交通衔接方式，从而使轨道交通枢纽系统的布局和规划更加合理。合理的分类方式对于轨道交通与其他多种交通方式的功能衔接及其运营管理模式具有指导作用。

我们站在城市规划设计者的视角，综合考虑轨道交通枢纽在城市客运交通网络体系中的重要地位以及枢纽换乘客流的特点、枢纽客流服务范围等多种因素，以城市协同为背景，从城市交通网络的角度，将轨道交通枢纽划分为四级：区域及都市圈枢纽、城市核心枢纽、城市重要枢纽和一般轨道换乘站（表 1.1-4）。

枢纽层级结构　　　　　　　　　　　　　　表 1.1-4

	枢纽分级	分级依据	案例
1	区域及都市圈枢纽	连接对外交通、连接市内多条轨道线路，形成区域级交通枢纽	北京南站枢纽 上海虹桥枢纽 东京站
2	城市核心枢纽	位于城市核心地段，承担城市内重要换乘作用	北京西直门枢纽 上海徐家汇站 东京新宿站
3	城市重要枢纽	位于城市片区内，影响覆盖整个片区的换乘枢纽	北京国贸站 上海人民广场站 东京银座站
4	一般轨道换乘站	位于城市一般地段，与常规轨道站点及两条轨道线路衔接	北京宣武门站 上海静安站 东京秋叶原站

注：4 级划分主要针对特大城市，其他城市划分为 2~3 级。
　　分类依据：针对城市的规模和级别、轨道线路数，客流量及影响覆盖范围分类。
来源：作者根据相关资料整理

1.1.2　当代轨道交通枢纽空间

1. 轨道交通枢纽空间的认识

轨道交通枢纽空间是枢纽站点内部融合了换乘、购物、餐饮娱乐等多种功能的建筑空间。在当代轨道交通枢纽建筑中，枢纽空间一方面具有协调各种交通方式换乘接驳的基本的城市交通职能，另一方面，它是办公、商业、娱乐、交通等功能空间之间的过渡，用于满足人们消费、休闲和社会交往的需要，是城市生活在综合建筑空间中的集聚。

图 1.1-5　纽约新世贸中心站
外观（左）
来源：韩雨辰摄

图 1.1-6　纽约新世贸中心站
大厅（右）
来源：韩雨辰摄

由于与轨道交通枢纽综合体衔接的城市公共空间的类型并不固定，所以枢纽空间本身具有开敞、共享的特性，方便城市公共空间的拓展与延伸（图 1.1-5、图 1.1-6）。

大型轨道交通枢纽空间具有以下特征：

1）公共服务空间的便利性

枢纽部分建筑空间具有商业服务的空间特性。如枢纽站的综合大厅通常是候车、换乘、商业购物、休息以及进出站等多种客流汇聚的空间，商业活动追求便捷，以提高枢纽站使用者的多样化需求和便利性需求。

2）枢纽衔接空间的整合性

枢纽空间从地面向地下和空中发展，使各种交通工具呈立体衔接，客流多向分流。枢纽外部空间组织改善了人流、车流交叉嘈杂的混乱局面，具有集约城市空间、改善活动环境的作用。

3）交通功能空间的便捷性

综合性换乘大厅的通过式空间是乘客集中活动的场所，交通流线组织以疏导为主。枢纽站台采用即上、即下的快捷管理形式，有利于乘客尽快上车或离开枢纽站。

2. 轨道交通枢纽空间组成及层次

1）枢纽空间组成

在城市功能不断提升、轨道交通网络不断完善的今天，多功能综合性的轨道交通枢纽已经成为城市发展的必然产物。根据枢纽构成层级的不同，枢纽空间组成也是不同的，总的来说，对枢纽的各种空间组成和空间层次要求也需要清晰明确。通常枢纽空间主要由内部功能空间、交通功能空间和外部衍生空间三大部分组成（图 1.1-7）。

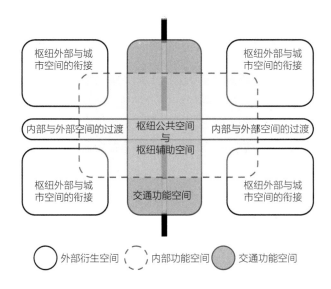

图 1.1-7　枢纽空间组成示意
来源：作者自绘

2）枢纽的内部功能空间

不同层级的枢纽根据功能主体的不同，其内部功能可分为公共功能和辅助功能，因而对应的枢纽内部功能空间应包括公共空间和辅助空间。其中，公共空间是指枢纽内为公众服务的空间，是轨道交通枢纽的主体部分，同时也是城市要素流动最频繁、最具活力的地方；辅助空间是指轨道交通枢纽内部附属设施以及功能所需的空间，包括行政、服务和设备空间等，是枢纽站安全运营的物质基础。枢纽内部功能空间分类具体可见表 1.1-5。

枢纽公共空间分类　　　　　　　　　　表 1.1-5

分类	说明	示例
枢纽公共空间	轨道交通枢纽中供公众娱乐、休闲、交流等各种公共活动的空间	广场、中央庭院、屋顶花园、活动平台、建筑出入口等空间
枢纽辅助空间	基础设施空间	值班室、办公室、广播室、信号用房、售票室等空间
	技术用房空间	电暖、通风、给水排水等用房空间
	生活用房空间	工作人员休息室、清洁室、贮藏室、卫生间等空间

来源：作者根据相关资料整理

3）枢纽的交通功能空间

交通功能空间是轨道交通枢纽内部空间中最基本的部分，基于最根本的交通职能，枢纽内部的交通空间应当是相对独立和完整的。其主要包括枢纽内部的乘车空间和换乘衔接空间，具有引导人流完成不同交通方式和不同线路之间换乘、提高整体交通效率的重要作用。

4）枢纽的外部衍生空间

随着轨道交通枢纽内部功能空间的不断提升，为满足其内部空间需求而逐渐衍生出了辅助于枢纽功能的外部衍生空间。其主要包括两个层次的内容（图1.1-7）：枢纽内部与外部空间的过渡，枢纽外部与城市空间的衔接。轨道交通枢纽的内部空间与外部空间在功能性质上有着很大差别，外部衍生空间附属于枢纽空间，对于枢纽的功能、服务品质具有重要意义，促进枢纽空间的建设由内而外延伸，最终融入城市发展中。

（1）枢纽内部与外部空间的过渡

多功能综合性枢纽空间本身所具有的开敞、共享的特性，使其功能空间不再局限于建筑内部，而是逐渐向外延伸、拓展，与外部空间过渡、融合，进而把建筑边界打开，融入城市丰富多彩的空间环境。通过设置屋顶花园、空中廊道或利用材料、界面、空间的变化等促进枢纽内外空间的渗透融合。

（2）枢纽外部与城市空间的衔接

从城市协同视角出发，轨道交通枢纽空间作为城市空间结构的有机组成部分，其与城市形态的协同、与城市空间的衔接关系值得深入研究。轨道交通枢纽在城市中的布局根据城市结构、交通网络条件以及土地使用方式等确定，需要与其他城市交通方式便捷连接，构成连续、完整和高效的交通网络，不仅要改善轨道线路对城市空间的割裂问题，满足城市空间发展需要，也要考虑枢纽自身未来发展的需求。因此，一方面需要将城市、交通、车站进行一体化设计；另一方面要求轨道交通枢纽的开发、设计、建设、运维等阶段都要与城市规划相协调，要服从城市总体土地综合利用规划。同时，还需要结合轨道交通枢纽开发，对枢纽周边地区进行综合交通规划，包括枢纽周边道路网络、机动车停车空间的优化调整以及地下空间综合开发利用等。

在轨道交通枢纽的开发建设周期内，规划建设既要关注当下的现实问题，又要为枢纽未来的长久发展留有余地，以应对枢纽未来发展变化的需要；既要考虑到轨道交通线路走向对城市周边产生的影响，又要注意给予枢纽一定的可拓展空间，同时也要为城市预留一定的通路与疏解空间。以往我国的一些轨道建设割裂了城市空间和交通，造成空间发展的失衡以及交通线路的迂回。随着轨道交通枢纽与城市规划的联系日益密切，城市形态不断完善，采取了城市立体空间规划等手段来打破空间上的孤立，实现轨道交通线路两侧城市空间的联系，使乘客进出枢纽更加方便快捷、城市交通更加通畅，从而有利于更加充分地发挥轨道枢纽的综合效益[1]。深圳市提出"建轨道就是建城市"的理念，在站城一体化方面进行了有益的探索，如深圳北站枢纽（图1.1-8）与周边城市

[1] 尹从峰. 基于生命周期理论的铁路客站适应性研究报告 [D]. 北京：北京交通大学，2011.

图 1.1-8　深圳北站
来源：作者自摄

空间、内部配套设施以及各种交通方式等采用一体化协同设计，弱化各功能分区的界面，避免枢纽站对城市空间与交通的分割，枢纽的开发建设重视与城市总体规划的关系，使深圳北站枢纽很好地融入城市空间，成为城市空间总体结构的一部分。

1.2　城市轨道交通枢纽空间发展

从各国城市发展来看，城市轨道交通枢纽空间也经历了几个发展阶段，形成了一定的发展规律，从枢纽车站的出现、发展到站城一体化，由点连成线，最后形成以枢纽为中心的区域（图 1.2-1）。我们通过横向比较世界主要城市的轨道交通枢纽，并结合几个主要案例，以轨道交通枢纽的发展历程对枢纽空间内涵进行研究探讨。

1.2.1　萌芽初期：枢纽车站

轨道交通枢纽站源于火车站，轨道交通功能的拓展是将火车站与城市轨道交通车站结合，同时也随着轨道交通网络的完善而不断发展。起初火车站刚开通城市轨道交通运输功能时，车站内部需要解决大量的换乘问题，包括城市轨道交通之间的、城市轨道交通和铁路之间的、城市轨道交通和大规模的公共交通以及小规模的私人交通之间的。因此，当城市内部的轨道交通线路产生交叉（包括城际间和城市内）且在交叉点设立同时为两条线路或多条线路服务的车

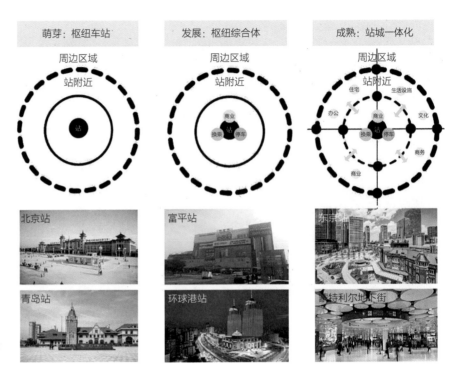

图 1.2-1　枢纽发展阶段示意
来源：作者自绘

站时，枢纽车站便随之产生。作为乘客候车、乘车和集散的单纯功能性交通建筑，换乘可以说是枢纽最主要的功能。

　　在日本，国营铁路开发车站始于 1950 年竣工的丰桥民众车站。对民众车站开发的最初目的是，战争需要挤出资金对废弃或老化的车站进行改建，这与开发的概念相差甚远。关于制度方面，通过 1954 年出台的《旅客站内经商规则》，将"站内公众经商"纳入了制度当中 ❶。

　　轨道交通枢纽与普通车站比较，多数轨道交通站规模较小、功能简单、建筑呈形式化和程式化的特点。枢纽车站与普通轨道交通车站最显著的区别在于枢纽车站除了基本的交通功能之外，还涉及城市功能层面。起初枢纽车站刚刚发展时，轨道交通枢纽站内部并未引入现代意义的商业服务设施，商业空间大多分布在枢纽站外部，且主要以便餐服务和廉价招待所这两类商业服务为主。例如早期的北京火车站，车站内部很少有商业性服务设施，少量的商业空间也都分布在车站一层外部。

❶ 矢岛隆，家田仁. 轨道创造的世界都市——东京 [M]. 北京：中国建筑工业出版社，2016.

1.2.2　发展中期：枢纽综合体

　　日本国铁正式推进车站开发业务是从 1970 年事业局成立开始，1971 年通过修改国铁法实行令，批准了对客运车站设施的建设运营事业的投资。出资建设的第一个车站大楼是平塚车站大楼。自此，车站建设由以往的民众车站方式向出资车站大楼时代转移。而后，在名古屋、冈山、秋田、新宿、博多、札幌、仙台、京都、横滨、大阪、三宫、盛冈等地的配合与理解下，10 年间成立了 49 家车站大厦公司，车站大厦建设取得了飞跃式的发展。从此，日本推动了轨道枢纽综合体开发的热潮，也积累了大量经验。

随着城市发展的需要，城市枢纽车站往往需要加入商业服务设施，在枢纽车站内部融入商业空间的基础上形成了新的轨道交通枢纽综合体。枢纽发展到这个时期，充分考虑人们在枢纽内部可能的需求，不断引入新的功能。由于枢纽综合体的人流量巨大，且商业空间占综合体内部空间的比例不断增加，车站的经营者利用高密度人流量带来了可观的商业收入。但是规模上和数量上，这些附属功能也仅占很小的比例。商业的敏感性，促使随后的设计或者改建从一开始就有意识地规划布置大量零售空间，在保证基本交通空间功能的同时，商业、娱乐休闲等其他功能在数量上开始得到快速增加。

例如上海地铁人民广场站，利用换乘通道的高密度人流量，在内部规划布置了大量店铺。虽然商业等其他辅助功能所占的比重逐渐增大，但其仍然是换乘功能的补充，依旧是附属功能。随着商业服务设施的增加，其他功能设施也在不断发展壮大，包括办公、停车等功能。

1.2.3　展望未来：站城一体化

1. 站城一体化与城市网络

从功能和空间的角度纵观轨道交通枢纽的发展历程，基于功能需求的日益多样化，枢纽空间从单一的交通功能逐渐融入更多的商业、停车等其他功能，形成枢纽综合体。在轨道交通牵引力的作用下，集聚效应日益增强，枢纽综合体的意义不再仅仅局限于一座建筑本身，更成为城市功能空间"集聚运动"中的引力中心，其影响范围也不再局限于站点附近，而是辐射至更大的区域范围。在这片辐射圈内，枢纽综合体不断与周边进行能量交换，进而促进周边区域的空间功能不断叠合，空间密度不断强化，空间活力不断集聚，充分发挥土地价值效益，实现站城一体化发展。

上升至城市网络层面，轨道交通的建设逐渐融入城市发展的语境，枢纽空间中心形成的吸引城市空间各种"流"的向心力场使得枢纽周边及其周边区域的空间组织呈圈层式布局，枢纽空间成为城市空间网络化的重要节点，并且随着枢纽空间的增加，城市空间网络逐渐由单核心向多核心发展，网络化中心的发展更加均衡，站与城的空间也更加融合。"流"的传递不仅加强了城市功能空间彼此千丝万缕的联系，同时也将各轨道交通枢纽编织成网，为"人、财、物、信息"的流动提供了物质载体。在集约化、一体化开发的城市发展理念下，以轨道交通网络体系为骨架、枢纽空间为节点形成的城市空间网络在横向扩展的同时，亦注重纵向城市地上地下空间之间的立体化衔接，并融合交通、商业、娱乐等多种功能，形成城市地上地下一体化空间体系。

"枢纽空间 + 网络化城市空间形态"提高了城市中心区域的交通出行效率，丰富了公众的公共服务空间，提升了城市环境品质，优化了城市景观布局，带动了城市网络化空间，使城市空间形态呈现出高效、活力以及协同的一体化城市图景。

枢纽站发展到此阶段，内部功能呈现多样化融合，已经无法区分枢纽空间的准确功能属性。譬如加拿大的蒙特利尔市地下城的规划和建设（图 1.2-2、图 1.2-3），地下城随同地铁系统建设进行开发，将地铁、郊区铁路、公交通过地下步行道与大量混合型开发区域连成一个庞大复杂的城市空间网络，同时将各区域在三维层面上有序衔接，形成了集交通、商业、文化娱乐等功能于一体的地下街区。

整个地下城总共连结 2 个巴士总站、10 个地铁车站、1200 家办公室、1615 家住户、7 家大饭店、1600 家商店、2 家百货公司、200 家餐厅、40 家银行、30 家电影院、3 家展览中心、1 间教堂，以及奥林匹克公园、蒙特利尔大学、魁北克大学蒙城校区等。人们可以在地下购物中心活动一整天，很多想做的事都可以在这里完成，这里就是城市的一部分，而且是最有活力和吸引力的一部分。

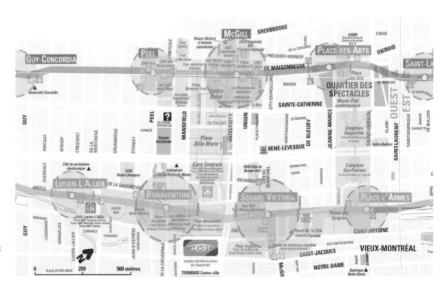

图 1.2-2　加拿大蒙特利尔地下步行系统开发
来源：作者自绘

东京市早在 1930 年就以上野轨道交通车站为中心（图 1.2-4），发展了地下购物街；1950 年代后，各地出现了大量结合轨道交通车站，功能完善的商业中心；1970 年代后，政府还出台并修订了地下建筑的若干设计规范和安全标准。经过长期的实践和政策法规的完善，日本现在已经成为高效利用枢纽空间实现站城一体化的典范[1]。

东日本旅客铁道（JR 东日本）以 2002 年上野车站为开端，开展了"车站复兴"计划，对车站空间进行了根本性的改善。一致对闲置空间进行改良的传统思维，使铁道设施和生活服务设施联合的同时，按照使用者的意愿重新改善空间布局。车站大厦、车站商业街经营的积极展开，不仅将车站作为单纯的移动或换乘场所，而且规定了车站新的使用方向。

2. 国内外城市轨道交通枢纽对比

从全球范围来看，凡是建设城市轨道交通的大都市都有多线换乘的站点，如日本东京站有 5 条地铁和铁路交会，北京西直门枢纽有 3 线交汇。当然城市轨道交通网络中还是以两线换乘更为常见。城市轨道交通网络发展到一定规模的时候，线网规划及换乘效率是值得深入研究的，对枢纽选址考虑两线换乘效果好还是多线换乘更好。

为了对比国内外轨道交通枢纽的一体化、集约化、可达性程度，我们选取国内外轨道交通线网已经形成一定规模的城市，统计其线路数、线路长度、站

[1] 顾静航 . 城市轨道交通枢纽一体化布局及换乘研究 [D]. 上海：同济大学，2008.

图 1.2-3　加拿大蒙特利尔地下城内景（左）
来源：https://www.mtl.org/fr/experience/guide-magas-inage-souterrain

图 1.2-4　日本上野站地下商业街（右）
来源：作者自摄

点数和多线换乘枢纽数，以此进行横向比较。

1）国内外轨道交通枢纽建设情况

选取国内外 21 个轨道交通线网已成一定规模的典型城市和地区进行分析，如北京、上海、广州、香港、首尔、东京等，其轨道交通枢纽建设情况见表 1.2-1。

国内外城市轨道交通枢纽建设情况　　　　表 1.2-1

序号	国内外城市和地区	线路条数	线路长度（千米）	站点数量（个）	枢纽数量（个）	两线枢纽（个）	三线枢纽（个）	四线枢纽（个）	五线枢纽（个）	六线枢纽（个）	六线以上枢纽（个）
1	纽约	25	424.9	468	206	146	39	16	3	2	—
2	东京	18	358.5	285	165	108	29	11	7	—	10
3	伦敦	30	430	273	157	122	21	9	3	2	—
4	首尔	23	484.7	376	91	77	11	3	—	—	—
5	北京	20	713.7	347	59	56	3	—	—	—	—
6	上海	17	784.6	386	59	45	12	2	—	—	—
7	深圳	9	297.6	186	29	26	2	1	—	—	—
8	广州	15	463.9	227	28	27	1	—	—	—	—
9	武汉	10	348	233	27	25	2	—	—	—	—
10	香港	11	264	154	21	20	1	—	—	—	—
11	台北	11	131.2	108	21	20	—	—	—	—	—
12	重庆	9	313.4	160	19	19	—	—	—	—	—
13	成都	6	329.8	190	14	13	1	—	—	—	—
14	南京	5	394.3	187	13	12	—	1	—	—	—
15	天津	5	226.8	163	7	6	1	—	—	—	—
16	西安	5	123.4	89	6	6	—	—	—	—	—
17	郑州	4	136.6	87	6	5	—	—	—	—	—
18	杭州	4	114.7	80	6	6	—	—	—	—	—
19	苏州	3	164.9	120	6	6	—	—	—	—	—
20	昆明	4	88.7	57	4	4	—	—	—	—	—
21	大连	4	181.3	106	3	3	—	—	—	—	—

注：1）按枢纽数量排序；2）东京线路数仅统计了 18 条地铁线路，未统计私铁和 JR 等
来源：作者根据统计资料整理，时间截至 2017 年底

国内外城市轨道交通枢纽比例对比，见表 1.2-2。

由以上统计结果，可以看出：

（1）我国大部分城市的轨道交通站点中枢纽比例相对较低，轨道交通网络结构还需完善，基于轨道的城市空间价值还有待充分挖掘。

国内外城市轨道交通枢纽比例对比　　　　表 1.2-2

序号	城市	站点中枢纽比例	枢纽中多线枢纽比例
1	东京	57.9%	34.5%
2	伦敦	57.5%	22.3%
3	纽约	44.0%	29.1%
4	首尔	24.2%	15.4%
5	台北	19.4%	0
6	北京	17.0%	5.1%
7	深圳	15.6%	10.3%
8	上海	15.3%	23.7%
9	香港	13.6%	4.8%
10	广州	12.3%	3.6%
11	重庆	11.9%	0
12	武汉	11.6%	7.4%
13	杭州	7.5%	0
14	成都	7.4%	7.1%
15	南京	7.0%	7.7%
16	昆明	7.0%	0
17	郑州	6.9%	0
18	西安	6.7%	0
19	苏州	5.0%	0
20	天津	4.3%	14.3%
21	大连	2.8%	0

注：按站点中枢纽比例排序，将三线及以上枢纽称为多线枢纽
来源：作者根据统计资料整理，时间截至 2017 年底

　　目前在国内，北京、上海、广州、深圳、重庆、武汉等城市的轨道交通线网骨架已基本形成，但相对通车总里程数，枢纽所占的比例不高，站点中枢纽比例基本为 11.6%~17.0% 之间。其中，北京枢纽数量最多，为 59 个，但站点中枢纽比例仅为 17.0%，枢纽中多线比例仅为 5.1%，远小于东京、伦敦、纽约、首尔等城市。在国外城市中，日本东京的站点中枢纽比例为 57.9%，枢纽中多线枢纽比例为 34.5%，均高于伦敦、纽约、首尔等城市。

　　究其原因是国内城市的轨道交通建设起步较晚，虽然里程数增长飞速，但从整体网络结构来看枢纽比例较低，特别是多线枢纽偏少，普通站点偏多。此外，也存在城市路网空间尺度较大的因素，使轨道交通线网的空间集聚性相对较弱。因此，城市路网密度还有待加大，空间集聚的均质性有待加强。

（2）我国城市枢纽中多线枢纽率相对较低，说明在轨道成网初期，节点性交通结构系统尚未形成。

轨道建设进入成熟期的城市，枢纽呈现出较强的集聚化特征，不仅是三线枢纽，甚至四线枢纽、五线枢纽、六线枢纽均有不少建设实例。其中，日本东京轨道交通发展历史悠久，线网发展较为成熟，枢纽中多线枢纽的比例为34.5%，六线以上枢纽10个。我国城市枢纽中多线枢纽比例最高的城市是上海，为23.7%，其中三线枢纽12个，四线枢纽2个，其余城市相对较低，除深圳为10.3%外，其余均在10%以下，节点性交通结构系统尚待加强。

2）对当前城市轨道交通枢纽发展的思考

通过国内外各城市的轨道交通枢纽建设情况对比，让我们更加深入地思考轨道交通与城市空间的相互协同发展关系。特别是我国当前城市在轨道交通大规模快速建设期，不应仅看到建设里程数，更应深度探讨在空间上轨道对城市的引导作用，以及在时间上城市发展与轨道建设的协同程度。从城市轨道交通线网规划和枢纽建设情况，可以反映出轨道交通与城市多维度的协同关系，也促使我们深入探讨以下几个方面的枢纽规划建设问题：

（1）选址和布局匹配。城市轨道交通枢纽布局，应根据城市空间功能及发展定位进行轨道线网的枢纽站点布局及选址，不同的线网密度应与相应的城市空间功能匹配，枢纽站的综合开发应有差异化的分级定位。充分认识轨道枢纽的可达性影响范围以及客流规模的集聚效应优势，真正发挥TOD模式对周边土地开发的正向带动作用。

（2）枢纽和城市协同。城市轨道交通与城市的协同发展，应首先考虑轨道枢纽与城市中心区空间体系的耦合关系，实现空间、时间和功能上的协同，以轨道枢纽为节点、轨道交通网络为骨架来支撑城市空间体系的布局。枢纽建设不应该只看数量和规模，而应与城市的空间等级、人流量相匹配。

（3）挖掘城市空间效率。在轨道交通枢纽的发展过程中，应考虑如北京、上海、广东、深圳等特大城市的区域辐射作用，探索大型枢纽对城市发展需求和空间能量释放的支撑作用，适度发展多线枢纽，合理发挥多线枢纽作用，有利于城市用地的集约发展、提高换乘效率。

（4）交通结构和空间结构的双重优化。枢纽需要强化与城市内部交通方式的高效衔接，提高枢纽区域的城市交通可达性及交通承载效率。考虑到不同性质、规模枢纽的作用差异，发挥大型枢纽客流量大、周边空间强度高，对城市核心空间引力的强化优势；同时兼顾其他层级枢纽对城市空间结构丰富性和空间功能多样性的支撑作用，有效调节城市的流动性，提高绿色交通的吸引力，真止形成交通结构和空间结构的双重优化，引导形成紧凑型的城市土地开发模式。

1.3　城市轨道交通枢纽空间开发的趋势

从城市发展的视角以及人们对出行需求的视角，对轨道交通枢纽空间的要求也不再仅仅是交通功能本身，当代轨道交通枢纽空间发展呈现出以下 4 个显著的趋势：

1）核心空间均质化

当今轨道交通枢纽综合体集合多种交通方式、多样化功能形成一套完整的系统，传统车站的核心空间与功能已经彻底改变。枢纽综合体的空间构成由单一的等候性候车空间转变为多向通畅的通过式进出站流线空间，是多重空间的复合型空间布局（图 1.3-1）。这种三维立体化的形式，使得功能布局、空间利用、使用效果皆呈现均质化，避免了城市人流、车流大量交叉引起的混乱，流线组织立体多向、聚散有序，集约化利用城市用地。

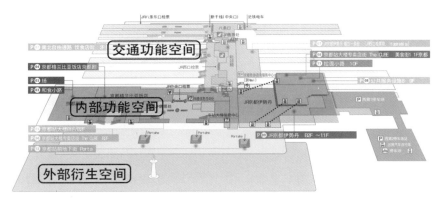

图 1.3-1　枢纽核心空间均质化示意
来源：作者改绘

2）换乘空间无缝化

轨道交通枢纽的综合换乘包括直接换乘、间接换乘和综合换乘三种方式。其中直接换乘可最大限度地节约换乘时间、提高换乘效率以及提升换乘质量。现代城市网络交通背景下的多数轨道枢纽未来发展也更加倾向直接换乘。

换乘流线清晰、便捷才能实现更高的换乘效率。在城市轨道交通枢纽综合体中，换乘流线往往需要地面、地下以及高架立体组织综合使用，以实现更高的换乘效率。因此，换乘空间通常采用立体化的空间形式（图 1.3-2）。

例如，柏林中央火车站内部利用中央的十字中庭大厅连接 5 个不同的功能空间，其目的就是为了形成可视度高的立体换乘空间布局（图 1.3-3）。

图 1.3-2　京都站与其他交通
方式的换乘接驳
来源：作者自摄

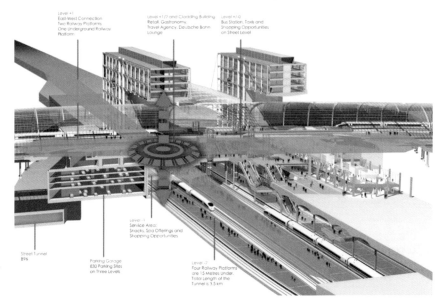

图 1.3-3　柏林中央火车站十
字中庭大厅
来源：根据 GMP 资料改绘

3）候车空间一体化

现代轨道交通枢纽综合体的候车空间相对于传统车站发生了很大的变化，表现出综合与共享的特征，与其他功能空间及其衍生空间一体化组合，通常采用灵活分割的大空间形式，候车空间从原有的封闭和单一逐渐发展为更加开放和综合（图 1.3-4）。正因如此，枢纽空间除了换乘功能外，还加入了各种商业服务设施，用以提升空间的活力和开放性。例如，在很多改造的枢纽中，新建站台通常设置在枢纽综合体内部，站台空间与换乘空间融为一体，在提高换乘效率的同时也可以快速到达综合体中的多种功能空间。

4）功能空间衍生化

当今城市轨道枢纽的功能已经超出了其交通站点属性本身，不仅承担着便捷服务公众城市生活的作用，同时也具有促进区域经济发展和展示城市文化的作用。

图 1.3-4　枢纽候车大厅的多功能融入
来源：作者自摄

　　商业功能成为轨道交通枢纽综合体的重要衍生功能，对于营造舒适的现代都市生活具有积极的触媒作用。通过方便乘客缩短换乘与候车时间，为乘客提供了"购物消费"和"时间消费"的乐趣，且内部空间的舒适性以及便捷的购物环境可吸引乘客享受"候车碎片时间"，减少候车空间人群密度，为乘客提供多种疏散途径，提升站内空间的消防安全性，使枢纽综合体的开发获得更高的效益。例如，香港地铁采用"轨道＋物业"的模式，在周边引进商业、娱乐、房地产等利润较高的经营性项目，反哺轨道交通建设，补贴轨道运行成本，最终实现轨道交通枢纽的可持续发展。

　　文化传播同样也是轨道交通枢纽综合体的重要衍生功能。轨道交通公共的枢纽空间、稳定的人群流动性与人流密度，为城市文化信息、产品的传播展示提供了理想的平台。枢纽综合体中随处可见的广告牌和大屏幕总是在不经意间将信息有效传播。当代很多轨道枢纽综合体中也引入了图书馆、电影院以及多功能演示厅，这些文化空间与商业空间在枢纽空间中相互支撑，成为城市活跃的文化传播场所。

　　枢纽综合体从单纯提供出行服务的场所转变成了便利、舒适的城市公共空间的一部分。因交通的便利促使餐厅、音乐厅、美术馆等文化艺术休闲设施不断向枢纽空间聚集，这些都使枢纽空间逐渐演变为城市具有活力的文化与生活空间。这些商业及文化设施又不断吸引更多的轨道乘客，枢纽空间的引力效应推动该地区滚动发展，从而显现出轨道交通枢纽空间的集聚价值。

1.3.1　开发类型：集约型、网络型、复合型

　　目前，国内结合轨道交通建设大规模开展轨道枢纽综合开发，所谓"综合"

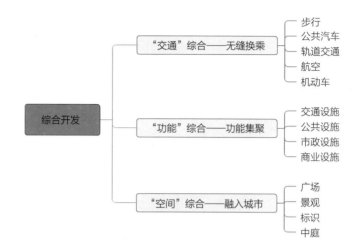

图 1.3-5　综合开发示意
来源：作者根据相关资料整理

主要体现在三个方面（图 1.3-5）：

第一是"交通"资源的综合。交通功能是枢纽综合开发建筑（群）的基本功能，在设计中必须统筹考虑轨道交通枢纽附近的各类交通方式，实现"无缝换乘"。

第二是实现交通功能与其他"功能"的综合，即将交通设施和公共设施等不同城市功能共同纳入以枢纽为核心的综合开发的系统中来，从全局角度考虑。

第三是"空间"的综合，通过中庭、广场、屋顶等元素整合建筑与城市空间。轨道交通枢纽的建设是地下空间开发的黄金机会，也是城市更新、扩展的黄金机会。通过轨道交通枢纽的纽带效应，实现各种地上、地下空间在建筑空间形态上整合，达到各种空间的"无感过渡"❶。

应该说，城市轨道交通枢纽站的综合开发过程，也是该城市区域有序化、立体化发展的过程，由于具体城市形态、土地利用模式、城市发展政策等软、硬环境的不同，综合开发存在以下几种模式：

1. 集约型的立体开发：枢纽内部竖向开发

枢纽空间内部的其他功能空间竖向叠加，多种功能分布于不同层面之上并采用竖向联系。此类型的竖向开发注重在枢纽商业空间与行人交通空间的整合利用、与交通功能结合、实现客流潜在商业价值，管理界限较为复杂。开发形式主要有店铺租赁、广告、展示等。如北京西直门枢纽、上海松江新城地铁站的立体开发。近年来，随着枢纽空间开发理念的调整，这类开发在我国车站开发应用中快速发展。此类枢纽综合开发的关键在于客流量的大小、客流商业消费能力、客流的商业转化效率。其中，对于客流量来说，在一定时期内，枢纽客流量大小主要与大区域的轨道交通需求相关❷。

❶ 梁正，陈水英. 轨道交通站点综合开发初探 [J]. 建筑学报，2008（5）：77-79.

❷ 卢源，秦科. 综合交通枢纽商业空间设计方法探讨 [J]. 交通节能与环境，2014（2）：89-92.

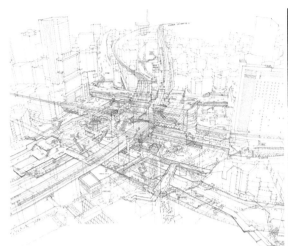

　　除了交通需求外，成功的商业开发也会吸引周边区域的人流集聚。例如日本涩谷站（图 1.3-6）、深圳前海湾地铁站的站内开发吸引了较多以商业消费为目的的非枢纽客流。但在我国目前的先建站、后建城的开发模式和铁路、城市交通的管理模式和设计理念下，枢纽商业所能诱导的城市内部交通换乘客流、单纯以消费为目的的客流占枢纽总客流的比重其实非常有限 ❶ 。

图 1.3-6　日本涩谷站周边商业开发组图
来源：wired（左上）；
作者自摄（其他）

2. 网络型的水平开发：枢纽独立空间开发或综合拓展开发

　　地下步行系统与周边公共建筑水平向衔接，能够形成枢纽外半径500~700 米的步行合理区范围内网络状的空间结构，并且形成三种最典型的开发形式，包括枢纽综合体周边独立开发、枢纽上盖以及地下空间分层利用。如日本东京站周边地下街的综合开发（图 1.3-7）。

　　水平开发布局方式包括一体化或独立开发，相互构成既有联系又相互独立的空间形态，拓展的多重物业空间以销售或租赁为主，在功能上和管理上可以

❶ 秦科 . 基于客流新特征的铁路综合交通枢纽商业空间设计方法探讨 [J]. 铁道经济研究，2013（6）：31-36.

图 1.3-7   日本东京站周边地
下街
来源：作者自摄

独立经营管理。此类开发以枢纽的交通可达性优势为资本与其他区域的物业开
发展开竞争。

近期我国新建的一些枢纽站，特别是选址在老城外围区域新建的高铁站枢
纽，由于周边开发及配套严重滞后，即先建站后造城的开发模式，出现枢纽建
设与城市功能在时间上的失配，因此在新城培育这段时间内，此类枢纽综合体
开发很难与城市空间同步发展。

3. 复合型的综合开发

复合型的综合开发即以上两种方式的有机叠加，这种类型是城市轨道交通
综合体和城市整体规划结合的开发产物，如法国巴黎拉德方斯区（图 1.3-8），
位于巴黎的西北角，它在城市功能和城市建设方面与通常所称的巴黎城镇聚集
区形成明显的对比，因而被称为"新巴黎"。除了它特有的地理位置——中轴
线上和首都所处的社会政治、经济、文化中心条件之外，关键还在于建设和发
展中注重了地区各项设施的配套，特别是道路、停车场、娱乐场所以及其他设
施建设。东京的一些铁路站前综合区，如东京站、池袋站、新宿站等，是一种
沿轨道线有机拓展的方式，也是"枢纽城"的具体表现（图 1.3-9）。

在轨道交通枢纽综合开发的同时，也需要将城市内部多种交通方式的换乘
考虑在内，如公交、出租车、私家车和自行车等，结合地下空间的开发利用布
置交通换乘设施，如轨道换乘、公交换乘、出租车换乘等，合理加强周边公共

绿地、集散广场、慢行系统等城市公共空间的用地配置与公共服务设施建设。开发过程有重点、有层次地进行，近期侧重于交通功能，在枢纽周边建设地面停车场，合理把控开发强度；远期则以交通物业站点综合开发为主导，开发空间的立体结构，如地上办公或商住，而地下为公交停车、管理运营等设施。

图 1.3-8　法国巴黎拉德方斯区枢纽城意象（左）
来源：作者改绘

图 1.3-9　日本新宿站前商业综合区（右）
来源：作者自摄

1.3.2　开发特征：一体化、人性化、站城融合

当今网络信息时代城市空间再度分异，作为城市具有特殊引力的轨道交通枢纽，空间强度被不断加强，综合功能不断集聚，成为城市其他空间不可替代的活力集聚点。轨道交通枢纽从单一交通视角向多重城市视角转变，从单一交通功能向一体化、人性化、站城融合发展❶。

1. 地上地下空间一体化

地下空间是城市空间构成的重要组成部分，地上、地下空间一体化开发形成轨道枢纽有机体，成为枢纽空间规划设计中的重要课题。

轨道交通枢纽地上、地下空间一体化开发可包含两个层次的内容：一方面，从交通功能角度，基于枢纽换乘功能的需要，综合地上、地下空间，采用立体化的交通组织模式，从而提高交通换乘效率；另一方面，从城市空间体系角度，通过合理规划将各功能空间衔接起来，把枢纽内部和周边区域的地下空间开发有机结合，形成功能完善、交通便捷的立体化空间网络体系，实现轨道枢纽复合集约的综合开发。

现代轨道交通枢纽综合体空间不再像以往交通建筑那样功能单一纯粹，而是将城市的部分功能与之融合，丰富城市生活的同时也提升了空间的利用效率，

❶ 夏海山，刘晓彤，等 . 当代城市轨道交通综合枢纽理论研究与发展趋势 [J]. 世界建筑，2018（4）：10-15.

并注重人们在场所内交往气氛的塑造，发挥城市公共空间艺术环境的魅力。同时，乘客在枢纽空间内对于城市生活便利性的需求，促使枢纽空间呈现出多元化的趋势。

1）开放性

枢纽空间形成了以交通为媒介的城市开放性空间体系，枢纽外部空间成为枢纽与其他商业建筑的共享大厅。在空间组织形式上，轨道交通枢纽表现出更强的公共性，在一些节点位置，如候车空间、售票大厅以及联系通道等，空间呈现多元化，边界被打破，彼此之间相互渗透融合。

2）复合性

在枢纽内部空间中，同时具备交通建筑功能空间和城市公共活动空间的双重性质，这种复合的空间可以满足乘客和市民的共同使用，这种做法在功能上不仅加强了枢纽空间与城市其他空间的直接联系，而且大大提升了枢纽空间的使用效益，在这种整合的空间体系中，不但满足了乘客的候车、换乘，还满足了人们购物、娱乐、餐饮服务等需求。这种融合城市生活的多元化空间，一方面使得乘客的出行便捷、舒适且充满生活气息，另一方面则是给枢纽带来了更大的商机。如北京西直门站（图 1.3-10），在枢纽内部的大空间中，候车大厅融合多种服务功能，闸机出口布置了开敞的商业空间，拓宽了乘客活动范围，增加了枢纽内部活动的自由度和便捷性。

3）立体化

空间立体交错：轨道交通枢纽空间包含交通部分与非交通部分，这两种空间交错组织在立体化空间体系中，构成了交通空间和其他多功能空间的复合，实现枢纽空间开发的集约化和效益最大化。

空间竖向叠加：早期铁路客运站的公共性功能元素主要沿地面或近地面层进行横向扩展，当代轨道交通枢纽结合地上和地下空间，注重横向和纵向的综合连接，实现立体化延伸，同时也为地面层留出增值发展的余地。其中下沉广场、高架广场、地下通道、人行天桥等空间元素的利用在枢纽设计中可以得以很好的发挥（图 1.3-11）。

在城市轨道枢纽规划组织中，枢纽的地上和地下空间协调越来越重要，空间组织可以大致分为以下几个层次：

地下层：地下空间功能层，承担组织枢纽乘客的换乘。由轨道交通、地下出站通道、商业开发、停车场等要素组成换乘系统。

地面层：站前活动区，空间的公共性表达较强。包括枢纽客流的活动区、枢纽与城市衔接的步行区、上下层衔接口等空间要素。

地上层：近地面层（2~3 层），公共性表达较强。包括高架进站设施、高架的广场、车道、天桥以及商业和联系商业的廊道等空间要素。

远地面层：地面 3 层以上，多为办公、酒店等功能。

2. 体现"无缝接驳"的人性化

轨道交通枢纽空间组织强调"以人为本、快捷、安全"的原则，枢纽内部实行无缝接驳的立体换乘体系，缩小换乘距离，最大限度提高换乘质量，打造服务优良、环境宜人的换乘空间。

1）多目标的无缝衔接

无缝衔接是轨道交通枢纽换乘衔接功能的核心追求，是提高整体交通效率的重要抓手。无缝衔接的目标是实现换乘综合成本系统的最优化，具体包括"距离、服务、时间、费用"4 个方面。

图 1.3-10　北京西直门枢纽站交通空间及商业结合组图
来源：作者自摄

图 1.3-11 空间竖向叠加
来源：日建设计站城一体
开发研究会.站城一体开发
Ⅱ TOD46 的魅力 [M]. 沈阳：
辽宁科学技术出版社，2019.

（1）轨道交通枢纽涵盖的各种交通方式往往自成系统，分属不同的主管部门，倘若部门间缺少协调，就可能形成过长的换乘距离。无缝衔接需要通过合理的空间布局和流线组织，缩小枢纽换乘中"距离上的缝"。

（2）各种交通方式的散落分布容易打断空间的连续性，出现品质不佳的换乘空间。无缝衔接要提高换乘服务水平，减少"服务上的缝"。

（3）换乘时间的损失除了由于换乘距离过长和通道拥堵引起的延误之外，最主要的原因是枢纽运行组织不协调。无缝衔接要缩短"时间上的缝"，提高枢纽运营管理水平和列车的准点率。

（4）由于地形、历史、线路连接等种种特殊原因，轨道交通不能完全实现网络直达，这样无形中增加了枢纽之间的距离，增加了乘客的出行成本。无缝衔接要利用价格上的换乘优惠和补偿，减少"费用上的缝"。

2）未来发展趋势

轨道交通枢纽"无缝接驳"的设计趋势是要优化轨道交通和公共汽车等其他交通方式衔接的便捷性。城市轨道交通与城市公交系统作为人们日常出行的首要选择，都具有大运量、高运载的特点，因此，二者间的衔接程度往往直接决定了城市公共交通网络的运营效率。

我国很多城市由于多重交通的接驳问题，造成整体交通网络融合效率不理想。例如在商业核心区，土地价值高，交通枢纽缺少用地保障，位置往往偏离客流中心，并与核心区内的轨道交通车站之间仍存在较长距离，这种枢纽的换乘功能被大大弱化，屈从于交通运输功能，规划上作为枢纽，但实际上无法满足乘客换乘接驳的多重需求 ❶。相比较而言，一些发达国家城市的"无缝接驳"规划设计比较成功，例如加拿大多伦多市的地铁站，公交车直接开进地铁车站的付费区，加强二者的衔接。德国则明确以 30 米为界在地铁口周边设置公交站等。

由此可得，轨道交通枢纽与公交系统"无缝接驳"的核心是缩短二者间的接驳距离，提高二者的交通融合水平。

3. 轨道枢纽的站城融合

未来城市的轨道交通及周边空间将是城市要素流动最频繁、最具活力的地方。轨道交通车站也越来越多地体现与城市功能的整合，我们所说的站城融合，主要体现在以下方面：

1）开放与共享

枢纽作为多元空间融入城市，具有很强的催化作用，能够吸引人群，使其变为城市中最鲜活的空间，是人们生活和交流的场所。

日本上州福冈站，一个很小的轨道交通城市车站，通过建筑设计手法，让我们看到了日本对城市轨道交通"融入"城市的理解。与很多交通建筑地标式的做法不同，上州福冈站反而将车站的属性弱化，更多的是将车站看作街道生活和城市文化的一部分，体现了日本轨道交通站街一体化理念。

2）集约与高效

体现在功能的集聚和空间的立体化。公共空间起到了积聚多种城市功能的作用，在这里进行高密度酒店、办公、商业、居住、娱乐等综合开发，从地面向地下和空中多层次的发展，形成了竖向的立体化空间组织，实现了土地价值的最大化。

东京汐留车站充分考虑站城空间的集约化发展，巧妙地利用下沉广场组织相互连接的地下通道、地下停车场与地面层，确保了地上、地下的连续性，营造充满活力、尺度宜人的地下街区氛围。设计通过多种手法高效地连接地铁、地下通道、地面、人行天桥等多层次立体步行网络，实现地上和地下空间的一体化开发。位于地下的地铁层，利用通道将所有街区便捷连接，走出地面，行人便可以到达该街区的任何设施。

❶ 陆锡明，江文平 . 无缝衔接理念与客运交通枢纽功能 [J]. 城市交通，2014，12（1）：1-4.

3）文化与价值

城市是不断发展和延续的，轨道交通枢纽作为城市发展的一个重要节点，无论从时间还是空间上都可以作为一个城市的文化地标，发挥它的价值潜力，使沿线地区能够顺应时代的变化，维持和提升沿线整体价值，并且能增加开发商收益，加快房地产项目的投资回收。

伦敦国王十字火车站经历了一个半世纪的发展，成功地修复扩建，成为车站激发城市活力的一个典范。该区域的站城一体化发展将绿色交通和能源效率、文化多样性与历史保护、空间价值与可持续发展结合，利用轨道交通客流集聚效应，将这片曾经废弃的城市地段改造为兼具住宅、商业、文化、办公和学校等功能的城市活力新区（图 1.3-12）。其中，设计利用一个大厅将国王十字火车站、圣潘克拉斯车站与国王十字街区紧密联系，充分利用地下空间、多层级导向性入口以及连廊道，增强车站与功能空间的联系，提高了换乘效率和步行体验。

4）人本与智慧

人本为导向成为城市公共空间智慧发展的动力，运用数据思维以及数据分析及数据化设计手段，为站城一体化提供数据化设计支撑，有助于实现轨道交通人性化科学分析和文化价值的挖掘，从而实现公共空间的人性化、智慧化发展，为轨道交通的前期调研、建筑设计、规划设计等提供支持。

图 1.3-12　伦敦国王十字火车站
来源：https://you.ctrip.com/

北京交通大学基于北京、天津和重庆三个城市 2014 年地铁交通客流量数据，以空间句法模型为基础，对比了分离式、一体化和复合建模方式下各算法对各个地铁站间截面客流量的分析效果。结论显示，将地铁网络与地面道路网络分别建模但组合在一起进行权重分析的复合式建模方式比其他两种方式更为有效。从而帮助规划设计师综合考虑地面道路与轨道交通网络的连接性，在量化分析定位各站点区位属性的前提下进行局域的空间设计 ❶。总之，数据分析技术的发展为站城融合人性化设计提供有力的支撑。

❶ 盛强，夏海山，刘星 . 空间句法对地铁站间截面客流量的实证研究——以北京、天津和重庆为例 [J]. 城市规划，2018, v.42; No.376（6）：57-67.

PART

轨道交通枢纽站城一体化开发

第 2 章　轨道交通枢纽站城一体化开发

　　轨道交通的发展，重新定义了城市的空间和时间，轨道交通线网规划对引导城市空间重构和促进城市通行效率具有极其重要的作用。轨道交通建设以及城市更新的综合性、复杂性，决定了其规划设计是一项复杂的系统工作，其内在动因与城市的发展规律，需要进一步揭示与探究，并且对当前适应时代变化的城市规划建设也提出了新的要求。

　　在全球范围，新技术革命大大改变了人们的生活方式，也催生了信息时代的思维革命。面向未来都市空间发展，规划思维正经历着智慧化、人文化的深度变革。城市轨道交通建设不仅带来通勤方式和速度的转变，在大运量便捷的轨道交通推动下，也催生着城市空间的转型和持续再生。规划思维转型下的站城一体化发展，呈现出交通空间许多新特征和新趋势，也引发了我们对相关理论与实践面临的一系列问题的探索 ❶。

❶ 夏海山，张丹阳. 规划思维转型与轨道交通站城一体化发展 [J]. 华中建筑，2019，37（6）：63-66.

　　目前，我国的城市轨道交通建设正处在前所未有的高速发展阶段，但轨道交通建设和城市规划在时间和空间上呈现出不协调的现象。部分建设项目与城市空间需求不匹配，土地空间价值并未充分挖掘，随时代发展的城市空间职能并未得到充分重视，城市空间资源与移动性的错位，轨道交通设施有时并未让人们感受到舒适与便捷，而是衍生出其他种种矛盾。这些问题都对以人的流动为核心的城市空间大系统的有机性和高效性提出了挑战。

　　针对这些问题，我们探讨过如何充分利用地下空间，对地下空间的开发进行有效的、智能化的管理，如何在项目一开始，就进行全面的规划分析和研究等。但是，如何从根本上探究轨道交通与城市的协同发展和站城一体化开发，还要从城市本身以及人的行为需求规律来研究，因此人与城市空间的关系成为研究重点。当前提出的轨道交通站城一体化发展模式，是否能够真正解决城市空间总量不足，并能有效提升城市基础设施和公共服务的效率，提高城市系统的自我调节能力，满足人们多样性的需求，值得以新的思维方式深入探究。

　　本章以轨道交通枢纽站城一体化开发为主要目标，从站城融合角度，分别对枢纽公共空间的公共性、枢纽的空间价值、功能组织、交通衔接和枢纽空间的景观与文化等方面，提出规划思维转型下探索轨道交通枢纽站城一体化开发的一些方向和实施方法。

2.1　站城融合：枢纽公共空间的公共性

2.1.1　枢纽公共空间公共性的理解和再认识

传统轨道交通枢纽公共空间的功能性大于公共性，轨道交通大量客流的换乘，使轨道交通枢纽建筑的"功能性"成为主导，而对"公共性"的关注往往存在不足，其结果导致的是人们被动地接受一些乏味的枢纽外部空间广场和基本的商业空间，以及为了形象而造型的交通建筑。

德国哲学家尤尔根·哈贝马斯（Jürgen Habermas）于 1962 年出版的《公共领域的结构转型》中指出了人们在城市公共空间中自发进行社会生活和社会交往中形成的抽象概念，同时又强调了当代城市实体公共空间的重要价值。城市公共空间的公共性是一种对于空间价值的判定维度，它反映出城市公共环境对于人们之间的公共交往活动产生有益影响的可能性，是诸多空间价值维度的一个方面 ❶。

探讨城市公共空间的内涵，在西方最早可追溯到古希腊公民在城邦进行的各种公共活动，形成了一种以城邦公民生活为代表的公共活动领域。其后，在希腊和古罗马时期出现以某种统治社会力量为社会大众代表的公共领域类型，其在中世纪和巴洛克时期达到巅峰，对社会生活具有不同性质的垄断性 ❷。从城市空间的形成过程可以看到人的需求和行动会引导城市空间的营造，而空间变化又可以反作用于人的看法和行为。

随着现代信息技术的飞速发展，当今社会生活的需求推动城市空间不断发生着新的演变。通过轨道交通枢纽带来的集聚效应和磁场，吸引着各个城市功能空间不断向着枢纽周边集聚，使枢纽的空间强度和土地容积率不断提升。城市轨道交通枢纽空间不仅作为交通功能的载体，也是融合与承载了文化、娱乐、经济等城市功能的"公共性"空间。

1. 枢纽公共空间公共性的理解

根据复杂适应系统思想，城市交通枢纽的公共空间是枢纽空间系统的子系统，起到了协调和组织的作用。枢纽公共空间系统的功能和作用与枢纽本身的定位相适应，是枢纽功能和作用的延伸和综合，在某种程度上起到集中和强化作用，并与枢纽其他子系统协同，实现枢纽的交通与城市生活服务功能更有效地发挥。

王建国院士在主编的《城市设计》教材中指出："城市交通枢纽综合体容量大、各种功能兼备，将各项城市因素融为一体，其核心就是起组织和协调作用的建筑综合公共空间。"明确了公共空间在枢纽空间中乃至城市地段中的核

❶ 哈贝马斯，曹卫东 . 公共领域的结构转型 [M]. 上海：学林出版社，1999.

❷ 于雷 . 空间公共性研究 [M]. 南京：东南大学出版社，2005.

❶ 王建国.城市设计[M].北京：中国建筑工业出版社，2009：234.

心地位与作用❶。

从城市轨道交通枢纽所处城市位置及枢纽内部的空间关系看，公共空间处于枢纽与城市空间的衔接过渡处，同时，还位于枢纽各功能单元的交汇处。由于枢纽空间容量大和功能多的特点，使其公共空间的组织、协调与辐射功能，不仅作用于枢纽空间内部，而且放大到枢纽所处的城市空间之中。进而，凭借轨道交通枢纽强大的交通集散功能，成为城市空间区域的社会活动及社会交往中心。因此，"公共性"与"开放性"是城市轨道交通枢纽公共空间的主要特点。

从城市轨道交通枢纽公共空间所担负的功能本质看，其主要作用还是服务于枢纽功能本身。公共空间因其所属枢纽的功能等特点，依据其交通功能汇聚来自四面八方的人流，为多层次与多样性的城市社会生活需求、各类使用者的各种要求及不同使用行为提供场所和环境，积极容纳、适应各种使用活动和行为。因此，枢纽交通功能与共享公共环境两个要素，构成城市轨道交通枢纽综合体公共空间的基本内涵，"综合性"及"共享性"成为公共空间的又一基本特征与认识。

从城市轨道交通枢纽公共空间的形态构成与空间组织关系来看，公共空间因其所具备的城市公共性、开放性、综合性、共享性，以多层次和多样化的空间形式延伸、穿插、渗透，形成形态丰富而又组织有序的空间系统。同时，该体系与其城市空间体系相衔接、协同作用，与所属的城市轨道交通枢纽，形成城市结构的中心、促进和带动城市空间区域的发展，与所处城市空间相互契合。于是，"系统性"和"媒介性"是公共空间的另一基本特征和内涵。

根据上述，枢纽公共空间的城市公共性、开放性、综合性、共享性、系统性和媒介性，是城市轨道交通枢纽公共空间的基本特征，也是对枢纽公共空间公共性的理解（图2.1-1）。

2. 枢纽公共空间公共性的再认识

对城市轨道交通枢纽公共空间公共性的再认识，其最终目标是运用整体协调和动态发展的观念，将轨道交通枢纽公共空间构建为适应自然、城市、人文等环境，并在建造与使用过程中可调节反馈的空间体系。逐步将城市的各功能空间融入这个体系当

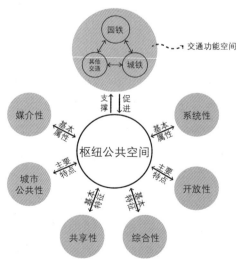

图2.1-1　城市轨道交通枢纽公共空间的基本特征
来源：作者自绘

中，最终实现"站城融合"。

在城市轨道交通枢纽公共空间与外部的关联方面，其公共性可从宏观、中观和微观三个层面强调公共空间与自然、城市、人文环境之间的关系。从宏观层面上讲，城市轨道交通枢纽公共空间既是城市交通组织的重要节点，也是城市空间的重要节点，因而对其公共空间的公共性提高，需要实现城市轨道交通的高效换乘与整合城市空间两大目标；从中观层面上讲，城市轨道交通枢纽公共空间与周边自然环境、交通环境、城市环境应当形成互动，完成城市环境与城市空间与枢纽内部的相互渗透任务；从微观层面上讲，公共空间是组织综合体内部各类城市功能单元的空间核心，可以协调各功能空间的组织与联系，发挥公共空间对其他空间融合与提升的作用，保证各个空间协调发展。因此，从站城融合角度出发，枢纽公共空间的公共性应实现以下目标：

1）实现轨道交通的高效换乘

轨道交通是城市公共交通的骨架。在"交通一体化"的前提下，城市轨道交通枢纽融合轨道交通与其他城市功能，作为城市轨道交通一体化的重要节点，实现各种交通方式的汇集、衔接和转换，以及其他城市功能的发挥。而因步行方式在枢纽公共空间中的主导性，公共空间必然成为轨道交通枢纽整合与分配人流的主体空间。公共空间内人流的聚散、换乘是否便捷、顺畅，影响的不仅仅是综合体功能的发挥，也不仅仅是所在城市地段的交通环境，而是整个城市交通网络——城市大动脉的运行。

2）促进枢纽功能的协同实现

城市轨道交通枢纽是城市建筑综合体的重要类别与发展方向，其公共空间除去在城市轨道交通系统中的作用外，依然是枢纽内部各项功能联系与复合的物化形式。枢纽内部的各项功能，除各种交通方式衔接与转换的交通功能外，还包括购物、社交、文娱、游憩、居住、办公等。将各种功能及各类与功能相对应的空间综合组织为轨道交通枢纽综合体，在其公共空间系统内以步行方式连接，实现各类空间发挥各种功能的协同作用。

3）城市空间的集约整合

城市轨道交通枢纽综合体通常位于所处城市地段的中心，地段用地与之相互契合、唇齿相依。枢纽所具有的触媒属性，可以带动区域及其周边沿线的开发与发展，枢纽空间还引入或接纳商业、服务和办公等城市职能，功能、空间形态及组织方式上呈现高度聚集。

因此，城市轨道交通枢纽体量巨大，往往占据整个街区甚至跨越街区。为避免枢纽的建设割裂城市空间的完整性与连续性，必须从城市规划的层面出发，将枢纽公共空间视为城市空间体系的一个组成部分，加强它与外部城市空间的呼应，完成城市空间向枢纽空间内部的延伸。在城市建设与更新区域，应当将枢纽公共空间作为周边区域的空间中心，将其作为空间功能集聚的中心节点，促进城市空间的集约整合发展，从而实现"站城融合"。

4）空间体系的自身完善

城市轨道交通枢纽公共空间自身功能与空间体系的完善与否，是其公共性在城市和城市交通枢纽综合体中各项功能的前提条件。

枢纽公共空间的核心作用是整合与协调枢纽所包含的各种功能，以及与之相关的城市要素。综合功能与共享环境，要求枢纽的公共空间体系呈现变化丰富的多样化形式及组织有序的状态，形成功能合理、形态适宜和协调各功能发展的公共空间体系。

所以，轨道交通枢纽公共空间应当是创造空间开放、环境优美，能够吸引人们停留并参与活动的场所，实现活跃的城市生活氛围的营造；在空间和时间上满足多方面的功能需求，提供多样化城市活动可能性的场所，实现空间与时间上的高效组合，争取空间利用效益的最大化；留有更新、调整与改造的可能性，能够跟随城市与轨道交通枢纽的发展完成自身的变化与升级，实现土地、空间等资源利用的可持续性。

2.1.2　枢纽引发的城市空间网络化革命

轨道交通系统的网络属性是支撑城市空间多中心演化的重要基础（图 2.1-2），由车站、线路和网络形成的轨道交通网络与多中心城市空间网络化发展之间能够形成相互促进的协同发展 ❶。

❶ 于晓萍．城市轨道交通系统与多中心大都市区协同发展研究 [D]．北京：北京交通大学，2016．

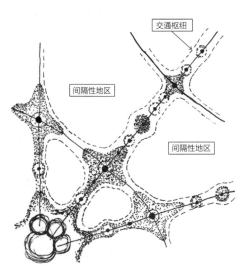

图 2.1-2　枢纽结构
来源：矢岛隆，家田仁．轨道创造的世界都市——东京 [M]．北京：中国建筑工业出版社，2016．

多中心城市空间网络化发展的前提条件之一是城市区域内的协同发展，"协同发展"即各个系统要形成整体发展大于各部分的加总。一方面，轨道交通系统由车站、线路和网络构成；另一方面，城市空间结构也是由企业和居民的选址行为、产业结构调整和功能布局重构、城市多个中心紧密联系形成的城市网络三个层面形成的。从宏观层面来看，由

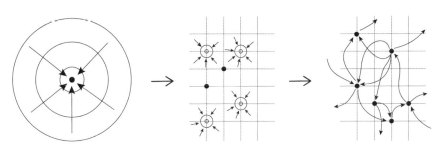

图 2.1-3 单核向心力场、多
核中心力场、未来虚实力场
来源：作者自绘

轨道交通线路形成的交通廊道往往是城市空间扩展的骨架，通过与节点串联所形成的交通廊道效应会对城市的居住就业空间关系产生深刻的影响。不同形态的轨道交通网络支撑并引导了不同的城市空间形态，二者的匹配程度和协同发展直接影响着城市空间的经济发展、空间绩效、生态环境等方面的竞争力。

基于城市空间网络的城市轨道交通枢纽空间是衔接轨道交通网络的重要节点，其重要作用不言而喻，而随着时代技术的进步和人们需求的变化，城市空间网络化的枢纽空间也逐渐开始拉开一场空间革命（图 2.1-3）。

1. 单核向心力场阶段

城市轨道交通枢纽空间是城市空间内的重要节点，部分枢纽空间因其规模和周边设施等功能的完备，具有吸引城市人流和汇聚城市功能的特点，在其中心形成了一种吸引城市空间各种"流"的向心力场。这种单核心向心力场的表现形式，可以帮助了解轨道交通枢纽空间在城市空间网络化中的重要引导方向和趋势。

按照 TOD 理论，单个枢纽周边及其周边地区的开发呈现圈层式的布局，以综合交通枢纽为核心实现多种城市功能混合布局，将商业、办公、娱乐以及居住等城市功能聚集在一定活动范围内，实现对公共交通的高密度开发以及城市功能多样化和多元化布局。一方面，轨道交通枢纽空间的立体化开发为商务、酒店、休闲等功能提供空间支持，同时轨道交通枢纽的吸纳能力能够吸引大量客流的集聚，从而为商业化开发提供充足的客流；另一方面，轨道交通对城市形态具有引导作用，在触媒作用的影响下，轨道交通枢纽往往会成为引导新城发展的关键因素，优化轨道交通枢纽的区位布局能够吸引更多经济活动和功能在新城集聚，从而带动新城的开发。

2. 多核中心力场阶段

轨道交通站点，尤其是具有换乘功能的城市轨道交通枢纽是城市空间多中心网络的重要节点。根据城市空间发展理论，轨道交通枢纽区域能够成为城市新型功能混合区，在触媒作用的影响下，轨道交通枢纽往往成为新城开发的关

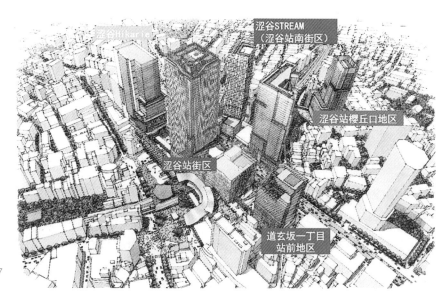

图 2.1-4　涩谷城市副中心
来源：近代建筑，2013，67
（4）.

键节点和重要支撑，引导新城发展成为多中心城市空间的"次中心"，因此在多中心城市空间的就业次中心往往不是城市的几何中心，而是出现在城市轨道交通网络的枢纽节点区域（图 2.1-4）。

城市轨道交通枢纽空间是城市空间网络化的重要节点，单个枢纽空间具有对周边城市空间的向心力场。而在城市空间网络化中，随着城市轨道交通的发展，轨道交通枢纽空间开始增加，逐渐形成了以枢纽空间为中心的多核中心力场，使城市空间网络化不再是以单城市中心的"摊大饼"式发展，而是形成以枢纽空间为节点的均质城市空间网络。该阶段的演变使枢纽空间从单核向心力场演化成多核中心力场，使城市空间的网络化中心更加均衡发展，枢纽空间和城市空间界限越来越模糊，站与城的空间也逐渐融合。

3. 未来虚实力场阶段

大数据时代，当"人、财、物、信息"这四种与交通相关的基础资源高度数字节点化，并彼此连接成"网络"，便构成了一种以"流"为中心的城市空间图景（图 2.1-5）。大数据的关联逻辑思维推动着城市的各种流变，给规划领域带来了全新的思维变革。大数据可以将人的行为活动通过数据途径直观地反映人的真实需求及其空间特征，而这一特性能够有效地使轨道交通与人之间建立量化的关联，有助于让城市更回归人本，有助于从根本上认识交通与城市的协同问题❶。

随着科技日新月异的革新和大数据时代的来临，人们的工作生活不再完全依赖实体的交流和物质的接触，比如通过远程办公、VR 虚实现实会议、互联

❶ 夏海山."思维转型与轨道交通站城一体化"专栏刊首语 [J]. 华中建筑，2019，37（6）：62.

图 2.1-5　以"流"为中心的
城市空间图景
来源：作者自绘

网的信息传送等，人们可以在任何地点完成各项工作任务，办公不再需要实体
空间概念，商业合作也不再需要传统的公司空间门面支持，只需通过公司业绩
等指标权衡即可。此外，如需要实体操作的机械修理厂，需要实体空间的支持，
但操作人员不需要到现场即可远程完成任务，通过一种虚拟手套技术，远程操
控在工厂的机械手即可完成传统的实体维修工作。再延伸到医疗方面，当代已
经有远程手术的案例开始试行。

　　科学技术的进步，使人们所需要的空间开始发生质的变化，城市空间网络
化的枢纽空间迎来了重要的空间革命，枢纽的交通功能弱化，其内在的功能属
性加强，并且在城市空间网络化中，枢纽空间开始扮演城市中心的角色，以枢
纽空间为中心和节点，各种"流"的概念开始相互传递、交流，枢纽空间进入
未来虚实力场阶段，站城概念实现融合。

2.2　价值叠合：枢纽的空间价值

2.2.1　枢纽空间价值的认识

　　随着轨道交通的发展和人们对枢纽需求的变化，轨道交通枢纽逐渐成为容
纳城市多种功能的综合体。轨道交通不仅给枢纽空间带来了长期稳定的客流，
也刺激和增加了轨道交通枢纽的商业活力，提高了枢纽空间的商业价值。轨道
交通枢纽作为城市公共空间的重要门户，具有表达城市生活方式、城市文化、
城市历史、场所精神等社会属性，也是体现城市文化价值的重要载体。它可能

是人们日常生活的一个场景、可能是进入一个城市的最初印象、可能是从媒体中了解的枢纽的模糊概念，所感所想都是人们对这个城市认知的组成部分。因此，对于轨道交通枢纽空间价值认识更多的是体现在枢纽空间的商业价值和文化价值。

1. 枢纽空间的商业价值

传统意义上的枢纽是多种交通工具交汇的节点，方便人们换乘出行，为人们提供便捷的服务。而当代的轨道交通枢纽不再是单纯的交通设施，它融合了商业、办公、服务、娱乐等多功能空间，成为城市网络化发展的重要节点。因此，轨道交通枢纽的合理布局，可以整合城市资源，最大限度地实现空间价值。

通过对枢纽空间的商业价值开发，不仅可以吸纳周边甚至更远地区的人流客源，还可以通过轨道交通可达性的优势，吸引大量商业活动的集聚，为枢纽商业提供客流保证。利用轨道交通的外部性特征获得的增值收益可以反向补偿轨道交通开发和运营成本，形成轨道交通和商业空间相互效益促进的局面。

无论是交通换乘需求还是商业购物需求以及消费体验的满足，都直接决定了轨道交通空间商业价值的高低。商业行为直接产生的商业利润，将轨道运营的投资在一个相对较短的时间内收回，并且枢纽作为重要的城市节点，带动周边土地价值；交通换乘直接提高了城市空间的效率，促使区域的人流在轨道交通节点上快速整合，在枢纽周边高效地运行。这两类行为的满足，不仅凸显了空间与经济的价值，更直接产生了社会效益。例如，日本的新宿站是典型的以商业开发支持线路运营的综合型轨道交通枢纽，集中了多条市郊铁路和地铁线路，同时开发公司在枢纽周边和枢纽内部设计的商业空间与换乘空间紧密联系，枢纽带来的密集人流为商业和开发增加了大量收益。其他的案例如日本东京的京都站、涩谷站，宾夕法尼亚车站等，都集中了多条市郊铁路、地下铁路和公共汽车线路，同时利用商业、服务业、办公、娱乐等设施的建设，减少乘客在枢纽内只能乘车和购物的单一性，将大部分乘客的日常购物活动融入其中，增加了枢纽服务的高效性和吸引力。

枢纽空间商业价值属性集中反映空间的商业活力，这也是客流进入商业空间后最直观的印象。轨道交通枢纽为商业空间带来了大量的客流，商业空间也为枢纽带来了巨大的经济效益，两者相辅相成。枢纽的商业活力一方面为业态活力，表现为商业设施的设置、商业业态的选择、商业店铺以及广告的陈设、商业活动的安排，这些要素的设置为空间带来了生命力，不仅保证了日常的购物行为，还激发了人们的偶然交流，其目的是聚集人气，提高客流量；另一个方面为经济活力，表现在商业带来的买卖收益和店铺租金。对于轨道交通枢纽商业空间的认知，除了空间属性，也包括以上与商业紧紧相关的要素 ❶。

2. 枢纽空间的文化价值

城市是不断发展和延续的，城市公共空间的公共性，也在于城市文化的凝练认同与展示传播，轨道交通枢纽及交通设施从时间与空间上审视都可以作为一种文化资源，有着极大的城市空间文化价值的潜力。

伦敦国王十字火车站经历了一个半世纪的发展，成功地修复扩建，成为车站激发城市活力的一个典范。该区域的站城一体化发展将绿色交通和能源效率、文化多样性与历史保护、空间价值与可持续发展结合，利用轨道交通客流集聚效应，将这片曾经废弃的地段改造为兼具住宅、商业、文化、办公和学校等功能的城市活力新区。其中，设计利用一个大厅将国王十字火车站、圣潘克拉斯车站与国王十字街区紧密联系，充分利用地下空间、多层级导向性入口以及连廊道，增强车站与功能空间的联系，提高了换乘效率和步行体验。

以北京轨道交通 1 号线王府井站为例，与轨道站厅层相连的古人类遗迹博物馆，展现出地区的文化底蕴，将古老的人类文明毗连古今，成为人们对枢纽地下空间认知的初印象，也是将当地文化与轨道商业空间完美结合的案例，使古人类文明、地域性和感知性彼此融会，突显出轨道交通枢纽的文化价值。

此外，我国城市中有大量利用率不高甚至废弃的轨道空间，据不完全统计，全国废弃铁路数百条，总里程约数万千米。规划思维的转型让我们从资源的视角重新看待其文化价值和空间价值，美国纽约高线公园的成功给了我们很大启发。有 110 多年历史的"京张铁路"是中国自主设计并建造的第一条干线铁路，在国内外有很高的知名度，最能代表中国铁路发展历史和文化，也是穿越长城风景区、有着优美景观的铁路线，然而在京张高铁即将建成之际，这条具有科技和文化遗产价值的铁路面临废弃拆除，如何成为城市的资源加以利用，需要新的思维与智慧。

2.2.2 空间价值的评价

轨道交通枢纽具有很高的人流强度、密度和周转频率，具有其他交通节点不具备的商业优势。依托轨道交通站点进行商业综合开发，将客流转化为商业流，是商业发展和未来城市发展建设的重要内容。以日本、中国香港、新加坡、蒙特利尔等国家和地区为代表，地铁商业综合体开发建设已相当成熟。如香港的金钟太古广场、乐富中心二期、IFC 中心、香港又一城等，均是将城市轨道交通、商务办公、商业购物、酒店住宿、休闲娱乐等功能组织在一个建筑体量中或者一组建筑群内，形成高效统一的轨道交通商业综合体，带动地段商业繁

❶ 张岱宗. 基于空间句法的轨道交通地下商业空间价值研究 [D]. 北京：北京交通大学，2017.

荣，为城市注入新的活力。

但是，由于受枢纽建设的地理位置、周边环境、枢纽结构、建设时序等多种因素的影响，依附枢纽而开发的商业空间也千差万别，在使用中出现了很多问题，如交通拥挤，流线组织混乱，换乘效率不高；空间单调无趣，环境质量不高；服务设施不完备等。如何高效合理利用轨道交通枢纽区域资源进行商业综合开发，提高城市活力、改善交通、扩充商业设施值得深入研究。因此，进行枢纽空间价值的评价，分析枢纽商业开发中存在的突出问题和主要不足，并提出相应的优化设计建议，以期提高枢纽商业的吸引力，促进枢纽客流转化为商业客流，是提高枢纽空间价值的重要方法❶。

❶ 夏海山，钱霖霖．城市轨道交通综合体商业空间调查及使用后评价研究 [J]. 南方建筑，2013（2）: 59-61.

1. 建成环境使用后评价（POE）法

从时间维度上，枢纽商业空间的前评价已不可参与，由于商业地产的保密性、权属复杂等多种原因，跟踪评价很难实现，而使用后评价的可实施性最高。在评价内容维度的设定中，可以采用单项评价方法和综合评价方法相结合的方式，例如可以研究北京现有轨道交通商业空间的总体使用满意度，也可以从单项评价的角度研究具体的指标因素对枢纽商业空间使用的影响。在技术维度上，考虑到使用后评价过程和评价分析的可实施性，可以用层次分析法（AHP）为主构建评价因素指标集和确定指标权重，可以用专家评价法作为补充和检验，最后采用混合方法中的模糊综合评价方法分析评价数据。

1）使用后评价方法

建成环境使用后评价，是在建筑物建成若干时间后，以规范化、系统化的程式，收集使用者对环境的评价数据信息，经过科学的分析了解他们对目标环境的评判，通过与原初设计目标作比较，全面鉴定设计环境在多大程度上满足了使用群体的需求，通过可靠信息的汇总，对以后同类建设提供科学的参考。

从具体指标选择的角度来说，建成环境使用后评价可以分为客观评价和主观评价。客观评价主要是在功能上、技术指标上满足使用要求和规范即可，而主观评价更多地表现为一种由心理因素而决定的标准，并不局限于功能的满足。客观评价过程较简单，多为收集客观技术参数，而主观评价则表现出复杂性、开放性、地域性等诸多特点，具有重要的研究意义。

评价采用质化和量化相结合的方法。评价因素构建中采用以质化为主的方法，通过对已有资料和研究成果的研究分析，总结出全面具体的评价指标集，再通过对使用者的问卷调查，量化问卷数据，得到指标的重要度排序，完成指标的精简。具体数据采集运用质化和量化相结合的方法，前期采用自由访谈、实地观察记录、文献收集等质化研究方法；后期采用空间系统性行为测量和问卷调查方法，问卷法采用量化的李克特量表法。研究中针对问卷数据采用平均值分析和相关性分析等量化分析方法，对行为测量数据的分析采用质化研究方法，以统计各类行为的频率计数为核心，分析考察地铁商业空间的核心使用方式，实际使用情况与原设计期望矛盾的地方，成功的、不足的空间区域等。

运用 AHP 层次分析法构建地铁商业空间满意度评价指标体系，分为目标层、准则层、因素层和指标层四个层级。例如采用 AHP 法分析北京西直门枢纽，我们将指标层依次细化成 51 个指标。再通过问卷调查，让使用者对51 项指标的重要性进行打分，得到指标重要度数据结果 ❶。

2）空间价值评价应用：北京海淀黄庄站新中关购物中心

北京海淀黄庄站是北京地铁 4 号线与 10 号线的换乘站，新中关购物中心位于中关村最核心区，地铁 4 号线和 10 号线出口交汇于新中关购物中心楼下。海淀黄庄站新中关购物中心属于枢纽出入口商业空间，从枢纽中延伸出一条通道，与购物中心的地下二层相连，将枢纽客流部分转化为商业客流。同时，在连接处集中布置垂直交通系统，完成出地面、进地下、去枢纽三者之间的交通需求，属于典型的依托于枢纽出入口开发的地铁商业空间。

满意度综合评价显示，被调查者对海淀黄庄站新中关购物中心的评定等级为 E4 级，表明使用者对此枢纽商业空间比较满意，认同度高。评价分析发现，新中关购物中心枢纽商业空间在商业定位、交通流线组织、配套设施三方面的得分非常高，获得了使用者的认可。总体上新中关购物中心的枢纽上盖商业开发是成功的，商场利用了轨道交通便捷的优势，但是将枢纽客流吸引转化为商场客流的成效还不明显，连接商场地下、枢纽、地面的出口空间没有得到很好的利用。另外，商场与枢纽的连接口只有一个，且要通过一个长约 100 米的通道才能到达，两者间还有 6 米左右的高差，交通舒适度有所降低 ❷。

2. 轨道交通枢纽商业空间评价方法

轨道交通的快速发展，带动了周边地上和地下商业空间的开发，但是轨道交通枢纽商业空间的使用乘客评价并不高，交通客流转化为商业客流的效率较低。对轨道交通枢纽商业空间的价值进行评价，并应用到实际案例中，发现其存在的问题和根源，并提出相应的空间优化措施，会是提高枢纽空间价值的重要方法。

轨道交通枢纽商业空间评价方法主要分为两种，一种是基于量化软件的客观定量分析，得到相应的数值与视图，研究者以此对空间本身的特性做出判断，得出评价结果，并对乘客与枢纽商业空间的互动进行科学的预测分析；另一种

❶ 夏海山，钱霖霖. 城市轨道交通综合体商业空间调查及使用后评价研究 [J]. 南方建筑，2013（2）：59-61.

❷ 钱霖霖. 北京地铁商业空间的使用后评价研究 [D]. 北京：北京交通大学，2012.

是基于使用者行为调查、问卷统计的定性方法，通过问卷的发放和对消费者行为的观察、跟踪，得到影响轨道交通枢纽商业空间使用满意度要素的评价。

1）基于空间句法量化计算的评价方法

（1）技术特点

空间句法对于轨道交通枢纽商业空间的评价主要是根据空间的可达性、可识别性、轨道与商业空间以及空间与商业的互动关联程度，评价关注空间本身及其相互之间的关系。

（2）方法的优劣势

空间句法可以用于事前评价，可以将影响不同商业行为的空间因素通过客观数值、直观图示的方法表现出来，对于空间属性本身的评价为建筑师今后的方案设计和空间调整提供客观依据。

基于空间句法的评价研究是建立在空间的客观形态上，所以不能反映、体现不同乘客对于同一枢纽商业空间形式的不同感受，也不能表达枢纽商业空间内某一形态如景观、广告等自身的吸引力对于使用者行为和评价的影响。

2）基于对使用者心理行为的评价方法

（1）技术特点

基于环境心理学和使用者行为的需求，研究者建立影响轨道交通枢纽商业空间满意度的评价模型，对枢纽空间环境中各项要素，包括物理感受、空间设计、色彩装饰、业态选择等进行定性的评价描述。

（2）方法的优劣势

此类建筑环境使用后评价侧重于行为人群特征、心理等建筑空间适应性方面的研究，从使用者角度出发，完成对空间的规划、调整、业态的确定。

然而无论对客观的空间指标还是主观感受评价，此方法都存在一定的局限性：客观的物理指标评价主要是收集客观数据，并不能对空间的效能、商业的活力进行有效的描述；主观的使用后评价不具确定性，会因不同的地域文化、生活习俗等客观因素而存在较大差异，并不能寻求到应用广泛的普适性的设计准则。

3）主客观评价方法的对比总结

在轨道交通枢纽商业空间中，客观的空间形式、站点位置、物理环境、商业定位，与乘客对于环境要素的主观认知和心理感受，共同决定着轨道交通枢纽商业空间的使用满意度。在不同的阶段，针对不同的评价要素，使用适当的评价方法，对空间环境进行评价分析，及时反馈评价结果，对空间提出相应的优化策略 [1]。主客观评价方法对比见表 2.2-1。

[1] 张岱宗 . 基于空间句法的轨道交通地下商业空间价值研究 [D]. 北京：北京交通大学，2017.

主客观评价方法对比　　　　　　　　　　　　表 2.2-1

方法原理	技术性质	应用阶段	研究对象	优缺点
基于空间句法计算	定量分析	方案阶段或空间使用后	轨道交通地下商业空间	对于轨道交通地下商业空间评价的研究，从客观空间自身属性出发，将不同指标量化，为可达性、可理解性、空间与商业的关联度等提供依据
基于使用者主观感受	定性＋定量分析	空间使用后	轨道交通地下商业空间主要使用者	客观的物理环境评价关注专业技术标准，评价客观、稳定，但易僵化；主观的空间感受评价关注社会心理与使用者行为，但评价标准难以统一

来源：作者根据相关资料整理

4）空间商业价值评价应用：西直门枢纽地下商业空间

西直门站地下商业空间位于北京西直门立交桥的西北角，地下一层属于典型的轨道交通商业开发，紧邻轨道交通 2、4、13 号线，其中 2 号线与 4 号线站厅层与凯德 Mall 购物中心地下一层东侧衔接紧密。

通过空间句法量化计算的评价方法，进行线段分析、视域分析、agent 模拟（图 2.2-1~ 图 2.2-4），以及基于使用者行为和心理需求的满意度调查，采用 SD 语义法，对每个要素进行正反两个方面的语义描述，并计算平均值、众数和中位数，从而得出空间的优化策略：

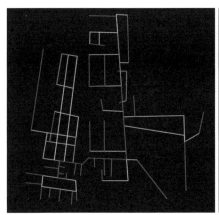
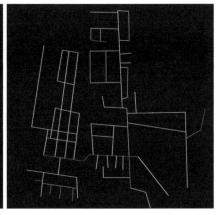

图 2.2-1　西直门地下商业空间整合度与穿行度分析
来源：作者工作室

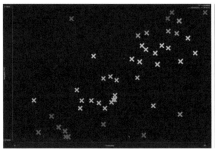
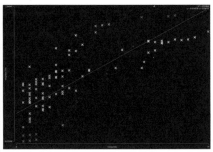

图 2.2-2　线段模型整合度与人流实测关联图、西直门站地下商业可理解度
来源：作者工作室

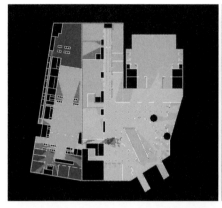
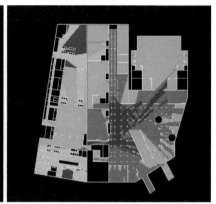

图2.2-3 西直门站地下商业
空间视线整合度和视线深度
来源：作者工作室

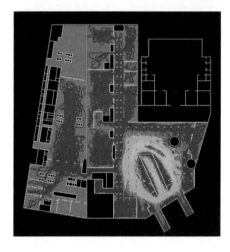

图2.2-4 西直门站地下商业
空间agent模拟
来源：作者工作室

（1）从人流模拟与人流实测看出，下沉广场半封闭式的建筑环境聚集效应明显。建议在广场侧界面集中设置导向标识，有效地引导交通人流和商业人流，避免人流在此处的拥挤。

（2）北侧通道顾客相对较少，通过对视域整合度的评价，考虑到柱网对于视线的阻挡，建议在通道端部将空间适当放大，并布置景观绿植，或者引入商业宣传活动，将乘客的视线吸引至此；同时通过改变通道顶棚和侧界面的装饰装修，以光环境塑造等丰富空间层次来引导客流，满足人们对环境的心理需求。

（3）通过线段整合度和穿行度的对比来看，建议依据计算结果合理进行商业业态的分区，沿通道整合度高的区位布置以体验为主的目的性业态，可以布置品牌效应明显的店铺，也可以同类型商铺集中布置，产生集群效应，充分利用到此的客流，提升空间经济效益。

（4）由问卷调查和因子分析结果来看，负面评价的关键要素在于空间导向。建议将商业与交通标识在色彩、形式和位置等方面进行严格区分，整体将交通标识突显出来，保证整个站厅层以交通导向和安全疏散为主要功能。

（5）通过调研的统计可以发现，到此购物的主要为女性，所以在业态选择和空间界面的装饰上考虑性别差异，多以曲线、自然元素为装饰主题；同时女性的购物目的性较弱，在业态配置和空间营造上注重"游"和"逛"的体验创造。

2.3 功能聚合：功能组织与演化

城市轨道交通有效地缓解了城市交通问题，成为越来越多人出行的首要选择。尤其是随着城市轨道交通枢纽的快速发展，其快速疏导人流、高效换乘的特点不仅提高了城市交通服务水平，同时也成为城市结构的新中心，重组了城市功能的空间布局，并带动枢纽周边土地的开发与建设。轨道交通枢纽通常汇集了铁路、地铁、公共汽车、出租车以及自行车等综合交通方式，按照乘客传统的"进站—乘车—出站"的流程，换乘的便捷与高效性，与各场站功能区的合理布局相互关联。各种交通方式之间的高效协调与配合，会极大地减少乘客换乘的时间和成本，使枢纽充分发挥无缝衔接和运输一体化的作用。因此，空间布局的优化对轨道交通功能组织来说是非常重要的。

站城融合综合开发模式下的轨道交通枢纽是未来综合交通发展的方向和趋势，其功能布局具有交通隐形化、空间一体化、衔接无缝化、管理集中化、服务智能化等新特点。近年来，虽然我国综合运输体系逐步建成，但整体效率还有待提高，各种交通方式由于条块分割等原因衔接不畅，枢纽功能布局规划理论与方法较为缺乏，不成系统。

2.3.1 枢纽空间功能的融合

1. 枢纽空间的融合演化

传统的轨道交通枢纽主要是根据人们对交通功能的需求进行功能分配和组织流线，各区域的功能界限清晰，功能分区明确。例如，人们的乘车流线为：到站—安检/问询—购票—检票—候车—上车，而出站的换乘流线一般为：到站—辨认方向/获取信息—选择出站/换乘通道—出站/换乘。因此，在枢纽空间的功能分区上会设置进站大厅、安检区、购票区、检票区、候车区、换乘区等空间功能，为了提高枢纽的运营效率，避免不同进程人流出现干扰和互相拥堵现象，对各个功能区的空间会进行清晰的界定，并采用栏杆、临时隔断等手段。然而，随着时代科技的发展，以及人们对枢纽空间功能的需求变化，枢纽空间逐渐呈现多功能融合趋势。

从交通乘车需求方面，因当代科学技术的发展，使枢纽空间的运营管理从传统的人工低效率管理逐步转向服务智能化和管理集中化。人们的乘车不再需要经过传统繁琐的进站、询问、购票、检票、候车等环节，而是可以通过提前网络购票，到站后安检，只需要人脸识别或刷身份证等直接进入等候区乘车。正是因为信息化时代和科技手段的进步发展,简化了人们前往枢纽乘车的步骤。

而这些变化，对枢纽空间功能产生了巨大的影响，如购票、安检等功能被简化，置于枢纽大厅之中，从而使枢纽内部和外部交通的衔接逐渐呈现交通隐形化、空间一体化、衔接无缝化趋势，这些是枢纽空间站城融合的重要导向之一。

从枢纽服务需求方面，传统的枢纽空间主要是以交通出行为主要功能，包括商业等在内的服务需求在一定程度上受到了限制。且为了避免影响乘客的行进流动，功能划分上会明确服务功能的分区。而由于当代城市快节奏的工作和生活方式，以及大城市职住平衡的矛盾，轨道交通枢纽空间开始从人们日常出行的交通场所，逐渐成为人们日常出行生活的社交公共场所。人们的需求日益增加，枢纽空间所承载的空间功能也日益丰富，以枢纽空间为中心的高度复合、集聚型开发模型，把曾经只属于城市空间的生活服务功能纳入了枢纽空间的功能系统。这样一来，在枢纽聚集的乘客向附近区域移动的步行距离得到了缩短，购物、休闲、娱乐、餐饮、办公等活动变得更加便利。例如，可以将咖啡厅、餐厅、书吧等城市生活内容融入其中，让单一的出行目的中还可以有休闲、美食、书籍的选择。人们下班后，也可以方便地在枢纽空间进行购物、看电影、健身、商务学校学习等，且在这些活动之后，还可以方便地赶上回家的列车。

轨道交通枢纽从只是单纯提供出行服务的场所，逐渐演化为城市生活空间中便利、舒适的一部分。"站城"的概念已经开始逐步形成，而轨道交通枢纽空间的功能融合，可以说是在原有的枢纽空间交通功能的基础上，新增了外部城市功能，这些也正是实现当代轨道交通枢纽站城一体化开发的重要方向。

2. 枢纽空间的开放与共享

"站城一体化"的理念是对传统交通建筑单一功能的演化，枢纽作为多元空间融入城市。日本女川站（图2.3-1、图2.3-2），曾被海啸摧毁了老车站，由著名建筑设计师坂茂在原址附近设计了一个很小的轨道交通城市枢纽，一共有三层：一层是车站、零售店和候车区；二层是室内温泉；三层为观景台。稍

图 2.3-1   日本女川站立面
（左）
来源：http://www.iarch.cn/
thread-31650-1-1.html

图 2.3-2   日本女川站温泉
（右）
来源：http://www.iarch.cn/
thread-31650-1-1.html

微倾斜的拉伸膜屋顶，运用雪松和钢管梁结构作为一种复原力的象征，其形象犹如一只展翅高飞的海鸟，白色的透明膜使车站蒙上了一层温暖的光，这一切都代表了灾后重建的决心和对未来的希望。

枢纽中还包含着一个室内温泉，参与灾后重建的居民被邀请到这里参与温泉壁画的创作，每一块瓷砖都是由居民拼贴而成的，枢纽柔和的形体、温暖的木材纹理都感染着每一个到这里的旅客，它不再仅仅是履行着交通枢纽的职责，更是居民对这个地方的情怀和回忆，开放共享的空间也成为居民交流情感的空间。

随着现代社会对交通需求的不断变化，枢纽不仅需要接纳传统的交通功能空间，也要向新型的复合化和创新性枢纽逐步转变，用更加宽敞的空间与城市和生活相结合。交通建筑对于城市空间可以有很强的催化作用，规划思维转型能够引导轨道交通枢纽空间由交通功能演变成城市鲜活的空间，法国的贝尔瓦尔大学地铁站是一个很好的实例（图 2.3-3、图 2.3-4）。它是通往新城区的公共交通干线，承担客运换乘的交通功能，采用无缝模块化设计，方便从私人交通向公共交通转变。一方面，它连接贝尔瓦尔的南入口；另一方面，又是一座横跨地铁线路的桥梁。它通过人行天桥连接贝尔瓦尔购物广场主楼和洛克霍尔音乐厅，从而形成了一处高品质的、富有活力的公共空间。

图 2.3-3　贝尔瓦尔地铁站
来源：https://constructions-metalliques-luxembourg.com/?site=referenzen

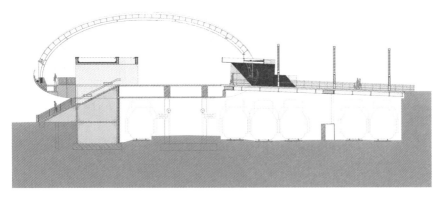

图 2.3-4　贝尔瓦尔地铁站剖面图
来源：路易斯·维达尔. 城市轨道交通设计手册 [M]. 沈阳：辽宁科学技术出版社，2013.

3. 枢纽空间的集约与高效

随着城市密度的不断提高，许多城市都面临着土地资源紧张的问题，因此，应该找寻更加有效的办法，实现空间的集约和高效利用。轨道交通的竖向发展，是城市现代化建设中的一个重要课题，特别是向地下拓展值得深入研究，由于土地价值、空间效率、文物保护等多种原因，轨道枢纽地下空间具有很大优势，不仅可以提高土地利用效率，还可以提高土地价值。因此，轨道交通枢纽地下空间的发展具有广阔的前景。位于纽约曼哈顿的宾夕法尼亚站（图2.3-5）是地下枢纽站，它不仅是纽约市最为繁忙的火车站，也是全美国最繁忙的铁路枢纽，客流量是美铁系统第二繁忙的华盛顿联合车站的两倍以上。1962年，由于铁路客运大萧条，为了出让地上部分以求生存，宾夕法尼亚铁路公司拆掉原有的枢纽大楼，在地面新建宾州大厦和曼迪逊广场花园。2010年再次进行改造，分两期进行，该枢纽的地下空间有效地支撑了地面高密度的城市空间活动的高效运行，促进了轨道交通枢纽空间的集约化发展。

日本东京涩谷站有8条轨道线在这里汇集，每天这里的客流量有300多万，是日本第二大换乘站，涩谷站城一体化开发（图2.3-6）中涩谷车站的集约化改建从2012年至2027年分四个阶段完成轨道交通线路地下化，周边地区大

图 2.3-5　宾夕法尼亚车站
来源：https://bbs.zhulong.com

面积上盖开发，最终形成 IT 行业集聚区并配有商业、办公、酒店等服务设施，从而实现经济效益的最大化，涩谷站的站城一体化改造成为集约型枢纽的典范。同样，东京汐留车站充分考虑站城空间的集约化发展，巧妙地利用下沉广场组织相互连接的地下通道、地下停车场与地面层，确保了地上地下的连续性，营造充满活力、尺度宜人的地下街区氛围。设计通过多种手法高效地连接地铁、地下通道、地面、人行天桥等多层次立体步行网络，实现地上和地下空间的一体化开发。位于地下的地铁层，利用通道将所有街区便捷连接，走出地面，行人便可以到达该街区的任何设施。

　　随着城市的发展，城市与周边区域之间以及各个城市之间各方面交流不断增强，导致人力资源因不同的驱动因素而在时间和空间上产生流动，这种人力资源的流动，对城市发展起到至关重要的作用，但同时大量出行需求又给城市交通带来了巨大的压力。而轨道交通枢纽在整个城市的人员流动中起到了举足轻重的作用，枢纽空间为城市流动性提供了高效的平台与空间。

2.3.2　枢纽功能的组织原则

1. 从城市空间视角，关注枢纽功能综合性和空间整体性

　　很多研究从设计出发，通过空间整合探讨轨道交通枢纽空间合理性，有大量文章以案例分析总结空间枢纽如何最大限度发挥枢纽效应，达到合理疏散交通流量，并提出空间整合的设计策略。这些研究大多数阐述了轨道交通枢纽整

图 2.3-6　东京涩谷站换乘大厅
来源：作者自摄

合的必要性，从空间功能复合、流线组织、空间形态和规模、空间的组织关系等方面提出了相应的设计原则。

有研究将克里斯塔勒中心地空间理论引入换乘枢纽的平面布置设计，提出按照换乘枢纽流线组织，将设施分为高级中心、次级中心、低级中心，并结合影响服务区进行布局的方法 ❶。

针对轨道交通枢纽功能综合性及空间复杂性，普遍存在环境质量低、导识信息不明、活力不均和整合度不够等问题，很多研究从城市触媒理论、适应性、复杂度等角度分析和解决问题，引导人们基于特定目标进行设计，充分利用轨道交通枢纽带来的大量人流，激发枢纽空间的城市活力。也有从枢纽空间适应性角度，从城市街道和轨道交通枢纽之间的空间，研究枢纽设计如何考虑城市的功能，这与日本的站街一体化理念是一致的。

从空间效率和集约化的角度，很多研究强调轨道交通枢纽设计的重点是城市设计、综合步行系统、导向设计、景观环境等空间的整体性设计，并从使用者的角度出发，以"寻路"理论为基础，研究铁路枢纽客运站空间设计对人行为的影响。

2. 从交通设施视角，关注设施的配备与位置

轨道交通枢纽内部基础设施设计及布局包括各类设施布置方式、设施优化、合理性研究等方面。有很多研究通过枢纽设施布置影响因素分析，提出轨道交通枢纽内部设施布置模式，包括立体式布置模式和平铺式布置模式，并采用量化模型研究设施的配置规模，以及各类设施规模的合理比例。哈里亚·穆赫德·伊萨等调研马来西亚火车站一系列残疾人设施并确定其是否符合规范。也有研究利用经济学中的效用分析法，通过寻找枢纽内存在换乘的任何两种交通方式之间的关键路径，建立枢纽内设施不同布局方案的效用损失模型，以此评价和优化枢纽内设施布局方案。有研究采用点弧变换的方法将枢纽抽象成一个有向行人流网络，以枢纽设施延误计算模型为基础，建立了枢纽设施能力优化理论模型。

从交通功能的视角，关注集中在枢纽内部交通流线系统性，有许多研究利用新技术、新方法建立模型对人流进行预测。有研究使用行人模拟的方法最大限度地预测潜在的人流。有研究利用模块化神经网络预测北京轨道交通枢纽地区的人流。有些研究以元胞自动机模型和势能场理论为基础，构建了面向设计与能力评价的地铁枢纽站台乘客行为仿真模型。也有些研究借鉴建筑疏散理论中的人流、密度、速度、时间的经验公式，建立模型，定量分析不同换乘形式与换乘客流的关系；以及针对行人流线分析与客运枢纽内部设施布置一体化设

❶ 刘娜，韩宝明，鲁放，等. 中心地空间理论在地铁换乘枢纽设计中的应用 [J]. 都市快轨交通，2010（3）：66-69.

计问题，有研究将流线分析方法和系统布置方法（SLP）与系统仿真技术相结合，提出枢纽内部设施布置的最优策略及其优化方案。

从目前国内外相关研究来看，提倡轨道交通枢纽内部空间的整合，向集约化、可持续等趋势发展。枢纽内部设施的设计通过仿真模拟，更加真实准确地反映了枢纽中人的运动模式和预测人流量，优化设施建设，保障乘客安全。例如，作者工作室在徐州彭城广场轨道换乘站地下空间的规划设计中，与美国辛辛那提大学合作采用人流可视化模拟进行复杂的枢纽地下空间交通分析。

3. 从枢纽功能需求视角，关注枢纽功能的多样化

轨道交通枢纽功能的多样化首先表现为枢纽建筑功能的综合化，通过枢纽对各种功能进行整合，在换乘、集散、交通功能的基础上，结合商业、游憩、娱乐、办公等功能，形成"交通综合体"。交通综合体的发展经验表明，单一的交通功能使枢纽空间缺乏活力。非客流高峰期，枢纽的利用率较低，造成了空间的浪费。通过对轨道交通枢纽空间的重新整合，满足基本的交通出行功能外，结合多层次商业娱乐活动，形成"枢纽综合体"，使乘客在出行等候的时间里完成购物、餐饮等日常生活行为，缩短单纯的候车时间，提高枢纽空间的吸引力，促进枢纽空间服务的多样化。

轨道交通枢纽空间已从单一功能向多样化、综合性方向发展，不仅需要满足交通的接驳和换乘要求，还要兼顾人们购物、娱乐等城市服务功能的需要，使之成为集交通、商业、服务等多功能于一身的综合体，从交通功能空间到外围公共空间，最大限度地向人们提供综合性服务，由此减少乘客纯粹的候车时间，并满足多种出行目的。

2.3.3　面向未来：新的功能需求与应变思维

1. 规划思维的转型与轨道车站的挑战

大数据、人工智能、VR 等新的技术革命，冲击着社会的方方面面，网购、无人驾驶、网络课堂等大大改变了人们的生活方式，也催生了信息时代的思维革命。信息时代城市发展呈现出与以往不同的空间演化特征，这些新的特征及其内在规律需要以新的思维方式来认识。以往传统的技术思维使城市空间丧失了很多人性化色彩，而时代发展使得人文要素成为推进城市再发展的核心驱动力，大数据带来的联系思维使得多维度的深层关注人的行为需求成为可能，同时，数据技术也为揭示人的行为规律提供支撑[1]。

城市各种交通设施越来越完善的今天，我们更需要关注的是人的行为，更

[1] 夏海山，张丹阳. 规划思维转型与轨道交通站城一体化发展 [J]. 华中建筑，2019（6）：59-62.

需要深度研究行为规律与空间的关系，而将以往追求单一交通功能的建筑消隐到随时代不断变化着的城市空间中，成为城市生活的一部分。

轨道枢纽如何融入城市空间成为挑战，轨道交通要实现多种功能空间的高度综合，解决复合功能与运营效率问题。从城市发展的角度，轨道交通是城市发展的骨架，引导着城市空间的演变；从人的行为规律以及空间适应性角度出发，需要探究城市街道和轨道交通的空间融合，规划设计思维的转型催生了"轨道枢纽城、站街一体化"等新的理念，促动我们更深入地思考城市交通空间的内在本质。

轨道交通枢纽是城市中最具活力的地方，枢纽将地上、地下、空中立体化连接，形成一体化空间，并以网络状向外扩张，从而将整个城市联系起来，发挥它在城市中的引导与激活的作用。

2. 交通空间的人本与智慧

交通的链接超越空间本身，人本的导向成为城市交通空间智慧发展的动力。当空间价值的取向以使用者认可为量度，轨道交通站域空间得到无限的增值，当代技术又为人性化的空间价值拓展提供了智慧化的手段。

轨道交通使城市空间实现了真正意义的结构变化，例如，徐州启动轨道交通建设便有 3 条轨道线同时建设，迈入了轨道交通时代，也由单中心城市真正跨入多中心城市，作为城市核心空间及轨道交通换乘点的彭城广场，其城市职能也发生了转型。我们针对 1、2 号线换乘站彭城广场及地下空间的价值进行了重新评价，认为复合的竖向空间应突出步行交通、文物展示和适量文化休闲的城市职能。最终实施根据我们研究团队提出的规划方案，通过下沉广场有效地连接地上地下空间和轨道站点，改造后的彭城广场担当激发城市功能与活力、展现城市文化与魅力、承载商务与休闲共融的城市触媒职能。

数据思维以及数据分析及数据化设计手段，为站城一体化提供数据化设计支撑，有助于实现轨道交通人性化科学分析和文化价值的挖掘。我们的设计研究采用空间句法、CIM 技术、交通模拟及虚拟现实等技术手段，从使用者的角度量化分析复杂的空间系统，集约化利用地下空间并有效连接 1、2 号地铁换乘站及周边大型商务、商业综合体。大流量的公共交通将增强空间极化作用，城市空间的商务、商业集聚，以及承载市民活动，赋予城市主广场更复合的城市功能。特别是通过彭城广场地下空间展示三重叠城的古城遗迹，使站城空间成为彰显城市文化的窗口。

通过思维转型与大数据分析及对人的行为规律进行深度揭示，并应用于空间设计，使交通空间更加人性化和智慧化。数据技术在调研方法、使用者行为分析、模型预测、规划模拟、方案设计以及运营管理等方面能够发挥前所未有的作用，在理论方法上将规划设计与交通工程、信息技术、智能技术等学科进行深度交叉融合，为当代交通空间规划设计的科学性提供有力支撑。

2.4 站街一体：交通衔接与转换

交通衔接是轨道交通枢纽设计的核心问题，也是站城融合的重要内容。由于轨道交通枢纽体量庞大、功能多样，其交通空间也极其复杂。基于综合换乘的轨道交通枢纽空间组织一般不可避免地采取立体化组织，通常以枢纽的综合厅为核心，立体化组织交通关系、相关设施及衍生关系，综合考虑与城市多种交通形态的衔接以及充分结合不同阶段人流组成的变化，组合难度很大❶。

从站城融合角度，枢纽空间的交通组织能够使枢纽空间从使用者需求和目标为设计出发，探究枢纽空间与流线的合理性，使得枢纽的空间交通衔接更加合理。轨道交通枢纽作为建筑体，其空间交通组织能够对枢纽本身起到优化的作用，提高枢纽建筑本身的价值。良好的枢纽空间与交通流线能够提高枢纽的利用率和服务品质，利于轨道交通枢纽空间与城市空间的融合。枢纽的空间的交通衔接组织对于建筑和使用者都具有重要的意义，也对未来轨道交通枢纽站城一体化开发提供了重要的设计基础。

2.4.1 枢纽交通流线

1. 枢纽交通流线概述

城市轨道交通枢纽的空间组织、交通流线与轨道交通线路密切相关。在综合枢纽选址、枢纽类型、人流量预测、其他交通方式的衔接等基础问题之后，应从多专业角度共同研究开发建设，从而实现枢纽交通流线组织的合理化、高效化（图 2.4-1）。

城市轨道交通枢纽空间交通组织最基本的目的是为乘客和货物运输服务。首先，应该满足安全性的要求，设置安全设施，避免安全隐患；其次，空间和流线应尽量简单易寻；再次，可以利用现代化设施和精细化设计提高枢纽换乘效率；最后，枢纽中的交通流线应该保持畅通，保证人流疏散的高效性。城市轨道交通枢纽的交通组织涉及建筑设计、城市规划和交通运输等多学科，其内部影响因素亦是复杂多样的，因此需要从多专业协同的角度综合分析考虑，从而提高枢纽流线设计的合理性、实用性。

❶ 沈中伟. 轨道交通枢纽综合体设计的核心问题 [J]. 时代建筑, 2009（5）: 27-29.

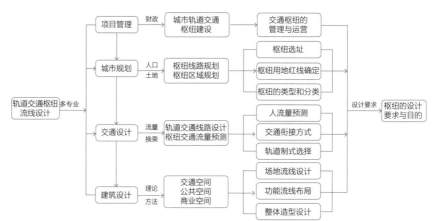

图 2.4-1　城市轨道交通枢纽
空间流线设计定位
来源：作者根据相关资料整理

城市轨道交通枢纽的交通组织是一个与多个学科相关联的建筑设计问题，并且与多种城市要素之间有着密切的联系。除对枢纽内部空间流线进行合理设计，同时还要考虑外部空间流线与常规地面交通的衔接、乘客的行为特性、工程造价等客观因素相互协调。

城市轨道交通枢纽空间的交通流线分为枢纽空间内部交通流线和枢纽空间外部交通流线。作为轨道交通系统与其他交通方式的衔接，且人流、车流、物流量极大的综合枢纽，城市轨道交通枢纽具有客流集中、换乘量大、辐射面广等特点，在流线设计上应充分结合城市交通功能，充分研究与城市公共交通的衔接关系，在满足人车分离的基础上进行综合规划布局。充分利用立体化空间处理手段的同时，还应充分利用先进的技术设施，车流进出顺畅，换乘更加便捷，同时方便管理，为城市轨道交通站城一体化提供重要的设计基础。

2. 使用者对轨道交通枢纽空间与流线设计需求

城市轨道交通枢纽属于交通建筑的一种，因而需要将枢纽的交通组织问题从建筑空间设计的角度进行分析，从规划设计的环境行为学、建筑心理学等视角统筹分析枢纽内部、外部的空间和流线，通过对立体交通、城市走廊和地下街道的设计，实现枢纽内外交通流线的统一性。乘客在枢纽中的交通流线可以简化为：进入枢纽—在枢纽中移动—离开枢纽三个过程，离开枢纽后乘客可以通过选择步行、自行车、公共汽车等多种交通方式换乘（图 2.4-2）。

轨道交通枢纽的功能品质与枢纽的空间组织和流线布局密不可分。在枢纽设计的范畴内研究使用者在枢纽空间与流线方面的需求，可以使设计更加合理和人性化。相关调研与理论研究表明，保证乘客快速有效地在枢纽之中穿行，以及搭乘轨道交通的便捷性，是乘客对枢纽流线设计的根本需求。因此在设计中，应当充分考虑乘客的行为需求，从人性化的角度实现枢纽内部与外部、外

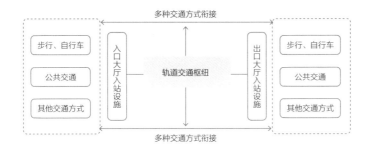

图 2.4-2　城市轨道交通枢纽
流线分析
来源：作者根据相关资料整理

部与城市交通流线的合理布局。

空间的可识别性和通透性是乘客对枢纽流线的另一个重要需求，也是人性化的体现，主要表现为空间易于辨识和认知，有清晰的流线，乘客可以很快捷地到达目的地。因此，在设计中可以通过标识、空间导向等手法，增加空间的可识别性和引导性，保证流线的连续性，避免流线穿插，从而减少使用者在枢纽中迷路或走"回头路"的现象，提高枢纽的安全性、便捷性以及换乘效率。同时增加无障碍设施、人性化设计，使社会弱势群体亦能够平等、便捷地享受轨道交通的发展成果。

3. 导向标识与流线组织

枢纽空间的内部通过通道、出入口与地面公共交通、娱乐、商业、商务办公等场所相连，数量众多，加上交通方式的集中和多样，使轨道交通枢纽构成了一个复杂的空间体系。复杂的交通流线往往容易使人迷失方向，因此有必要设置导向标识系统引导行人安全顺畅地出行。

从使用者的角度出发，乘客更加关注出行的时间和效率，倾向于以最简便的方式、最短的时间实现购票、检票和换乘流程。而在实际的设计中，枢纽站所集聚的大量客流，尤其是高峰时段的瞬时涌现，给枢纽的疏散通道以及流线提出了较高的要求，同时也增加了内部空间的复杂性。枢纽内明确的导向标识系统可以有效提高出行效率，降低空间复杂性带来的消极影响。可以在人员密集处如站台、通道、站厅、楼梯口等位置布置发光的、清晰地、易于辨识的导向标识，用以提高换乘效率，保证通行的流畅性。水平流线和垂直流线的换乘平台，往往会成为流线导向中的薄弱环节，应在此处设置具有清晰的方向性的标识，以保证客流的连续性和安全性，还需要提供可供乘客停留、可选择方向的缓冲空间。

对于枢纽的地下空间部分，由于地下空间的方位特征不明显、缺少自然环境的介入，易使人们迷失方向，特别是有些地下空间光线昏暗、环境压抑，人们只能依靠标识导向系统以及疏散标志来选择前进方向。因此，枢纽空间的导向设施应当能够最大程度地帮助乘客定向,选择路线,明确自身的"何去何从"。同时增加其人性化设计,覆盖乘客"进入—使用—离开"的全过程,并合理选择标识的位置、形式、尺寸、颜色等,保证导向信息的简明有序、无缝衔接。

2.4.2　枢纽空间交通组织目标与原则

1. 枢纽空间与流线设计的目标

轨道交通枢纽空间流线设计的基本目标主要有以下三点:首先是提高轨道交通运载能力,提升运载品质;其次是提高空间利用率,节约能耗;再次,也是核心的一点,是在满足交通功能的基本要求下,满足使用者、周边人群、开发商、运营商四个主体的利益(图2.4-3)。

图 2.4-3　四个主体与枢纽空间流线关系
来源:作者根据相关资料整理

具体的目标如下:

(1)枢纽内部具有完善的搭乘和换乘功能;

(2)满足使用者在枢纽内安全、高效、便捷的搭乘需求,减少其行走和拥堵、等候的时间;

(3)枢纽对于使用者具有良好的可识别性和向导性;

(4)枢纽内部各种交通方式空间层次分明,换乘流线清晰;

(5)枢纽中交通对周边的公共交通以及周边人群的社会影响小;

(6)枢纽的空间与流线设计带动周边区域的开发与利用。

2. 枢纽空间与流线设计的原则

轨道交通枢纽内部流线组织和划分与使用者的出行行为密切相关,内部流线应为使用者创造安全舒适、方便快捷的交通环境,以满足使用者各方面的需求为目标,从人性化的角度合理组织流线、布置交通设施、优化空间布局,避免人群拥挤的现象,减少拥堵时间,提升出行的通畅性和换乘效率。

枢纽的空间与流线设计应当在理论的基础上遵循一定的设计原则,从而获得相应的指导和借鉴,其设计原则如下:

(1)空间和流线便捷、高效的原则,减少使用者的换乘时间;

（2）空间和流线安全、舒适的原则，保证使用者的人身安全；

（3）空间和流线简单易辨识的原则，减少各种交通流线的干扰；

（4）明确枢纽空间、设施的承载力，减少拥堵瓶颈，确保使用者通行顺畅、安全；

（5）加强枢纽与其他交通方式的衔接，提高换乘便捷性；

（6）增加无障碍设计，提高枢纽交通的包容性；

（7）从声、光、热等角度增加枢纽空间与流线的物理条件舒适度；

（8）确保枢纽内其他功能设施的合理布置，提高客运服务水平。

2.4.3　枢纽未来与交通组织

随着信息技术的飞速发展，可以预见未来的轨道交通将实现智能化和无人化，给人们提供更加便捷、高效的出行体验。而在那时，人最需要的可能是放慢节奏，面对面的慢行体验。对于枢纽而言，它将面临一种新的角色和功能，即一种"换乘"功能，更多的是为不同交通方式下的城市空间内部流动提供一个"汇聚空间"。枢纽给人带来的场所的吸引力，使城市空间中网络化、多中心、分散的人流和功能通过枢纽本身具有"汇聚"特性的磁场或力场，将多种元素汇聚在一起，凝结成一种具有城市活力和魅力的磁性场所。

此时的轨道交通枢纽已经成为城市中的一系列核心空间，好比西方中世纪的城市空间结构，大大小小的教堂广场构成了城市丰富的空间奏章，通过广场空间的聚集作用形成城市的富有活力的引力中心，各个广场空间形成的汇聚节点形成了城市空间网络。而未来城市，应该有更多的"枢纽城"承担中世纪广场的城市力场作用，它是一种能量交换"聚合空间"，也是各种城市各种能量"流"（各种人流、物流、信息流、文化能量流）的汇聚空间，此时的交通概念成为一种"大交通"概念，真正实现交融通达的作用。

在交通实现了高技术和智能化运载，如超音速高铁等技术的突破、无人驾驶技术的革新等的同时也还会存在一定的传统交通方式。"建筑来地迟钝，需求来地迅猛"，对于未来轨道交通枢纽，因技术和需求的变革，将会面临更多变化。枢纽通过交通组织将各种能量的流动需求串联起来，城市间的远程信息流动、近程的接驳、慢行的交流，城市中人们的各种活动形成了各种流，在枢纽空间汇聚。未来的枢纽交通组织，是组织这些流的快速传递，以及各种流汇聚于枢纽内，组织枢纽内的这些空间，不再是目前实体枢纽空间的传统进站买票的交通模式。

2.5 站城一体：景观与文化

2.5.1 枢纽空间景观与文化的再认识

1. 枢纽景观与文化

轨道交通枢纽一般能体现城市特有的历史性、时代性和地域文化性等景观文化特色。伴随着 20 世纪中期西方社会非物质设计的提出，诺伯格·舒尔茨提出了"场所精神"理论：场所是自然环境和人造环境相结合的有意义的整体❶。按照舒尔茨的理论体系理解，景观文化位于建筑和城市的更上层，落到城市轨道交通枢纽上，枢纽以景观为背景，最终融于景观之中，成为景观的组成部分。

对景观概念的理解多变而复杂，吴良镛先生曾经这样说过："特色有着鲜明的地域分界线，反映了区域空间的历史文化积淀和居民生活状态，凝结了当地的民族风情，是一定时间、地点条件下事物最集中、最典型的表现。因此它能引起人们不同的感受，心灵上的共鸣，感情上的陶醉。"❷。美国著名的规划师和风景园林师奥姆斯特德对景观的描述是指"不是可以清楚地看到和定义的可见区域，它必须包括近光与阴影的组合或隐藏远处细节两者之一"。

轨道交通枢纽的景观文化包括区域内独特的自然景观，融入特殊色彩、风格的人文景观，以及两者之间融合后所产生的特定景观。富有地域色彩的建筑风貌、优美宜人的枢纽广场景观以及可识别的系统设施，共同构成了枢纽空间的特色与风格。简而言之，枢纽景观文化应当体现的是物质层面和精神层面的融合、自身特色与城市特色的吻合，成为融入城市特色的一部分。

但是不少城市在枢纽建设过程中存在"急功近利"思想，出现"建设性破坏"和"破坏性建设"，导致城市轨道交通枢纽形象"千城一面"、缺失文化内涵。表现为缺乏与城市景观的有机联系，地域特色不足，环境设计人性化缺失，整体考虑不周，景观导向性差等。

特色是景观文化环境的灵魂，是特定背景下所衍生出的地域独有品质，绝非生搬硬套、拿来主义所能实现。随着越来越多的城市相继提出"门户规划"，为彰显城市特色、塑造城市门户形象，有必要深入分析城市门户形象所应承载的内容以及建设中存在的问题。从某种程度上来说，景观文化是城市物质层面和精神层面的共同体现，景观文化特色是评价轨道交通枢纽与城市融合关联程度的标志之一。

2. 枢纽地域文化景观塑造思路

1）特色元素多样化

城市本身由多种景观要素构成，如物质要素（山川、河流、森林等）和非

❶ 诺伯格·舒尔茨.场所精神——迈向建筑现象学 [M].施植明，译.台北：田园城市文化事业有限公司，1995.

❷ 吴良镛.基本理念·地域文化·时代模式——对中国建筑发展道路的探索 [J].建筑学报.2002（2）：6-8.

物质要素（历史文化、民俗风情、宗教信仰等）。每座城市所蕴含的景观资源不尽相同，因而在塑造枢纽景观文化特色环境时，规划设计可以从地域文化要素和景观要素入手，为枢纽创造良好的景观基础。

2）传承地域文脉

地域文脉体现着一个地方的风土人情、历史文化、生活面貌等，也饱含着当地居民的价值观和审美情趣。地域文脉凝聚着城市最本真的文化内涵和精神财富，因此，在设计中需要深入分析城市的历史发展和文化传承，从中发掘历史文化价值，并通过现代的技术手段将之融入轨道交通枢纽的发展中。

3）与城市整体融合

在个体层面上，枢纽内部空间各要素间应互相协调，形成统一的枢纽整体风貌。在城市层面上，枢纽是其所在城市区域的核心，人流、车流量大而集中，易出现拥堵、混乱的局面，因此有必要完善枢纽与其他交通系统的有序衔接，增强空间可识别性，同时打造富有地域特色、彰显城市形象的枢纽景观文化。

4）体现生态化

城市的建设不能忽略城市的自然生态，枢纽景观特色的营造亦不可忽视城市原始的自然风貌。枢纽的地域景观特色，不是人为的拆建所试图"造"出来的，而是根据地域气候条件、地貌特征合理组织和调配区域内的植物、水文等资源，利用自然要素塑造枢纽景观特色，同时维护好城市景观生态的完整性、可持续性。

5）以人为本

轨道交通枢纽景观文化设计，首先应充分考虑使用者的行为特性，最大限度地满足其对于枢纽的使用需求，例如完善相关配套设施，方便乘客使用，合理组织流线，减少流线穿插；其次，注重场所的重要性，增强对场所的认同感和归属感。

3. 枢纽景观与文化再认识

从 1960 年代开始，美国就已经关注到交通设施对居住环境的影响，1970 年代石油危机发生后，英国和日本等国家认识到城市需要更有效的交通空间来节约交通工具损耗的能源。而在轨道交通枢纽中缩短换乘距离以增加效率不是解决问题的唯一办法，景观文化设计创造的环境当对枢纽的整体运转功能起到支持和配合作用。例如提高对交通枢纽和景观环境之间相互作用的重视程度，深入研究景观功能区域的规模、尺度、形制对人的行为带来的影响并进行有效分析，则可能通过设计手段调控人流在场地内的活动时间来化解交通洪峰，也是可以间接起到调节交通资源的目的。此外，在文化传播和城市印象上，枢纽的建筑形式和景观设计也是体现城市文化的中心，是城市的名片。因此枢纽景观和文化承担着重要的功能和文化传播作用。

1）关注"流"和"留"的关系

"流"和"留"强调通过景观与文化设计对枢纽中人群形成行为和心理上的引导与约束。枢纽外部环境空间的首要目的是保证行人和车辆的快速通行，"流"强调在场地内机动车道、公交车道、步行道等系统内要以交通功能为主，其他功能为辅；"留"指出设计时要依托枢纽，在人群流动的关键节点增加商业、信息和餐饮服务设施等，吸引使用人群停留形成汇集。空间秩序中凸显向心性的部分可以发展为枢纽中的空间节点，使区域气氛活跃，以便利服务为主，其他功能为辅。

"留"还体现在用有效绿地改善目前硬质化程度过高的广场，创建或修复能真正满足使用者内心需求的公共场所，提升人们对场地的归属感和认同感。引导或控制人群停留时间的长短不仅取决于设施和服务的功能，也取决于人工照明、自然光线照度、新鲜空气流通等要素。在景观与文化设计中应清晰划分流动空间与停憩空间，加强自然景观要素和建筑功能体平衡发展，促进枢纽地区可持续发展。

2）关注"聚"和"散"的关系

"聚"和"散"强调通过景观文化对户外场地进行比例恰当的面积分配。"聚"强调在进行景观文化设计时应当对广场、中庭等开阔的公共空间的尺度有明确把握与合理划分，既能够容纳足够的人流，也要避免因尺度过于宏大带来的空旷感和身体的疲劳感，导致空间和体力的浪费，应当实现土地利用的集约化。因为人们在室内外均较以往更倾向于在有绿色植物和较密集铺装形式的地区进行休憩和等候。

"散"强调设计时要在人群流通量大的地方给人流周转和疏散留足空间，有些没有具体功能的零散空间应当有存在的可能性。如从地下广场通过扶梯上至地面公交车停车场后发现候车通道完全被栏杆封闭，不同站台之间也没有多余通道联系，走错路只能返回地下重新找入口再上到其他站台。过于机械化的通道设置使人流方向没有调节和回旋的余地，意外发生极易造成堵塞，有大量人流活动时难免造成安全隐患。

景观文化设计应注意枢纽外部人流多而集中的地带，功能区域的划分不宜把边界放得太松，也不能收得太紧，可以通过一些简单的功能构件来达到半连通半隔离的目的，给乘客和行人的临时需要留下周转、回旋的余地。

3）关注"分"与"合"的关系

"分"与"合"强调通过结合景观和文化，提高场地空间的使用效率。轨道交通枢纽空间中的步行人群混合了不同下车地点和不同换乘地点的枢纽使用者。"分"表明在轨道交通枢纽内部或外部空间中，若需要连接多个功能区，景观文化设计需要以衔接空间为起点，对各个走向的流量进行相对明确的预估，进而对不同目的人群做出相对明确的空间划分，这是高效使用枢纽空间的重要前提。

"合"主要针对的是空间中人群行为转换的界面，例如行人与机动车流线的节点，连接外部景观环境和枢纽内部的出入口及其前厅或灰空间、站点换乘平台、地面地铁出入口等。"合"强调重视各类出入口和通道转换口的设计，可利用灯光、绿色植物和特色标识创造标志提示性和易于辨识和记忆的效果，用令人印象深刻的外观造型暗示人们选择合理的通入方式，提醒人们在不同区域间要迅速转移。

4）关注"型"和"形"的关系

"型"和"形"强调枢纽景观文化的功能选型和建筑与表现形式，应结合城市独特的自然景观和文化特色，体现地域性特点。

"型"是指形成枢纽独特的景观文化内涵，应注重枢纽功能的选型，表现枢纽景观文化设计的类型，其功能定位清晰，主题突出，避免现代建筑技术的简单堆砌和复制，毫无地域特点。

"形"强调枢纽的空间和景观表现形式应结合城市历史文化的融入进行城市空间的呼应，处理枢纽功能和形式的美学，以期塑造枢纽空间的识别性和融于城市整体形象的独特枢纽景观文化。

2.5.2　枢纽空间景观与文化的建构

每个城市空间内都需要与其相呼应的特定枢纽景观文化，轨道交通枢纽作为一个复杂的交通类公共建筑，需要整合与融入的内容很多，枢纽空间景观与文化需要在历史文化性、时代特征、地域文化性等方面，以及与枢纽建筑造型、空间形态、结构特色等方面统一、协调。

枢纽空间景观文化的构建，需要彰显城市的历史文化特色，在形式、色彩、材料等方面进行针对性的建构，同时也需要表达出时代特点和科技理念，揭示思想和审美观，贯彻先进的设计理念，运用新结构、新技术、新材料、新设备；更需要充分考虑自然环境因素，将地域元素与城市风貌元素进行提炼、整合并加以应用。

1. 富有主题特色的好莱坞蔓藤酒店站

1）景观的融合

美国好莱坞蔓藤酒店站金色的入口遮篷与星光大道形成引导式的景观，既是人行横道的分界点，又像背后酒店的豪华正门。乘客从地铁扶梯上来之后首先看到的是潘太及斯剧院，站前广场仿佛是剧院的庭院，剧院的外墙装饰也为枢纽广场带来独特的魅力和活力。设计师将地铁入口设置在酒店休息厅的对面，之间打造了一片郁郁葱葱的休闲广场，人们在广场上休闲娱乐，喝着手中的咖啡，还能通过透明的入口遮篷看到枢纽内部。

2）色彩的对比

枢纽站采用丰富的色彩和造型，塑造枢纽周围的景观，既与周边形成对比，又显示出强烈的相关性。水磨石"红地毯"从"星光大道"延伸到酒店大厅，彰显了好莱坞独特的魅力；金属质感的枢纽入口源于"黄砖路"，由深浅不一的透明金色玻璃砖组成，嵌入枢纽站入口前的黄色石板，犹如混凝土中的宝石般璀璨夺目，更与潘太及斯剧院的外墙装饰遥相呼应，相得益彰（图 2.5-1~图 2.5-3）。

图 2.5-1　好莱坞蔓藤酒店枢纽站鸟瞰
来源：路易斯·维达尔.城市轨道交通设计手册 [M]. 沈阳：辽宁科学技术出版社，2013.

2. 西班牙阿利坎特电车站

1）找回遗失的空间

阿里坎特电车站将城市占用的空间又重新还给了城市，让车站融入了场地环境中，建筑师将交通线路变成了公共空间，在公共广场建造了一条环形路线，广场内设计了长凳，靠近花园中的植被和小路，给人们一处可以休息的静谧空间，让人们在等车时可以与大自然亲密接触。

2）无界化体量的融入

通过路线分流系统绕过植被，有 32 条不同的路线供人们进入电车站，在其上有最引人注目的"两个空盒子"（长 36 米，宽 3 米，高 2.5 米），盒子上带有不规则的图案，到了晚上光线从中透出来，成为照亮黑暗的灯盒，这样孔状的结构还可以减少内部压力，减轻自重的同时减少表面风阻力，增强了建筑的抗风能力，如此"悬浮"于人们的头顶上，营造出了一种虚无的空间感（图 2.5-4、图 2.5-5）。

图 2.5-2　好莱坞蔓藤酒店枢
纽站前广场
来源：路易斯·维达尔.城市轨
道交通设计手册 [M]. 沈阳：辽
宁科学技术出版社，2013.

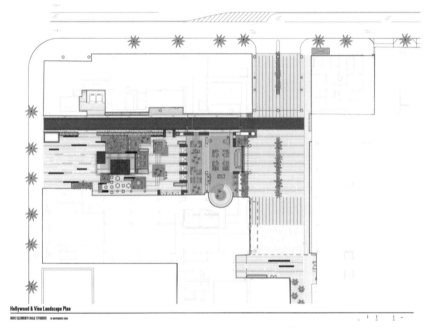

图 2.5-3　好莱坞蔓藤酒店枢
纽站平面图
来源：路易斯·维达尔.城市轨
道交通设计手册 [M]. 沈阳：辽
宁科学技术出版社，2013.

2.5.3　枢纽未来：城市精神的展望

　　城市轨道交通是当代和未来社会人们出行最常用的交通工具，各个国家
和城市争相把本地域的艺术文化延伸凝聚于此，让枢纽成为城市文化和精神的
载体。

1. 思维创新，改变枢纽乏味印象

作为"城市的门户形象"，轨道交通枢纽站除了交通换乘功能之外，还具有提升城市风貌、生活品质的作用。传统意义上的轨道交通枢纽站是"流通"和"交换"的场所，相对比较机械化和工业化的建筑，内部气氛冰冷单调，枢纽内的景观也未受到应有的重视。随着人们对生活品质需求的提升以及景观学科的发展，枢纽景观的作用日益凸显，逐步改变着人们对枢纽环境的印象。

2. 加强体验，提高公共空间品质

枢纽的景观文化的目标是通过枢纽空间把现代人的生活同自然、历史及文化连为一体，因此应当促进轨道交通和生活方式融合作用下的公共空间发展。城市文化的塑造不一定是通过特定符号体现的，它也可以是在实现"交换"功能过程中对该城市生活节奏和生活方式的肯定。通过对当前"生活情景"的发掘和积累，交通枢纽场所可以反映该地方社会群体的精神面貌，可以引导人们对自然环境的向往，从而加强对交通枢纽场所特别的体验感受，提高枢纽公共空间的公共性。枢纽的景观文化可以让轨道交通枢纽公共空间真正成为人们认识环境、理解城市面貌的出入口，提升枢纽空间的品质。

3. 衔接功能，深化站城一体化融合

轨道交通枢纽的景观文化空间是城市公共空间的有机组成部分，具有协助枢纽空间、合理组织交通、衔接城市空间等功能。它是枢纽外部与城市的衍生空间，具有开放性、艺术性、包容性的特征。由于轨道交通运输量大，高峰期间人流多等特点，枢纽空间承载和汇聚着大量的交通人流，此时的枢纽景观和文化空间为乘客进出枢纽提供了过渡空间，能够休息和缓冲，同时也能方便乘

图 2.5-4　西班牙阿利坎特电车站候车区（左）
来源：路易斯·维达尔. 城市轨道交通设计手册 [M]. 沈阳：辽宁科学技术出版社，2013.

图 2.5-5　西班牙阿利坎特电车站鸟瞰（右）
来源：路易斯·维达尔. 城市轨道交通设计手册 [M]. 沈阳：辽宁科学技术出版社，2013.

客与城市其他交通工具换乘。枢纽空间的景观和文化的功能衔接，对深化轨道交通枢纽站城一体化融合具有重要意义。

4. 尊重场地，加强周边生态联系

大型综合的城市轨道交通枢纽往往位于城市中心，一定程度上会造成环境污染、噪声扰民等问题。如何利用有限的资源，减少枢纽周边的环境污染，是城市可持续发展的关键问题。

首先，在建设初期就需要注意控制减少对周边环境的破坏。其次，景观绿化应尽量保持与周边环境的连续性，避免切断联系，倘若枢纽规划布局位于自然山水之处，则应当充分尊重原场地中的自然条件，有效利用自然之境带来的视觉体验和心理享受。比如南京火车站广场由中心向南北两侧逐级划分变化的功能区，用水池和绿地对南面的玄武湖和北面的小红山做出顺接，把人群的视线逐层引入大自然，使人工场地合理地嵌入周边的自然环境。

5. 发掘精神，传承历史文化内涵

每个城市都应该有独特的城市文化，彰显其城市品格、历史文脉，而不是生搬硬套，千篇一律。设计历史文化名城中的综合交通枢纽景观环境，不能一味令"今"从"古"，虽然在保护和建设的问题上都强调与传统元素的协调，但非绝对地服从。景观与文化的融当当更多地从现代人的审美观和使用需求出发，处理好现代功能与传统美学的虚实关系。轨道交通枢纽追求速度和效率，但它并非只是一个完全封闭的机械空间，更可以成为彰显城市人文特性的公共窗口。

6. 价值提升，开发区域商业与服务价值

作为一种特殊的公共建筑，城市轨道交通枢纽与其他大型商业建筑相比，其建筑面积大，对车流、人流具有很高的吸引力。目前轨道交通枢纽的内部换乘运转能力被要求不断加强，如果能够通过枢纽空间的景观和文化把枢纽内外部的服务水平同时加强，可以更大程度上促进人的活动，塑造出更具活力和流动性更强的城市公共空间。枢纽空间的形象概念设定和运作经营理念是相配套、相辅相成的，共同促进地区新的发展，在新的发展形势中，枢纽空间的景观和文化环境将作为概念形象的重要层面，和空间中其他要素一起加强枢纽片区的商业吸引力。

预见未来，景观和文化环境可能会成为辅助轨道交通枢纽加强其标志性和经济性的最主要配套设施，通过优质的景观设计来提升枢纽场地的生态性、文化性和可持续性将成为轨道交通枢纽建设的一个方向。同时对于城市精神和文化内涵的集中反映也将使轨道交通枢纽成为彰显城市特色的窗口。

PART **3**

城市轨道交通枢纽空间开发模式

第3章　城市轨道交通枢纽空间开发模式

轨道交通的发展改变了人们的出行方式和活动模式，重新定义了城市的时间与空间，轨道交通路网决定了城市空间效率，一定程度上缓解了地面交通的拥堵。轨道交通枢纽对于城市更是已经超越了本身的功能，出现了一些值得研究的新现象、新趋势。

在当今网络信息时代城市空间再度分异，作为城市具有特殊引力的轨道交通枢纽，空间强度被不断加强，综合功能不断集聚，成为城市其他空间不可替代的活力集聚点。例如，东京周边土地密度不断加大，最新的一期土地规划强度达到了300万平方米，功能包括政府办公、商务办公、商场等。当代交通枢纽开始由单一的交通功能转变为集交通、娱乐、休闲、商业、居住等多职能为一体的城市交通综合体，为人们提供便捷交通的同时满足多元的城市需求❶。

❶ 夏海山，刘晓彤，等.当代城市轨道交通综合枢纽理论研究与发展趋势[J].世界建筑，2018（4）：10-15.

因此，作为城市重要的基础设施，轨道交通枢纽汇集了城市多种交通方式，提高了交通可达性和周边土地价值，引领着城市空间拓展和土地开发。

在当前新型城市化与轨道交通大规模建设的状况下，枢纽综合开发面临新的挑战，如投资和回报差距悬殊、效益归属、轨道和城市发展不协同、开发模式不清晰等复杂性和矛盾性的问题。应该如何引导轨道交通枢纽开发？其主导因素和规律又是什么？本章将针对这些问题展开进一步探讨。

3.1　轨道交通枢纽开发的相关问题

3.1.1　枢纽空间开发的复杂性与矛盾性

2013年1月，由北京交通大学承办的"第二届轨道交通综合开发国际研讨会"在北京交通大学召开，会上集中研讨了轨道交通综合开发及枢纽建设的相关问题，轨道交通枢纽开发的问题是多元化的，包括收益、理念、技术、政策和标准几个方面（图3.1-1）。

1. 开发收益上：投资巨大，运营亏损

北京交通大学在中国城市规划学会、中国轨道交通协会的支持下，曾对全国已经运营和正在建设城市轨道交通的城市做了一项专题调研。从调研中，发现在轨道交通大规模建设的情况下，也面临着一系列的矛盾和问题。轨道交通

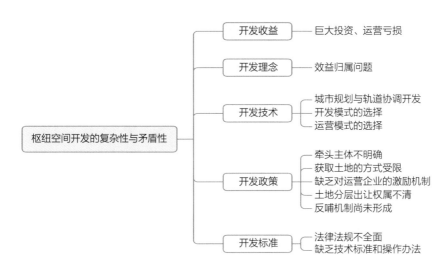

图 3.1-1　枢纽空间开发的复杂性与矛盾性分类
来源：作者根据相关资料整理

的建设解决的不仅仅是交通问题，它对于城市整个区域的发展和布局，以及城市中心区的发展，影响都是巨大的。从当前建设和长远发展着眼，这些问题与矛盾都需要深入研究。

轨道交通建设的总投资占整个地方财政收入的比重是相当高的，如何平衡运营成本是各地政府首先需要考虑的问题。从国家批准建设的各地轨道交通建设总投资来看，按照年度划分与地方可支配财政收入比较，可以看到，除了少数城市外绝大多数城市占比都是非常高的，个别城市甚至达到地方年度可支配收入的 10~20 倍，因此也潜在很多开发建设的系统性风险。如何保证轨道交通合理的建设和运营，何种模式适合中国的城市发展，是很大的挑战。

根据调研发现，目前在中国大陆的众多轨道交通线路中，就单条线路而言，除了北京地铁 4 号线、北京地铁机场线、上海地铁 1 号线等个别线路外，基本多数线路处于亏损状态。

中国城市轨道交通处于集中高速建设期，城市轨道交通投资也是巨大的，可以从以下数据中反映出来，截至 2018 年底，我国的城市轨道交通运营里程已达 5761 千米，2018 年总投资额 5470 亿元（图 3.1-2、图 3.1-3）。

中国城市轨道交通原有的发展模式使得线路开通后的运营亏损大多依靠财政补贴，这样不仅会加重地方政府的财政压力，同时也会造成轨道交通建设陷入融资难、运营亏损的恶性循环。

2. 开发理念上：效益归属

轨道交通带来的高可达性，吸引了人流、物流等各种资源的集聚，提升了周边土地价值，引领城市空间发展和环境改善。尤其是在存量规划、城市内涵式发展等理念的大背景下，土地使用逐渐与交通相结合，轨道交通枢纽周边日

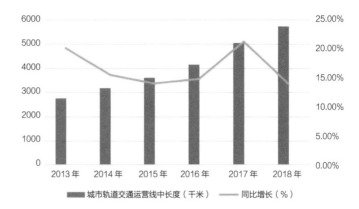

图 3.1-2 2013~2018 年中
国城市轨道交通运营里程（单
位：千米，%）
来源：作者根据统计资料绘制

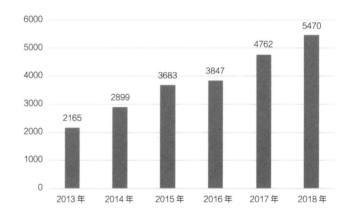

图 3.1-3 2013~2018 年中国
城市轨道交通建设投资额情况
（单位：亿元）
来源：作者根据统计资料绘制

益成为城市空间开发的热点地区。

　　研究显示（表 3.1-1），城市轨道交通建成后，枢纽周边的房地产价值将
提升 30%~50%，城市轨道站点周边土地蕴含极大的商业价值。由于轨道交
通的建设能够集中各类资源，最直接而迅速地促进周边的产业开发、土地价值
提升等，因此枢纽周边一定范围内如果开发建设一些利润较高的产业，如商业、
公寓、酒店、住宅等，其中优质的商业付租能力较高，因而能迅速崛起，形成
一个个繁华的轨道枢纽商圈。

中国城市轨道交通站点周边物业升值情况　　　表 3.1-1

城市和地区	物业升值情况
香港	地铁开通后周边物业平均升值近 50%
北京	10 号线在建设的两年期间，物业升值大于 100%
上海	市中心地下空间商业物业增值 300%
广州	初建增值 15%~25%，开通后增值 15%~25%
深圳	1 号线皇岗站旁的时代广场 10 年间的升值高达 500%

来源：作者根据统计资料绘制

从表 3.1-1 中看到，轨道交通给沿线的土地开发确实带来了非常可观的增值收益。对于增值收益的分配问题，从以往有些城市的做法来看，轨道交通给沿线房地产带来的巨大增值收益很大一部分被开发商或业主占有，既没有为轨道交通的建设做出贡献，将来也不会回哺到轨道交通的运营中，相对整个城市而言成为一种不公平的利益分配。这种现象不仅给土地市场带来不良震荡，而且给原居民带来心理落差，给未来轨道交通线路的征地、拆迁补偿与安置等带来负面影响，更为严重的是，影响了轨道交通建设投资主体的积极性，给轨道交通的投资建设带来重大影响 ❶。因此，这种现象的出现，不利于城市长久可持续发展。

3. 开发技术上：需要探索和总结

1）规划与轨道协同开发

大都市的内部流动性是城市效率的决定因素，合理的轨道交通网络能够引导城市的人口与产业合理分布和高效流动，多层级的轨道交通枢纽的构建可以有效提升城市空间的吸引力和聚集力 ❷。可见，轨道交通网络能够有效改善城市空间的可达性，不同层级的轨道枢纽成为支撑未来大都市网络化空间形态的基础。

从调研中发现，多数城市线网规划和土地利用规划不能很好地协同，甚至出现脱节现象，说明规划建设过程还缺乏整体优化的理念和有效的把控、处理过程。普遍存在轨道和规划两个部门工作协调度不高，审批体系不完善，轨道交通部门在规划时重视线网里程和密度，重视对一些枢纽进行城市设计竞赛和枢纽功能的研究，对于枢纽和整条线路如何均衡缺乏深入研究，也与城市的长期发展目标不能很好地匹配。线路修建和节点地区开发往往是脱节的，既缺乏前期的系统研究和用地梳理，也缺乏有力的统筹及协调，即使是轨道交通本身的修建，和基础设施的协调也缺乏很好的衔接。

2）开发模式的探索

PPP 模式是公共部门与民营企业合作模式，指政府、营利性企业和非营利性企业基于某些公用事业项目而形成的相互合作关系的形式 ❸。包括完全政府模式（60% 以上建设资金）、政府主导模式（资本金、银行贷款、借助政府融资平台）以及多元化模式，即以"建设—移交"—BT（Build-Transfer）、"建设—经营—转让"—BOT（Build-Operate-Transfer）、公私合营—PPP（Public-Private-Partnership）为代表。

自 2004 年北京城市轨道交通建设尝试 PPP 模式以来，杭州、深圳等地也相继开始试用 PPP 模式，其中社会资本一方皆为港铁。之后，随着国内城

❶ 盖春英. 北京市轨道交通沿线土地开发增值收益分配研究 [J]. 城市交通,2008,6（5）: 27-29.

❷ 于晓萍. 城市轨道交通系统与多中心大都市区协同发展研究 [D]. 北京: 北京交通大学,2016.

❸ 朱巍,安蕊. 城市轨道交通建设采用 PPP 融资模式的探讨 [J]. 铁道运输与经济,2005（1）: 27-29.

镇化进程推进带来的城轨建设项目的加快和投融资环境的变化，轨道交通领域的 PPP 模式在全国范围内遍地开花，各路社会资本纷纷看好这个领域。即便如此，但是至今成功的案例极少，这种模式还需要谨慎而深入的探讨。

国内 PPP 项目存在以下缺陷：

（1）城轨甲方对该模式的理解不够甚至存在偏误，无法主动、正确地去引导轨道交通投融资行为，从而导致大量"似是而非"的 PPP 模式充斥在城轨建设市场。

（2）多数承担为业主服务的 PPP 咨询机构对城轨行业的特点认识不深，实施方案缺乏行业针对性和对全生命周期的考量，多数实施方案重建设、轻运营。

（3）社会资本中标者多以国内建筑业央企为主，这些企业往往更加专注于前期的建设活动，对于城轨后期运营认知和经验不足，因此难以从整体视角承担项目全寿命周期的使命，且亦难以理解和贯彻城轨运营内在规律和基本理念。由于社会资本方缺乏轨道交通的运营能力，最终运营管理可能还会再交回项目所在地的轨道交通公司承担，因此本应由社会资本方分担的运营期间可能发生的各种风险，最后又回到地方政府。

（4）为赶工程进度，控制项目最高投资限额的概算批复通常晚于 PPP 项目招标，实施方案难以稳定，往往工程已经开工而实施方案还在研究中。

（5）轻易推翻前期对客流预测的结论，以对项目预期的回报为条件，尽可能多地索取政府补偿承诺，是政府和社会资本"博弈"的焦点，因此对运营期的风险研究通常集中在"收益"及"补偿"的问题上。

4. 开发问题多元化：引发更多的思考

1）牵头主体不明确

有时发现既未明确轨道建设综合开发牵头主体，在规划、建设及运营管理各阶段也未明确子牵头部门，由于缺乏整体的统筹协调机制和城市综合开发专项规划，难以统筹考虑枢纽综合开发相关要素，也直接影响综合开发的顺利推进。

2）获取土地的方式受限

从现有的经验来看，股权合作是较好的一种模式，具有税率低、操作简单、利益风险双方共担等优点。2016 年上海市发展改革委、市规划国土资源局发布了《关于推进上海市轨道交通场站及周边土地综合开发利用的实施意见》，规定协议获取的土地不可通过股权转让方式合作，这可能会大大降低政策效用。

3）缺乏对运营方的激励机制

由于资金、人才、开发经验等方面缺乏与大型地产开发企业竞争的实力，运营企业往往只能参与车场的开发。但车场开发实施难度大、后期收益难以保证，且客流难以快速集散，直接影响后期的反哺效果以及项目的吸引力。而现行的考核和补贴机制对于运营企业开展综合开发的激励不足，造成其运营效率低下，面对这种问题无疑是雪上加霜。

4）土地分层出让权属不清

相关规范条例缺乏完善，例如 2013 年颁布的《上海市地下空间规划建设条例》仅确定了地下空间土地分层使用权属和分层开发，但对分层开发的深度、强度、地表及地下使用权的衔接等问题都无明确界定及配套规定。

5）反哺机制尚未形成

《关于推进上海市轨道交通场站及周边土地综合开发利用的实施意见》未能明确具体如何实现和保障反哺，特别是反哺资金管理机制和可行的措施。土地权属不明且缺乏法律保障等都增加了项目风险；而后续由运营公司主导的基本为车场，直接影响项目收益和对社会资本的吸引力。

6）开发标准不完善

轨道交通场站的综合开发在规划设计、建设实施、运营管理等方面都不同于一般的地产开发项目。国家层面仅出台了相关的指导意见和规定，具体的操作办法仍有待出台和深化；地方层面，2015 年南京市人民政府发布了《关于推进南京市轨道交通场站及周边土地综合开发利用的实施意见》，而其他很多城市目前还缺乏专门的技术标准和操作办法。

3.1.2 枢纽空间开发的理念问题

1. 聚集效应

简单地说，"集聚效应"是指各种产业和经济活动在空间上集中产生的经济效果以及吸引经济活动向一定地区靠近的向心力，是导致城市形成和不断扩大的基本因素 [1]。

斯密（Smith，1776）在论述分工与市场范围相互关系时，就提出了"城市集聚决定市场范围，市场范围决定劳动分工，劳动分工决定生产率"的逻辑。Rosenthal and Strange（2004）将城市集聚的微观基础和形成机制归纳为自然资源禀赋、投入品共享、劳动力池效应、知识溢出、本地市场效应、消费外部性和寻租效应等诸多方面。克鲁格曼通过实验模拟了集聚产生的过程，指出经济活动的一般规律是经济要素在空间上的集聚，那么引导要素的合理流动和合理分布就是非常重要的 [2]。

有研究对中国 600 多座城市的集聚效应进行实证检验，认为中国的城市

[1] 陈讯，邹庆 . 区域集聚经济与区域经济增长关系分析 [J]. 科技管理研究，2008（2）：84-86.

[2] 于晓萍，城市轨道交通系统与多中心大都市区协同发展研究 [D]. 北京：北京交通大学，2016.

❶ 于晓萍. 城市轨道交通系统与多中心大都市区协同发展研究 [D]. 北京: 北京交通大学, 2016.

❷ 余柳, 郭继孚, 刘莹. 铁路客运枢纽与城市协调关系及对策 [J]. 城市交通, 2018 (4): 26-33.

❸ 矢岛隆, 家田仁. 轨道创造的世界都市——东京 [M]. 北京: 中国建筑工业出版社, 2016.

并非过大，而是过小。51%~62% 的城市由于城市规模较小而造成规模经济效率的损失。小城市会和临近大城市形成协同效应，而这种协同效应可能伴随着中国大城市的边际规模效应递减。因此城市群的总效用除了要关注城市的规模，更要关注该体系中城市的空间分布和结构设置❶。

轨道交通枢纽不再单纯具备交通服务功能，而是发展成为具备商业、办公、娱乐等诸多功能的区域中心，从而成为大都市区网络化发展的重要节点。在"聚集效应"作用下，轨道枢纽空间成为城市最具活力的增长空间，如何充分挖掘和开发枢纽，成为大都市发展面临的重要挑战。

通过对上盖物业的联合开发，不但可以充分利用轨道交通枢纽较强的吸纳能力，为商业活动提供充足客源，也可以利用轨道交通枢纽周边地区高可达性的优势，吸引大量商业活动的集聚，为轨道交通提供客流保证。轨道交通枢纽空间的立体化开发，使其具备了承担多元化城市功能的条件，也可以利用轨道交通显著的外部性特征，获得增值收益补偿轨道交通开发和运营成本。

根据集聚效应理论，轨道交通枢纽往往成为新城开发的关键节点和重要支撑，引导新城发展成为大都市区的"次中心"，因此在大都市区内的就业次中心往往不是城市的几何中心，而是出现在城市交通网络的节点区域。如法国巴黎中心的夏特莱站、法兰克福中央车站，以及华盛顿的银泉镇都是轨道交通枢纽引导"次中心"发展的典型实例❷。日本东京 2000 年前后大力推进城市再开发，2001 年起推出"城市再生"计划，将山手环线上的几个大型铁路客运枢纽地区（东京站、新宿站、涩谷站、池袋站、大崎站等）指定为城市再生区域，通过对枢纽周边土地的功能提升和多轮改造开发，最终将这些单一交通功能的火车站打造成为城市的中心或副中心（图 3.1-4），发挥了枢纽对城市经济发展的引擎作用❸。

2. 活力支撑

轨道交通枢纽是带动城市发展、集聚空间活力的重要节点。枢纽内外持续大量的客流给周边商业带来巨大的机遇，并促使城市商业逐渐向轨道枢纽集聚，一个个繁华的地铁商业圈纷纷涌现，形成了以地铁为中心的商业发展模式。因大多数市区内

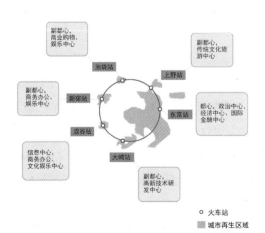

图 3.1-4　东京围绕火车站指定的城市再生区域
来源: 作者自绘

轨道交通在地下运行，以轨道交通站点为核心的地下空间成为城市交通与其他城市功能空间之间的重要过渡，因而客流量巨大，商机极佳。作为地铁站域综合开发利用的重要资源，地下商业一方面可以一定程度地弥补地铁建设带来的资金短缺；另一方面，作为城市公共空间的重要组成部分，不断发挥着拓展城市空间、缓解城市中心区空间拥挤、用地紧张现状的积极作用。目前我国各大城市也都在大力开发地下空间，呈现出以点带面、向网络型过渡发展的趋势，形成地下商业空间体系，例如武汉光谷地下交通枢纽及商业中心开发、广州公园前站等。

3. 交通平衡

轨道交通枢纽与大型商业综合体结合，形成相互依存关系，为城市综合交通的平衡开启新模式。据统计，截至 2017 年，北京、上海、广州城市轨道交通的客运量占城市公共交通客运量的比重都超过了 50%。轨道交通枢纽综合体不仅可以吸引大量人流，为城市轨道交通枢纽在非高峰时段提供长期稳定的客流支撑，同时也能够通过一体化的交通衔接方式实现人流的快速集散，缓解高峰时期的拥堵境况，最大程度地提高公共交通的使用效率，起到削峰平谷的作用。

4. "枢纽城"

轨道枢纽对于城市空间发展形成两个方面的引力作用："车站城""引导新城"。日本采取的共同建设方针，开启了轨道交通综合开发的新模式。其中日本东京"轨道枢纽城"（Tokyo Rail Station City）就是典型的发展模式，以轨道枢纽为中心，配套的公寓、写字楼、酒店、金融、娱乐、餐饮及观光等服务功能不断聚集于此，枢纽空间开发成为富有活力的城市副中心，也为大东京都市圈多中心、多圈层的网络化空间结构奠定了基础。

对轨道枢纽空间进行多维度立体化开发，吸引大量城市经济活动围绕枢纽展开，保障了轨道交通客流需要，不仅能够提供多种交通方式的无缝衔接，同时减少了其他出行需求，可以缓解城市交通压力[1]。因此，轨道交通经营、枢纽空间商业化开发及沿线房地产开发相结合的模式，也是东京私营轨道公司商业运营的主要模式[2]。

3.1.3　枢纽空间开发的技术问题

1. 自内而外的开发方式

轨道交通开发是以轨道交通枢纽为核心，实现周边土地的圈层式开发，以及枢纽沿线带状发展，因而形成一种自内而外的开发方式，这种内在规律也演化出一种以枢纽为中心的圈层现象（表 3.1-2）。

[1] 于晓萍. 城市轨道交通系统与多中心大都市区协同发展研究 [D]. 北京：北京交通大学，2016.

[2] 矢岛隆，家田仁. 轨道创造的世界都市——东京 [M]. 北京：中国建筑工业出版社，2016.

轨道交通周边土地圈层式开发   表 3.1-2

圈层组成	具体内容
交通圈	针对不同的轨道交通接驳方式，确定枢纽公共交通接驳合理区的影响半径
功能圈	从规划的角度出发，按照站点的定位和性质，布置相匹配的功能，形成区域中心
价值圈	通过量化分析轨道交通枢纽对周边物业价格的影响，研究站点的价格影响范围
结构圈	研究轨道交通周边土地利用强度，建立合理的空间结构

来源：作者根据相关资料整理

2. 土地预留、控制与用地功能调整

1）需求预测——客源市场腹地依据

在轨道交通枢纽规划前期，依据枢纽定位和人流量的预测，准确规划土地预留地的范围及开发强度，可以有效地减少线路周边的拆迁量，降低工程造价。

需求预测有很多方法，例如历史类推法、德尔菲法、回归分析法等。北京交通大学城市规划设计研究院以北京、天津和重庆三个城市的客流量数据为基础，采用空间句法模型，计算了枢纽换乘站的客流界面流量，结果发现将地铁网络与地面道路网络分别建模组合在一起进行权重分析的复合式建模方式更为有效，以路网为代表的局域层级网络效果最为稳定，为今后量化枢纽客流提供方法的参考。

2）交通布局——流线组织规划协同

轨道交通的流线组织及规划协同是成功开发的核心保证。通过区域规划设计、交通需求分析、交通设施规划、交通组织方案、交通方案模型测评等五个环节，强化交通设施布局和流线组织，可以针对城市特点构建一体化便捷换乘体系和科学合理的交通枢纽设施系统，实现多种交通方式的无缝换乘和枢纽交通流线的有序组织。

3）协调功能——商圈建设共同发展

轨道交通枢纽周边土地的功能通常会形成特定的圈层结构，根据枢纽层级规模以及城市区位，经统一周边 0.5~1 千米内形成商业 / 商务区，1~3 千米内形成商务及配套区，2~3 千米以外是居住等多样功能。在一些城市非核心地带，一般性轨道换乘站更与住区开发紧密结合。枢纽对城市的影响体现在：枢纽周边功能的整合、带动产业及住区的发展，并最终形成城市活力点。

3. 枢纽空间开发强度

当代轨道交通枢纽也存在着周边用地开发不协调、不平衡的问题，因此枢纽开发强度及开发时序值得研究。例如，南京地铁 4 号线灵山站，周边没有配套设施，人流量也不高，造成了资源的浪费。因此适宜的开发强度以及

适当的开发时间能够保证充足稳定的客流，同时弥补轨道交通建设中巨大的
资金投入。按照轨道交通综合体规划指标体系的构建，开发强度应考虑三方
面的内容：

（1）硬指标体系：主要包括枢纽周边用地区域的用地性质、容积率、功
能配比、开发强度等指标，是定量分析的过程。

（2）软指标体系：应符合社会形态发展的特征，与城市空间结构的契合，
体现为经济效能的指标，是定性分析的过程❶。

（3）开发时序体系：依据城市发展及总体规划，把握开发时序，近远期
开发接合有序，规划具有一定弹性，保证枢纽开发的健康与可持续。

值得注意的是，轨道交通和城市的发展是动态变化的过程，随着时间的变
化呈现不同的特征，轨道交通的开发强度需要以整体规划为基础，着眼于整个
城市的发展，根据社会的发展趋势作出相应的调整。

4. 公共交通与社区交通方式一体化建设

（1）停车换乘模式（P+R——Park and Ride）

通过建设城市外围轨道交通枢纽，推行停车换乘模式（P+R），实现外
围社区人流车流通过公共交通方式进入市中心，实现轨道交通"最后一公里"，
形成层次分明、布局合理、高效换乘的一体化公共交通枢纽建设。

（2）公共交通与社区交通实施"四个一体化"建设方针，贯彻在规划、设计、
建设、运营四个方面。

（3）在枢纽附近设置汽车和自行车停车场，以及相应的辅助设施，便于
私人交通，也为行动不便的社区居民提供方便。

公共交通与社区交通方式的一体化建设，使公共交通更贴近居民生活，为
居民出行提供最大程度的高效和便利，缓解城市交通拥挤的困境，凸显绿色出
行理念，为城市交通网络的完善提供基础支持。

5. 一体化的投融资与运营模式

由于轨道交通一体化投融资和运营涉及规划、投融资、建设、运营等多个
方面，环节众多且环环相扣，是一项复杂的系统工程。目前，我国轨道交通建
设量大的北京、上海、深圳等城市已经进行了很多探索，通过总结其经验和教
训，有利于今后的城市建设发展，具体总结建议如下：

1）确定枢纽的开发模式

确定开发模式是枢纽一体化开发的前提，应根据城市的综合定位、经济发
展状况，选择适合的开发模式，其总体要求是，土地效益最大化、客流规模最
大化、开发风险最小化。

❶ 吴韬.轨道交通综合体规划编
制和技术指标构建分析[C]//
科学发展·协同创新·共筑
梦想——天津市社会科学界
第十届学术年会优秀论文集
（中）.2014.

2）组建交通枢纽项目公司

由地方财政部门牵头组建政府投资平台，受国资委管理，代表政府对重大基础设施出资，并通过资本市场进行融资，具备土地储备资格或享有政府土地出让金净收益权。政府平台代表政府参与交通枢纽项目公司投资，交通枢纽项目公司总体负责交通枢纽后期投资、建设、运营等相关事宜。

3）实施交通枢纽一体化规划设计

根据交通建设发展需要、交通枢纽的功能特点和地理位置，对轨道交通枢纽和周边区域进行一体化规划设计，完全融入城市的发展。政府管理部门需要进行建设控制和监督实施，创新利用土地开发和城市开发政策，需要按照城市总体规划、土地利用规划及城市发展规划，牵头编制交通枢纽地区详细规划。

4）建立交通枢纽多元化投融资模式

在政府注入资金的基础上，充分调动社会资本力量，采取银行贷款、股东贷款、资产证券等多种方式进行投融资。

5）推进交通枢纽建设、运营一体化开发

根据交通枢纽建设进度要求，成立交通枢纽建设指挥部、交通枢纽项目公司等机构，推进枢纽建设工作。在交通枢纽项目建设完成后，项目公司负责相关的设施运营管理，并与房地产商对相关地块进行联合开发，充分发挥交通枢纽的综合功能与价值 ❶ 。

❶ 贾永刚，祝继常，诸葛恒英. 城市综合交通枢纽一体化开发模式与实施探讨 [J]. 铁道运输与经济，2012，34（8）：85-88.

3.2　轨道交通枢纽开发模式

作为城市大型基础设施，轨道交通枢纽的建设和运营往往面临着巨大的投资、高昂的成本，并且在投入使用后大部分会出现运营亏损的问题，需要依靠政府补贴来维持运转。虽说轨道交通枢纽显著的外部性特征可以使其周边物业开发获得可观的收益，从而在一定程度上弥补建设资金不足的问题，但是这仍局限在枢纽内部，枢纽运营企业很难分享这些外部收益，资金的困境导致轨道交通枢纽难以可持续发展。

3.2.1　轨道枢纽综合开发类型

城市轨道交通与周边土地的综合开发，有助于实现轨道交通与周边商业项目的互利双赢。一方面，商业优势为轨道交通提供了尽可能多的客流，使轨道交通投资有利可图；另一方面，大量的轨道交通客流为商业项目提供了大量的顾客流，有利于轨道交通企业多元经营的发展和实现土地经营效益最大化 ❷ 。

❷ 张颖. 基于 TOD 的轨道交通项目融资模式探讨 [J]. 铁道运输与经济，2015（4）：78-81.

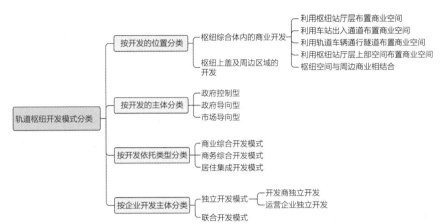

图 3.2-1 轨道枢纽开发分类
来源：作者根据相关资料整理

因此，轨道交通枢纽的开发模式对促进轨道交通建设可持续发展具有重要的意义，根据开发特点可以分为以下 4 种分类方式研究枢纽开发（图 3.2-1）。

1. 轨道枢纽开发分类

1）按开发的位置分类

按开发位置的不同可以分为枢纽内和枢纽上盖及周边区域的开发。

枢纽综合体内的商业开发：主要包括利用站厅层、车站出入通道以及轨道车辆通行隧道的商业开发，在此区域内，主要是以交通功能为主，辅以经营性项目的商业开发，如商铺、广告、电信等资源开发。以北京南站、深圳罗湖站和上海虹桥站为代表。

（1）利用枢纽站厅层布置商业空间。在满足功能需求、保证乘客安全通过的前提下，可在站厅非付费区布置商业，合理利用空间资源促进消费。同时根据实际情况弹性调整，例如随着客流量增加，适当减少商业面积，以满足乘客的通行需求。例如日本地铁东京站等站厅的商业空间（图 3.2-2）。

（2）利用车站出入通道布置商业空间。车站的出入口较长，长时间换乘会给人带来乏味的感觉，在出入口和通道处布置灯箱、售卖机等商业设施，吸引人们消费的同时，也是美化枢纽空间的一种方式。

（3）利用轨道车辆通行隧道布置商业空间。在狭长的隧道内，可设置隧道电子屏幕广告，在相对单调的行车空间内，让乘客有所聚焦，能缓解疲劳，同时也能起到广告宣传的良好效果。

（4）利用枢纽站厅层上部空间布置商业空间。对于埋深较深或开发余地较大的枢纽站，可以适当增加地下一层空间面积布置商业空间，过往人流都可以经过，既不影响站厅交通空间，又比站厅空间面积更大，更具有开发潜力。

（5）枢纽空间与周边商业相结合。枢纽站周边具有商业开发空间条件或

图 3.2-2　轨道枢纽站厅内的
商业空间
来源：作者自摄

连接上盖物业和地下商场时，可通过增加或拓宽连接通道的方式，加强枢纽站
场与商业空间之间的联系，该方式目前应用较广且成效性较高。

以上五种开发模式优缺点见表 3.2-1。

五种开发模式的优缺点对比　　　　　　表 3.2-1

开发模式名称	优点	缺点	应用
利用枢纽站厅层布置商业空间	可在已有空间范围内进行开发，充分利用空间资源，无需再增加较多投资，可行性较高	可利用空间较少，难以集中大规模开发，带来的经济效益较低，容易与交通功能产生冲突	以小商铺、报亭、广告等形式为主，规模小，应用较广泛
利用车站出入通道布置商业空间	增加投资较少，可充分利用空间资源，并可为枢纽注入活力，可行性较高	可利用空间较少，难以集中大规模开发，容易与交通功能产生冲突	以小商铺、报亭、广告等形式为主，规模小，应用同样较为广泛
利用轨道车辆通行隧道布置商业空间	可在已有空间范围内进行开发，无需增加太多投资，给乘客出行带来信息和乐趣	电子屏幕维护相对麻烦，有时候会产生视觉污染	以广告为主，应用较为广泛
利用枢纽站厅层上部空间布置商业空间	可开发空间范围较大，可进行集中式开发，经济效益较好	增加投资较多，受空间约束，开发规模一般	可集中式开发，形成地下商场，规模一般，应用较广泛
枢纽空间与周边商业相结合	有机结合枢纽站点与周边地下空间和物业，有效增加轨道枢纽客流量，亦可有效提高周边商业空间的人流量，投资增加相对较少（比单独建设成本低）	工程对接技术复杂，建设时序难协调	规模大，应用最为广泛

来源：作者根据相关资料整理

枢纽上盖及周边区域的开发：轨道交通枢纽的开发建设可借鉴香港"轨道 + 物业"的模式，充分利用枢纽自身形成的区位和交通优势，在周边引进商业、娱乐、房地产等利润较高的经营性项目，并进行高密度开发。从而充分发掘周边土地的潜在价值，并促进其增值收益，进而反哺轨道交通建设，补贴轨道运营成本，最终实现轨道交通枢纽的可持续发展。

2）按开发的主体分类（表 3.2-2）

轨道枢纽按开发的主体分类　　　　　　　　　表 3.2-2

类型	特点	典型代表
政府控制型	土地以国有为主，政府能够对轨道交通建设集中控制，并在轨道交通建设过程中处于主导地位。该模式执行度高，但需要政府投入大量的资金。	新加坡
政府导向型	土地政府持有，政府通过制定相关的法律体系加以保障和引导。通过制定轨道交通发展导向规划和相关措施，引导非政府组织建设和运营。该模式促使政府和非政府组织在开发建设运营中充分发挥各自优势，统筹规划和吸引投资	中国香港
市场导向型	土地大部分私有化，政府对轨道交通的开发建设干预性较弱，企业在开发过程中注重局部的经济利益，难以统筹建设，导致枢纽功能缺乏，配套设施不完善，不利于整体结构的发展	日本东京

来源：作者根据相关资料整理

3）按开发依托类型分类

商业综合开发模式：轨道交通枢纽可以充分利用自身的人流优势，与周边的商业空间联合开发，以商业收益分担枢纽建设成本，以轨道交通带动商业繁荣，进而促进区域经济发展。例如：挪威奥斯陆地铁站、中国香港西九龙高铁站。

商务综合开发模式：商务综合开发模式是一种"轨道交通建设 + 商务办公区"的复合开发模式。该模式有助于减少枢纽周围的私人交通量，从而改善地区交通秩序，较适合于市区中心和商业中心等人口稠密的地区。例如，位于北京中心商务区的国贸地铁站，有效地疏解密集人流，实现交通网络的有序、高效运行。

住区集成开发模式：这种开发模式是把住区和轨道枢纽结合在一起共同开发的模式。从区域整体角度出发，规划轨道枢纽的同时，也要关注到对周边地区房地产事业的开发，达到枢纽周围成片、集中开发。这种开发模式在提高交通便捷性的同时，也可以带动周边地区的开发利用，实现土地的集成化和综合化发展利用。日本 1953 年的《东京多摩田园都市规划》开启了这种模式，以轨道建设带动住区开发，在东京西南部丘陵地带开发出占地约 5000 公顷、人口 40 万的大型住区。

4）按企业开发主体分类

总体可分为独立开发模式和联合开发模式两大类（表 3.2-3）。

轨道枢纽按企业开发主体分类　　　　　　　　　　　　表 3.2-3

按企业开发主体分类		特点	主要代表
独立开发模式	开发商独立开发	1. 由一些房地产商独立开发建设，运营企业并未参与 2. 通过招拍挂等方式取得土地 3. 与轨道交通运营公司协调规划、施工、运营管理等，难度大 4. 产权清晰，市场化运作，自行策划、招商、管理 5. 枢纽建设与商业开发不同步，协调成本高	深圳地铁1、2号线世界之窗站
	运营企业独立开发	1. 轨道交通运营公司成立专门的枢纽商业开发机构，对枢纽商业物业进行统筹策划、包装，通过广告代理等方式出租商铺 2. 轨道交通运营公司负责枢纽场站商业物业的维护、管理，具有一定的商业收益 3. 轨道交通运营公司对商业运作不专业，存在运营风险	广州地铁上海地铁
联合开发模式		1. 轨道交通运营公司与专业机构合作开发，合作形式包括整体物业包租、股权合作等 2. 专业机构（或项目公司）负责商业物业的整体策划、包装、代理出租等经营活动 3. 轨道运营公司负责协调商业物业运营和地铁运营，协调成本高，收益相对较小 4. 专业运作，提高商业物业利用效率；配合城市发展策略，促进城市交通、土地利用和城市发展的协调。适于我国多数城市借鉴	深圳地铁南京地铁

来源：作者根据相关资料整理

2. 轨道枢纽开发程序及原则

1）开发技术程序

开发技术程序可总结为图 3.2-3 所示的几方面，其中需要注意的是，在城市轨道交通建成之前，应当重点开展轨道交通枢纽用地调整和交通接驳设计这两方面工作。目前国内较多城市从微观层面开展此类工作，做一些局部表面的功夫，而很少有站在全局角度对整个城市发展格局进行思考的。具体表现为局限于枢纽周边小范围具体的土地利用措施调整和换乘设施的简单落地等，目光禁锢于当下，而忽视了未来发展规划以及其中的内在联系，导致项目成果与城市规划对接失调，轨道交通效益不足。我们可以从"宏观、中观、微观"三个层面，优化和调整轨道沿线的土地利用，对交通网络及设施进行整合规划与一体化设计，从而建立以轨道为主干的一体化综合交通系统，实现土地与交通协调发展（图 3.2-4）。

2）按开发顺序和层次分类

按照开发的顺序和层次可划分为阶段性部分开发和一体化综合开发两类（表 3.2-4）。

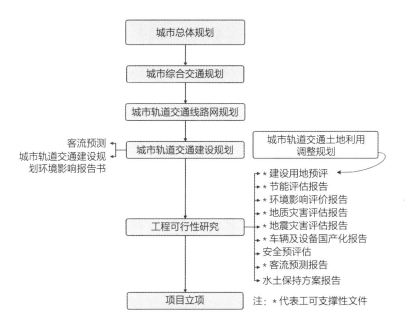

图 3.2-3　轨道交通枢纽开发技术程序流程图
来源：作者根据相关资料绘制

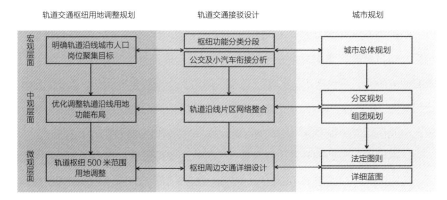

图 3.2-4　轨道交通枢纽用地调整和轨道交通接驳规划设计体系
来源：作者根据相关资料绘制

轨道交通枢纽开发顺序　　　　　　表 3.2-4

类型	含义	具体分类	特点	
			时间	空间
阶段性部分开发	根据轨道交通枢纽的规划、建设实施阶段，依次有步骤地进行枢纽开发	—	依次开发	单个枢纽依次开发
一体化综合开发	对轨道交通枢纽及其周边土地的同步开发和规划，以实现各种交通工具及商业设施的无缝衔接和经济社会价值	单个枢纽的一体化	同步开发	单个枢纽同步开发
		多个枢纽的一体化		多个枢纽统筹规划

来源：作者根据相关资料整理

3）开发原则

开发原则包括总量不变、布局调整和三大效益，主要体现在用地功能优化、开发强度优化和路网设施优化三个方面（图 3.2-5）。

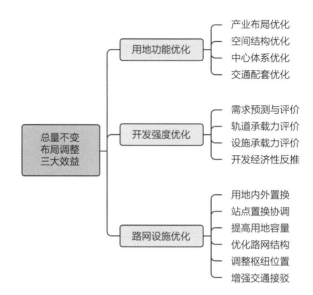

图 3.2-5　轨道交通枢纽开发
原则
来源：作者根据相关资料绘制

3. 阶段工作目标及方法

1）达成最优化的设计要求——三大效益实现

明确影响区用地功能：一般将轨道交通的步行合理区视为枢纽的直接影响区，步行合理区是指乘客在合理时间内步行至轨道交通枢纽站的距离范围。依据相关研究，综合考虑人的步行速度、体力及心理等多种因素，确定合理步行时间为 10 分钟，以 3~5 千米 / 时的行走速度计算，确定步行合理区范围一般在轨道枢纽外半径 500~700 米左右，以此作为规划研究的重点范围。

从枢纽地区土地的开发引导角度，可将轨道交通影响区分为两部分：中心区、边缘区。中心区是城市公共服务功能、公共活动的集中地，人流集散量较大。边缘区多为城市居民区，主要承担居住功能，包括具有公共服务功能的社区中心。

提出可行的开发强度：中心区一般是城市的市、区级中心，是最适合土地集约利用的区域，针对不同级别的中心区，开发强度亦有差别。日本和中国香港的案例表明，容积率高低与轨道交通枢纽的位置有关，轨道交通枢纽所在城市中心区功能等级越高，容积率就越高。以香港城市一级中心枢纽为例，商业功能为主的地块容积率明显会比居住功能为主的地块容积率高出很多。结合轨道交通的影响范围，通常以枢纽向外 300、300~500 和 500 米以外的范围为界，应当注意的是，枢纽性质和层级不同，影响范围和强度的递减程度也有关系，开发强度呈由高到低的梯度递减，进行混合开发。

边缘区适宜进行中强度开发，以居住功能为主。在空间组织上，注重枢纽空间与居住空间的互动开发，开发强度自中心向外呈梯度递减。功能布局方面，在轨道交通枢纽周边布置配套公共服务设施，形成类似的社区公共中心。枢纽外围布置居民区，各居住单元以公交巴士、自行车交通和完善的步行系统为纽带进行组织，其开发强度可以参照普通的多层、高层住宅。

完善优化路网设施：通过采取相关措施，优化路网设施（表 3.2-5）。

优化路网设施的措施　　表 3.2-5

措施	说明	图示
用地内外置换	将远离枢纽的用地与枢纽影响区范围内的用地进行置换，达到增强枢纽周边用地功能的目的。可以将公共设施用地或者住宅置换至站点核心区内，形成中心型枢纽和居住型枢纽	
站点置换协调	相邻站点在既有规划开发容量与定位指导下的开发不平衡时，如一高一低，可以将两个站点进行综合协调开发，对用地性质和开发容量进行置换	
提高用地容量	在用地相对紧张的情况下，枢纽定位提高后，可以采取增加用地容积率的措施，来提高枢纽周边功能的聚集度、减少乘客的平均乘车距离	
优化路网结构	轨道交通站点的辐射影响是基于路网的，部分站点的路网密度较低，可达性较差。因此可以通过加大支路网密度等方式，提高枢纽对周边区域的影响范围	
调整枢纽位置	规划枢纽与城市发展的耦合度不高，枢纽对中心发展支撑力度不够时，建议在轨道交通线网规划时调整枢纽位置	
增强交通接驳	轨道交通站点影响辐射力是基于可达性的，在站点地区用地紧张时，无法提供与枢纽等级相匹配的开发容量时，增强交通接驳可以扩大站点的影响辐射区	

来源：作者根据卢源博士"城市轨道交通综合开发总体策划的理论与实践演讲报告"整理

2）为法定化提供基本平台

随着越来越多的城市大力建设地铁、轻轨，城市轨道交通已经成为城市公共交通的重要组成部分，是人们日常出行必不可少的交通工具。但是和发展较早的交通设施相比，轨道交通尚没有一部基础法律指导工作，这距离规范化建设要求还有一段距离。在借鉴大陆地方性法规、大陆铁路行业法规、我国台湾地区和日本轨道交通法律体系的基础上，建议中国轨道交通建立四级城市轨道交通法律体系，即基本法、配套法规、实施细则、地方性法规及实施细则，通过提出轨道枢纽开发的相关目标和方法，促进轨道交通开发程序的标准化、规范化、法律化，为各个城市提供建设依据。

3）为多部门协调提供重要基础

枢纽规划设计的过程复杂而细致，涉及交通、建筑、结构、设备、工管等多个专业，因此需要不同设计院、不同专业之间根据自身的特点协调分工、相互配合。

总体设计中各专业的设计重点分别如下（表3.2-6）。

总体设计中各专业的职责 表3.2-6

专业	职责
交通规划	枢纽线网配线及设计
	车辆选型
城市规划 建筑设计	用地规划
	建筑设计
结构工程	结构形式
	施工方法
机电设备	设备选型
工程管理	控制工程投资总额
专业统筹	统筹各专业的工程进度

来源：作者根据相关资料整理

4. 轨道交通开发案例研究

目前我国轨道交通综合开发的五种代表模式如下（表3.2-7）。

国内轨道交通综合开发的五种模式 表3.2-7

模式分类	模式特点	模式体系	投资与开发	主要特色
北京模式	政府主导，分层出让	垂直化	无约束/弱相关	①轨道主体以一级开发为主，逐步少量参与到二级开发 ②线上资源为主 ③没有转移支付 ④综合开发的房地产主体为京投 ⑤以城市设计为管理模式
上海模式	市区分责，主体多元	扁平化	无约束/弱相关	①轨道主体参与一、二级联动，或以房地产开发为主 ②线上资源为主，也参与线下资源 ③没有转移支付 ④综合开发的房地产主体为社会资本，申通公司少量参与 ⑤以法定图则为管理模式
深圳模式	资产注入，规划前置	垂直化	投资预算约束	①轨道主体参与一、二级联动，或以房地产开发为主 ②线上资源为主 ③没有转移支付 ④综合开发的房地产主体为轨道交通公司 ⑤以法定图则为管理模式

续表

模式分类	模式特点	模式体系	投资与开发	主要特色
南京模式	土地储备，转移支付	扁平化	投资预算约束	①轨道主体仅参与土地储备和一级开发 ②线下资源 ③转移支付 ④地铁公司不参与房地产开发 ⑤以城市设计为管理模式
香港模式	轨道＋物业，自负盈亏	垂直化	投资预算约束	①轨道主体参与一、二级联动，或以房地产开发为主 ②线上线下一体化开发 ③没有转移支付 ④综合开发的房地产主体为轨道交通公司 ⑤以法定图则为管理模式

来源：作者根据相关资料整理

目前国际上城市轨道交通综合开发主要模式如下（表 3.2-8）。

国际上城市轨道交通综合开发主要模式　　　　表 3.2-8

发展模式	代表城市	土地所有制	政策与规划	投资与开发	所有权	运营方式
政府控制型	新加坡	76% 国有	政府干预	起步阶段政府投资，后整体上市	上市后33.7%私有化	SMRT 为政府控股，已上市；SBS 为私营，已上市
	斯德哥尔摩	74% 国有	政府干预	政府投资建设	政府所有	特许经营，60% 市场竞标
	哥本哈根	90% 私有	政府干预	政府投资建设	政府所有	政府控股企业
政府导向型	多伦多	私有制	政府干预	私营投资	政府所有	公私合营
	库里蒂巴	70% 私人所有	政府干预	公私合营	私有为主	公私合营
市场自发型	纽约	58% 私人所有	社会自由竞争，由政府统一规划	早期为私营投资，后政府并购	早期私营，后政府并购	政府运营，大量财政补贴
	东京	65% 私人和法人所有	社会自由竞争，由政府和企业规划	公私合营	私有为主	公私合营

来源：作者根据相关资料整理

开发模式实践研究总结：

（1）"三规合一"——优化轨道交通综合开发顶层设计

宏观层面：一是整合轨道交通沿线现有的控制性详细规划；二是整合轨道交通沿线地区土地储备的出让计划；三是整合工程可行性研究，即整合城市规划、土地规划、投资规划。

控制性详细规划层面：一是建设附加图则的规划；二是编制土地出让专项；三是把建设项目和公共投资的实施方案纳入车站和综合体的项目里面。

（2）政策层面——制定可操作的政策措施

一是建立协同实施机制，促进相关项目在时间和空间上有效衔接，在规模和功能上协调一致；二是完善配套的交通政策，即公交优先政策、拥挤收费政策、限制小汽车使用政策等；三是规定政府、轨道枢纽公司和相关主体的责任和利益分配方式，使公共交通的外部效益内部化；四是出台轨道沿线土地开发收益使用细则、设立保障金和监管制度。

（3）SOL+PL+BT+TP 模式——化解投资风险

根据研究，开发模式可以采取一种类似于资本市场的方法，进行拆分和组合，将轨道建设总投资拆分成若干不同的部分。将轨道交通设施中与周边开发地块有直接联系的部分，包括车站、线路和部分附属设施等，与开发地块打包在一起进行整体的上市建设。将其中优良的和不良或者负债的资产各打成一个包。将一条轨道交通拆分成若干段，将优良的资产上市交易，利用获得的利润去建设不良的资产。基于以上内容，这里探讨的 SOL+PL+BT+TP 模式，目前已有项目尝试。比如北京石景山区，将轨道的车站建设纳入前期的土地储备投资里，土地一级开发成本相同。又如，北京副中心通州的一个重要交通枢纽，将车站的投资和部分隧道的投资纳入到整体的上市条件内。

3.2.2　轨道枢纽投融资模式

从可持续发展的角度看，轨道交通枢纽的开发应由内部开发模式向一体化开发模式转变，即枢纽内部空间、上盖建筑和周边区域的综合开发。在一体化开发运作过程中，越来越多地采用交通枢纽运营企业与房地产商联合开发模式，共同进行合作开发，建立多元化投融资模式。

1. 枢纽投融资模式的分类

轨道枢纽开发建设的投融资体系，在理论与实际中存在多种模式，投资融资模式可按以下方式进行划分（图 3.2-6）：

1）按投融资主体分类

包括政府主导模式、市场导向模式、特许经营模式以及多元化模式（表 3.2-9）。

2）按资金的性质与使用效益分类

从资金的性质和使用效益角度分析，其大致可以分为以下几种结构（表 3.2-10）：

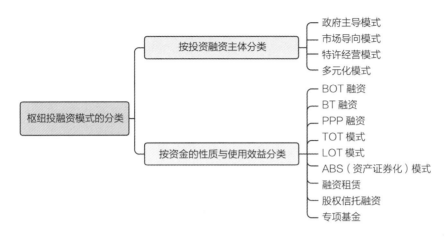

图 3.2-6 轨道交通枢纽投融资模式分类
来源：作者根据相关资料整理

枢纽投融资模式按投融资主体分类 表 3.2-9

类型	特点	典型代表
政府主导模式	政府利用财政资金进行大规模投入，建设过程中对城市轨道交通工程进行统一协调和组织实施，同时承担信贷担保人的角色，帮助城市轨道交通企业完成一系列的融资借贷行为，但在对建设者和经营者建立成本的激励与约束机制方面存在不足	巴黎地铁首尔地铁
市场导向模式	企业对整个城市轨道交通建设完成融资、建设、开发、运营、投资回报与还本付息等工作。该模式下，由于城市轨道交通项目资金投入量大、投资周期长等特性，对社会资金的吸引力较低，为此政府可以给予一定的政策支持。但该模式存在着操作环节多、融资速度较慢、融资成本较高、决策效率低等不足	上海地铁1、2 号线英国曼彻斯特地铁
特许经营模式	在政府的总体政策框架下，以社会资本为主成立项目公司，在项目的建设期或运营期，广泛采取市场化方式，引入民间资本及专业化的管理和服务。该模式的优点是可以形成规范有效的激励约束机制和市场竞争机制	北京地铁4 号线
多元化模式	多元化的市场融资，由股份制公司进行经营管理。该模式下借助股份制主体，实现企业融资的多元选择，避免单一模式存在的弊端，实现更加灵活、更加高效的主动式融资	中国香港地铁新加坡地铁日本地铁

来源：作者根据相关资料整理

枢纽投融资模式按资金的性质与使用效益分类 表 3.2-10

类型	特点	主要代表
BOT（Build-Operate-Transfer）	①政府通过契约将一定期限的特许专营权授予私营企业（包括外国企业），允许其融资建设和经营特定的公用基础设施，并准许其通过向用户收取费用或出售产品以清偿贷款，回收投资并赚取利润。特许权期限届满时，该基础设施无偿移交给政府 ②政府对项目具有绝对控制权，项目公司受政府约束 ③具有项目特许期，项目公司风险大	深圳地铁4 号线
BT（Build-Transfer）	①政府为项目发起人，行使监管权，保证投资项目的顺利融资、建设、移交 ②项目完成后直接移交，不存在投资方在建成后进行经营，获取经营收入，政府根据 BT 合同约定总价分期给项目公司支付融资、建设资金 ③BT 模式仅适用于政府基础设施非经营性项目建设，政府利用的资金是非政府资金，是通过投资方融资的资金，融资的资金可以是银行的，也可以是其他金融机构或私有的，可以是外资的也可以是国内的	北京地铁奥运线 /南京地铁2 号线一期工程

续表

类型	特点	主要代表
PPP （Public-Private-Partnership）	①政府部门为项目公司提供贷款保障，吸引民营资本，降低了投资风险 ②组织形式复杂，项目公司可以是社会盈利或非营利机构，还包括公共非营利机构 ③政府起总协调的作用 ④项目公司获利，政府保障基础设施建设及运营顺利	北京地铁4号线
TOT （Transfer-Operate-Transfer）	①可有效规避市场培育期的经营风险 ②是以轨道交通枢纽已建设完成或基本完成的条件为前提 ③融资成本相对较高	武汉地铁2号线洪山广场站
LOT	①政府投资基建、企业自主经营 ②私人部门的投资相对较少，从而使具备投资能力的投资者较多 ③将经营性较强的业务剥离出来，可以得到很好的经营效益	新加坡模式
ABS （Asset-Backed Securities）	①发行债券筹集资金 ②较高的信用评级 ③投资多元化、多样化 ④可预期的现金流 ⑤事件风险小	广州地铁集团
融资租赁	①将资产所有权和风险转移给承租人 ②合同不可解除性 ③避免通货膨胀的影响，减少投资风险 ④享受政府的优惠政策，降低投资成本	武汉地铁1号线、2号线与4号线
股权信托融资	①融资程序简单，审批环节少，对企业规模要求不高 ②没有活跃的交易平台，流动性风险较大，受国家政策法规的限制较多	上海磁悬浮交通项目
专项基金	①聚集社会闲散资金，辅助轨道交通建设 ②风险低、收益稳定	西安、沈阳

来源：作者根据相关资料整理

2. 枢纽投融资模式的应用原则

轨道枢纽投融资，应先明确投资范围、测算投资规模，按照"自筹、自用、自还"的原则，采取政策性银行贷款、商业银行贷款、股东贷款、资产证券化等多种方式进行投融资开发运作。投融资模式的选择要综合考虑投资金额、回收期、风险等要素。

1）"地铁 + 物业"模式

为了弥补传统投融资模式的不足，一些城市开始探索"地铁 + 物业"的投融资模式。港铁作为世界上屈指可数的收益可观的地铁集团之一，是应用"地铁 + 物业"模式的成功典范。"地铁 + 物业"模式的突出优点表现在以下方面：

（1）充分利用轨道交通枢纽建设的外部效应。轨道交通项目是外部性很强的建设项目，项目建设后通常会带动沿线周边地区的发展，特别是带动轨道枢纽附近经济的发展，便利沿线居民的出行和生活。在传统模式下，地铁的外部性被部分开发商或居民免费享有，既不能促进轨道交通项目的建设，也不利于社会的公平。采用"地铁＋物业"模式，本质上是利用轨道交通项目建设的外部性，将轨道交通沿线特别是出站口附近土地的增值收益用于轨道交通建设或运营支出，不仅可以筹措建设资金，有利于减轻轨道交通项目运营的财务压力，还有利于社会的公平。

（2）充分利用城市地下空间。在传统模式下，轨道交通运营公司通常只考虑轨道交通线路的建设和运营，而较少关注地下空间的潜在价值和充分利用。在"地铁＋物业"模式下，轨道交通项目建设可以与地下空间的利用及物业建设有机结合，实现一体化开发，获取多空间利用和投资收益。

（3）更加适应轨道交通网络建设的要求。轨道交通建设对投资有一定规模经济要求，如果投资不足，线路过短，单位经营成本就会很高，而且不具备便利交通的优势。相反，轨道交通线路网络越四通八达，交通越便利，单位成本越低。建设轨道交通网络的时间拖得越长越不利，在一定时间内，集中建设，形成网络，则相对有利。

（4）更好发挥轨道交通作为主要公共交通工具的优势。轨道交通作为公共交通工具，票价要相对较低，否则就不具备对其他交通工具的价格比较优势。在传统的融资模式下，轨道交通项目的投资回流只能靠地铁本身，要么会票价高，要么就会亏损。采用"地铁＋物业"模式，可以通过物业的收益来实现轨道交通投资的回流，相对降低轨道交通运营的财务压力。

2）投融资运作以轨道交通运营公司为投资主体

轨道交通地下空间利用的投融资运作，应当以轨道交通运营公司（代表政府出资）作为枢纽空间开发的主要投资方。以枢纽空间土地储备、枢纽空间开发、资本运营为管理手段，以具体项目为载体（必要时成立项目公司）进行融资、建设和运营。其结构关系如图 3.2-7 所示。

3）探索城市地下空间土地使用权打包融资

创新融资渠道，充分利用地下空间。以轨道交通沿线 500~700 米范围内

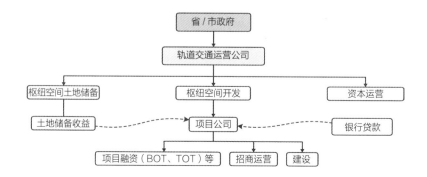

图 3.2-7　轨道交通地下空间
利用投融资运作结构
来源：作者根据相关资料整理

地下空间土地使用权打包融资,作为地表土地使用权打包平衡建设资金的补充。确定轨道交通运营公司为地下空间土地使用权储备主体,实施地下空间土地储备。轨道交通工程用地红线范围内的地下空间土地使用权可无偿划拨给轨道交通运营公司,形成轨道交通经营资产 ❶。

3. 国内外轨道枢纽投融资模式典型案例

公私合营(即 PPP 模式)是目前世界上应用最广泛、最成功的模式。例如,伦敦地铁车站是典型的 PPP 模式,而我国香港、新加坡采用地铁车站的 LOT 模式("租赁 – 运营 – 转让"模式),菲律宾地铁车站的 BLT 模式(Build-Lease-Transfer,即建设 – 租赁 – 移交),以及曼谷和吉隆坡地铁车站的 BOT 模式等,其本质上也是 PPP 模式的一种变形。该模式能否成功,关键在于如何划分政府和私人资本的权责及比例,以及如何招募私人资本 ❷。

各国政府采取了不同的方式来招募私人资本。新加坡地铁通过竞争选择私人公司加盟。伦敦地铁通过招投标选择公司线路的维护和升级,但是有限追索融资方式增加了谈判的难度。我国香港地铁利用上市股票招募公众投资。但在我国其他城市,城市轨道交通运营大都处于亏损状态,私人投资者对于投资前景并不看好,所以这种方式目前看存在一定困难。下面是几个代表性国家和城市的投融资模式案例介绍(表 3.2-11):

国内外轨道枢纽投融资模式典型案例　　　　表 3.2-11

代表国家及城市	投融资模式	投融资特点
日本(东京)	受益者负担制发行债券	①"谁投资,谁受益"的原则 ②政府向基础设施提供长期低息贷款,并诱导民间资本投向基础设施 ③政府实行"租税特别措施",促进设施积累 ④政府限制最高利率,确保基础设施的投资收益 ⑤地方政府发行债券促进日本的基础设施建设
英国(伦敦)	PPP 模式债券	①私人投资者将被授予 30 年特许经营权来进行基础设施升级和改造 ②"有限追索融资"方式,保护债权人利益 ③轨道交通私有化改革
法国(巴黎)	政府设立专项基金	①专项基金确保地铁建设投资和债务偿还 ②巴黎地铁建设资金,由中央政府、地方政府及地铁公司三方负担,分担比例不同
新加坡	LOT 模式	①政府投资基建,企业自主经营 ②大部分地铁建设资金来自财政部对陆路交通管理局(简称"陆管局")的拨款或陆管局自身的借贷,这些借贷会利用财政部的拨款归还
中国(武汉)	金融租赁无期债券 BT 模式	①在租赁期内,租赁公司享有租赁物的名义所有权,而武汉地铁集团则享有资产的占有权、使用权和控制权 ②降低了资本金成本,尤其适合建设周期长、回收期长,需要长期资金支持的地方基建项目融资

来源:作者根据相关资料整理

❶ 张远飞.武汉市轨道交通地下空间开发利用研究[D].武汉:华中科技大学,2013.

❷ 吴月霞.以地铁站为核心的地下空间开发利用研究[D].上海:同济大学,2008.

3.3　轨道交通枢纽的商业经营模式

作为大型公共基础设施的轨道交通枢纽，不仅为乘客提供基本的交通出行服务，而且其自身能够汇集大量人流、物流、信息流以及资金流等，不仅存在着大量涌现的商业需求，而且在不断孕育新的商业机会。进而在客观上形成了一种独特的市场资源，具有营利性和区域自然垄断性。如何实现最大限度地开发利用轨道交通枢纽这个独特的市场商业资源成为研究的重点和难点。

3.3.1　轨道交通枢纽的"商业经济"

伴随着城市功能的不断提升和城市轨道交通网络的逐步完善，枢纽周边商业规模不断扩张，空间由平面组团向立体化拓展，日益成为"城市立体商业"的重要组成部分。虽然轨道交通的建设和综合开发成本巨大，但是轨道交通枢纽及相关空间甚至与之相邻的地面商业空间都具有十分巨大的开发潜力，更是有助于补贴轨道枢纽开发的资金投入，促进区域协同发展。相比于国外一些城市较成熟的轨道交通商业，国内还处在发展的初级阶段，需要不断地学习借鉴成功的经验。

轨道交通枢纽商业也有其自身规律，一般来说具有的四个基本维度，如图 3.3-1 所示，这四个维度并非孤立存在，而是相互协调，共同构成了轨道交通商业发展必不可少的重要条件。

在实际的运营中，一方面要将商业服务功能整合到轨道交通枢纽的基本功能范畴，实现商业服务功能与交通服务功能的有机统一、共同发展。其中特别要关注二者建设的同步性、协调性，实现商业设施与枢纽开发建设的"同步规划、同步施工、同步经营"，从而达到轨道交通经营效益的最大化。另一方面要坚持以人为本，贯穿规划、招商、施工、开业、管理等轨道交通枢纽商业开发的各个环节，以最全面的措施、最大的诚意满足使用者的多样需求。

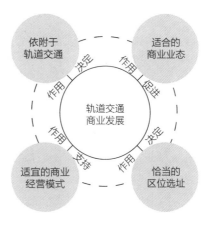

3.3.2　枢纽商业的运营模式

1. 枢纽空间经营业态

轨道交通枢纽的功能定位、开发形式不同，相对应的内部商业业态、经营模式也不尽相同。枢纽空间上盖大型的购物中心、商业综合体在本质上也还是

图 3.3-1　轨道交通枢纽商业的四个基本维度
来源：作者自绘

商业空间，只不过其下部增加了交通功能，建设为轨道交通枢纽，因此其内部的经营业态与普通的商业综合体基本相同。而对于枢纽空间内部的商业，主要包括站内商业和通道商业，它们本身依附于轨道交通的这一特殊属性使得其空间位置和服务对象都有了相对限制，业态和经营模式与地面商业有所不同，通常以自助、便利、快捷、日用的商业业态为主，而且规模较小，形式多样，常见的形式有：

（1）便利店。主要包括便利性商品店和便利性服务店。其中，便利性商品店主要经营食品、日常生活用品，如面包房、书报亭、办公文具店、便利店等。便利性服务店主要以提供日常服务为主，如冲印店、打印店、洗衣店、宠物连锁店、旅行社分理处、银行分理处、电信服务处等（图3.3-2）。

（2）自助类设施。主要包括自助购票机、自助鲜榨水果机、自助售卖机、自动取款机（ATM）等（图3.3-3）。

（3）快速餐饮店。如必胜客、麦当劳、肯德基、吉野家等（图3.3-4）。

（4）休闲娱乐店。如咖啡厅、美甲店、电玩店、网吧等。

（5）流行服饰店。如潮流服饰专卖店以及小型自由品牌的格子铺。

图 3.3-2　枢纽内的便利店
（左）
来源：赵梦茹摄

图 3.3-3　枢纽内自动售货机
（右）
来源：赵梦茹摄

图 3.3-4　枢纽内的快速餐饮店
来源：赵梦茹摄

（6）小型电子产品店。包括耳机、移动电源、随身 wifi 等。

（7）商业广告。除了传统的商业实体店经营外，作为轨道交通收益的重要来源，轨道交通枢纽的广告亦是非常重要的商业资源，轨道交通地下空间商业广告形式具有多样化、现代化的特点，充分利用各种醒目的位置，采用现代化传媒手段，主要包括车身广告、车票广告、车内招贴广告、视频广告、灯箱广告等。

2. 枢纽空间商业主要经营模式

轨道枢纽空间商业的主要经营模式可分为连锁经营、自营、租赁经营、合资经营、委托经营。各种经营模式的分析与比较见表 3.3-1。

经营模式分类　　　　　　　　表 3.3-1

经营模式		基本做法	优点	缺点	适用物业
连锁经营		不同的枢纽可开设同样的网点，规模经营，实现规模效益	规模经营，品牌效应，短期内得到回报，降低了创业风险与经营成本	对品牌要求高，分店自主权小，积极性、主动性受到影响	地段较好，有规模较大的枢纽空间，可引进有实力的连锁品牌，同时可促进客流的增加
自营		自己成立专门的物业公司进行管理	经营自主权大，利润最高	不确定因素多，占用资金多，风险大	有专业的管理团队和相关开发经营经验
租赁经营	整体出租	将物业租给一家投资公司，收取固定租金	风险低、管理简单、回报稳定	收益偏低，不利于人才与经验的培养	需要市场培育的物业、与枢纽出入口及通道紧密相连的大规模枢纽空间
	分割出租	将物业分割成小铺位出租，收取固定租金	操作简单、收入回报较好，有利于培养专业团队	增加专业管理成本，只适合于中低档次商场、流动性较大	地段较好的物业、站厅商业、出入口及通道商业，小规模枢纽空间
合资经营		与投资商合资，由合资公司负责经营	引进商业资源、提高经营效率、利于人才培养	合资双方存在利益、文化冲突，可能形成投资方对公司的单独控制	规模较大的枢纽空间，缺乏有力的专业管理团队和管理经验，有志培养管理专业人才
委托经营		业主委托专业管理公司来经营	引进管理经验、管理简单、可获得较好的回报	管理水平要求高、国内专业管理公司稀缺	产权单位没有专业管理团队，商业前景不明朗的物业

来源：作者根据相关资料整理

对于每种经营模式特点的分析，可为轨道交通枢纽空间的经营模式选择提供一定的参考，但同时还应注意以下几点：

（1）轨道交通枢纽空间的商业策划应根据其商业定位和业态组合选择合适的经营模式。

（2）地段是影响商业经济效益的主要因素之一，因此枢纽商业经营模式的选择，应契合其在城市中所处的区位特点，扬长避短。同时，整合地上、地下及周边商业，实现和谐共生。

（3）与传统的商业空间不同的是，轨道交通枢纽商业空间的开发主要以轨道交通的建设和运营为依托。因此，还需要充分考虑该枢纽商业空间与枢纽站场的关系以及在整个轨道交通系统中的功能定位。

（4）注意同一枢纽空间的多种经营模式相结合。尽管这样可能会使管理变得复杂而困难，但是多种经营模式结合可以综合发挥其各自的优点，提高经营效益。例如我国台湾地区的捷运系统，则是采用了个别租赁和委托经营相结合的方式。

3.3.3 枢纽商业的经营措施

轨道交通枢纽空间的商业经营也有很多不成功的案例，原因有很多，例如，团队的专业能力不足、商业定位不准、多次转租等，其中主要原因是项目经营模式存在较大缺陷。比如多个投资主体同时存在，造成项目产权界定模糊，引发后期经营管理的混乱、利益分配不均等问题。因此，合理选择商业经营方式至关重要，应结合城市特色，广泛开展调研，同时也可以借鉴成功实例（表3.3-2）。

枢纽商业的经营措施   表3.3-2

经营措施	实施细节
拥有项目完全产权	轨道交通运营单位应持有地下空间项目的完全产权，如其他单位持有部分产权或转让其持有产权，则会产生管理混乱和安全隐患
培育经营管理团队	需要有专业的商业经营团队，有管理经验和知识储备才能在项目前期做好业态规划和商业定位，在项目经营期，更好地参与项目管理
制订合同严格把控	加强对商家的考察，严格把控；制订相关的租赁合同，避免投资风险；参与枢纽空间项目的经营管理，实时监控
合理定位协调共生	做到枢纽空间地上地下商业及周边商业和谐共生，结合商业环境和地理位置，进行合理的商业定位
统筹规划优化经营	统筹规划轨道交通沿线资源，结合旅游设施和流线分析，平衡业态，实现功能合理分配
创新经营提升环境	营造舒适轻松的购物环境，引入下沉广场，设计有特色的建筑入口等，提升地下商业空间商业档次

来源：作者根据相关资料整理

1.轨道枢纽空间商业经营的规律

（1）枢纽空间内面积较小的便利店、自助设备一般都是连锁经营。在不同的枢纽站设置相同的网点，一方面可以方便消费者，无论去哪个站都可以买到相同的商品或服务；此外，也可以促进消费者形成固定消费的习惯，从而给予商铺稳定的收入来源。

（2）枢纽空间内面积较大的店铺，如快餐店、服饰、超市、电子商品等，大都采用租赁经营的形式。但租赁的形式不尽相同。例如，南京和深圳的枢纽商业空间均采用整体出租的方式；北京以租赁为主，大部分都是连锁店铺，对规模大的商业街则采用整体招商的策略；香港采用"只租不售"的方法，地铁公司掌握管理权，发展商可自行招商和经营。对比国外的城市，例如法国巴黎和日本的城市，它们一般采用委托经营的模式，将枢纽商业外包出去，由专业的经营公司来统一管理。但是由于我国缺少这方面的专业管理公司，所以这种经营模式在国内没有得到普遍推广。

（3）在轨道交通枢纽商业经营模式中，很少有自营的模式，如自己生产矿泉水、快餐或其他商品形成轨道公司自己的品牌，进行销售，其实这是一个提升企业形象和商业收入的重要手段，未来这种模式有一定的发展空间。

2. 国内外城市经验

1）东京

日本 JR 各公司成立全资或合资的商业公司，系统地开发枢纽内部及周边的商业资源。东京地铁主要采取外包的形式经营管理地铁商业。将地铁的商业城策划和管理统一交给专业公司经营。通过专业化的经营模式，将服务和商业运作渗透到地铁的方方面面，集餐饮、娱乐、办公等功能于一身（图3.3-5）。

图 3.3-5　东京枢纽站内商业空间组图
来源：作者自摄

特别是在多条线路的交汇处，如新宿、涩谷等超级大站，车站内甚至还设有百货公司，最大程度地服务消费。

2）巴黎

巴黎地铁采用委托经营的模式，把地铁商业外包给专业的经营公司统一管理。除了基本的交通设施之外，地下空间仿佛一个"地下超级市场"，其经营业态涵盖了方方面面，如服装、百货、鞋帽、图书、花店、饮食等，甚至还有顶级名牌店，可满足市民多样化的需求，促进消费。

3）香港

香港地铁采用"只租不售"的模式，由香港地铁公司掌握统一管理权，发展商可自行招商引资、管理经营。这种模式首先要考虑如何在短时间内引驻商家，又要将生意做旺。对于小面积商铺，例如零星的便利店、甜品屋和银行，香港地铁公司主要租赁给连锁经营的企业，方便管理同时打造品牌效应。香港地铁商业的特色是，采用主题经营的模式，把个性化的商业娱乐设施引进购物中心，并将商业消费最大程度地渗入地铁人流，进而增强吸引力，促进消费。最典型的案例是香港杏花邨地铁站的上盖商业杏花新城所采取的富有吸引力的经营策略，进入商场的消费者可以免费乘坐地铁，或者为地铁卡充值等，从而有效地将地铁优势转化为商业优势，实现双赢。

4）北京

北京的地铁商业经营模式主要是租赁为主，大部分经营项目都是连锁品牌，但对引入的商业进行限制，防止商家进行恶性竞争，对乘客造成干扰。连锁经营的形式，方便统一管理，有稳定的客流，还可以提升企业形象。除此之外，地铁公司也会结合其他经营模式，例如参与冲印、影像超市等商业合作，但不承担风险。

5）深圳

深圳轨道交通采取整体租赁的方式，通过招标与其代理经营人达成合作。在地铁招商方面，优先考虑优质商家，例如品牌商家和品牌商品代理，从而提升商业口碑，吸引客流（图3.3-6、图3.3-7）。

图 3.3-6　深圳北站站内商业
空间
来源：作者自摄

图 3.3-7　深圳北站站内商业
空间
来源：作者自摄

PART

城市轨道交通枢纽空间规划与设计

第 4 章　城市轨道交通枢纽空间规划与设计

　　轨道交通重新定义了当代城市的空间与时间，轨道线网对于城市空间发展有重要的引导作用，也决定着城市空间的效率。如果说轨道交通是大城市运转的主动脉，那么城市轨道交通枢纽对于城市如同心脏一样重要，保障整个城市交通系统的运行、决定整个城市运转的效率。正是由于城市轨道交通枢纽的交通重要性与复杂性，规划设计实践中交通组织以及交通效率成为重点，枢纽对于城市的催化作用以及枢纽本身空间的多重职能却往往无力顾及[1]。因此，面对新的城市需求，当代城市轨道交通枢纽空间的规划设计更需要发挥枢纽的城市属性，也就是第 3 章中论述的"枢纽城"的作用。

❶ 夏海山, 刘晓彤, 等. 当代城市轨道交通综合枢纽理论研究与发展趋势 [J]. 世界建筑, 2018, No.334（4）: 10-15+117.

　　当前很多城市轨道交通枢纽建筑体量巨大，有些甚至形成建筑群，将包括地上、地下、空中"三维一体"的各种功能、空间以及景观融为有机整体，充分发挥其交通、商业等综合效益，其核心就是起组织和协调作用的功能空间规划和设计。我国经过近二十年轨道交通的快速建设，轨道交通枢纽得到了前所未有的发展，但在规划设计理论和实践方面也面临着新的挑战。当代城市轨道交通枢纽的规划设计需要在以下几个方面加强探索：

　　（1）枢纽空间融入城市；

　　（2）多元功能空间组织；

　　（3）立体流线转换接驳；

　　（4）枢纽商业活力激发；

　　（5）数字技术协同设计。

　　通过对轨道交通枢纽及周边的规划和设计，需要在城市中创造一系列"枢纽城"，将建筑的属性淡化、与城市环境的界限消隐，形成城市的活力区，实现城市和轨道交通枢纽的融合，进而融入城市生活的方方面面，让每个人对枢纽有认同感和归属感。

4.1　站城相融——站城空间的组织规划

4.1.1　"站"与"城"——场所精神

　　"场所"——挪威著名的城市建筑学家诺伯舒兹在他的《场所精神：迈向建筑现象学》一书中指出：场所不是物理意义上的空间和自然环境，它是人们通过建筑环境的反复作用和复杂联系之后，在记忆和情感中形成的概念——特定的地点、特定的人群与特定的建筑之间相互作用而形成的整体，是由人、建筑、环境所组成的整体，是由自然环境和人造环境有意义聚集的产物。

"场所精神"——早在古罗马时代，便出现了"场所精神"一词，它表达了场所不仅具有建筑实体的形式，而且还具有精神上的意义。它是一种气氛，是人的意识和行动参与过程中获得的一种场所感，一种有意义的空间感。它具有吸收不同内容的能力，它能为人的活动提供一个固定空间。场所不仅仅适合一种特别的用途，其结构也并非固定永恒的，它在一段时期内对特定的群体保持其方向感和认同感，即具有场所精神 ❶。

轨道交通枢纽集中了各种城市功能和精神内涵，它不仅是由一个交通、建筑、场地和环境集合而成的物质体，更是人在这里产生情感交流、编织故事、体验生活的场所，反映了物质环境与精神意义的复杂性和矛盾性，创造出每个人对枢纽的方向感和认同感。这就要求轨道交通枢纽需要把有关行为、场所、空间的理论进行有机综合。

工业时代背景下，程式化的枢纽设计多以满足物质欲与功能为目标，这种纯理性化的思考，导致轨道交通枢纽存在精神的缺失、审美的乏味、文脉的遗失及城市空间协调统一的忽略等问题，为轨道交通枢纽场所的营造带来了巨大的制约。

为实现对轨道交通枢纽场所精神的营造，需要梳理挖掘原本城市的秩序和精神，使情感与技术、场地与建筑、历史与现代之间相互平衡，彼此协调。这就要求我们在规划和设计轨道交通枢纽时注重城市和枢纽的关系，让枢纽融入城市，体现轨道交通枢纽在城市中的"公共性"，诠释人、建筑、交通、环境的共生。

1. 线性——多元场所的形成

通过轨道交通枢纽周边的街道规划和设计，给予人们方向感和场所感，打破轨道的割裂。具体体现在街道的规划和组织、建筑物的风格特征、景观的多元布置、历史文脉的传承等，从而形成有韵律和节奏的城市街道，成为枢纽入口的"前奏曲"，从而提高引导性来聚集场所的人气。

2. 面域——过渡空间的营造

在轨道交通枢纽和城市之间的过渡空间，是营造场所的关键，可采取局部架空、下沉广场等半围合的空间，给人以安全感和聚合感，同时可以采用标志性的、独特的场所元素，帮助使用者定位。如京都站的大阶梯，通过楼梯不断变换的显示屏吸引人们驻足观赏。

❶ 诺伯舒兹. 场所精神：迈向建筑现象学 [M]. 施植明, 译. 台北：田园城市文化事业有限公司, 1995.

3. 节点——个性化场所引入

人们对于场所的感知，主要在于情感的认同和生活的体验，其中最为强烈的是垂直空间的维度感，可以通过布置景观楼梯或跨层电梯的形式，加强错层空间的交流与沟通。除此之外，可以布置艺术展示中心，吸引人流的聚集，形成强力的场所感；还可以在室内引入自然元素，如室外的光、空气、水，使室内外的环境呼应，让人们仿佛置身自然环境中。

4.1.2 "通"与"达"——枢纽城

我国各大城市都面临着超高密度和人口集聚的严峻挑战，这也是整个世界的现象，亚洲尤为明显。到 2022 年，亚洲地区的城市人口将超过农村，由此我们可以预想到，未来城市还将不断增长，大城市还将不断扩张。

这样的全球化趋势，我们应该如何应对？

日本作为"轨道上的国家"，拥有世界上罕见的成熟、完善的轨道交通网络和精确的轨道交通系统。地下步行网络也非常发达，将站点与站点之间串联起来，不需要到地面上去，就可以到达想去的地方。这让日本人民形成了不依赖汽车、精致而丰富、精准而便捷的交通方式——全民的认可是日本轨道枢纽发展的重要原因。

"枢纽城"是日本轨道交通发展的产物，它与城市协同发展，轨道交通的发展促进了城市运输能力的提升，同时，城市的发展又促进了轨道交通的发展，从而实现城市综合实力的螺旋式上升。它打破了原有的时间和空间，突破了城市"城墙式"的发展，将郊区和城市中心用网状的轨道交通联系起来，形成一个个都市圈，提高了交通可达性。

"枢纽城"意味着城市或区域空间以轨道交通枢纽为中心，形成集约化、人文化、人性化、多样化的发展模式，具体体现在以下几个方面：

1. 空间集聚

通过土地的有机整合、统筹公共交通和建设密度，促使城市空间聚集化，将各种分散的城市单元聚集到一起，吸引周边的人流，是一个高密度、土地混合利用的城市空间增长模式。最终形成城市地下、地上协同发展，地下不再是弥补城市地上功能的不足，而是成为独立的、完整的空间系统。

2. 交通高效

促进交通系统的高效能化和换乘效率高效化，并使多样性的交通选择成为可能。强调枢纽地区主要干道与外部形成便捷的联系，形成公交为主导的出行方式；通过枢纽内部强调混合利用的设计特征，加强多模式的交通系统之间的联系，尤其是公共交通和步行系统；提倡加强区域间交通的联系，并支持开敞空间的保护。从而减少出行距离、减少废气排放，有助于支持公共交通系统，并坚信多样化出行选择对人们健康生活有积极的作用。

3. 设施完善

具有完备的监视系统、高度可达的交通、服务和功能设施，更合理的资源分配，更高的社会凝聚力和公共精神，以及更大的社会公平，可以提升人的生活质量和城市活力，将更多的人引入城市有助于促进城市公共设施的发展，而这些发展又能反过来促使城市更丰富多彩，吸引更多的人，最终形成一个活力城市的良性循环。

4.1.3　"数"与"术"——数字未来

大数据带来的不仅是一种工具和方法，其全新的关联逻辑思维更是为交通领域带来了全新的思维变革。大数据可以将人的行为活动通过数据途径直观地反映出来，体现人的真实需求及其空间特征，而这一特性能够有效地使交通规划与人之间建立量化的关联，有助于让城市更回归人本，有助于从根本上梳理交通问题❶。

❶ 夏海山. 大数据与现代交通, 卷首语 [J]. 西部人居环境, 2017（1）.

轨道交通枢纽规划与设计的发展同科学技术的发展密不可分，如今，三元世界改变了人们长久以来的思维模式和生活方式，为建筑设计领域带来了全新的设计媒介——信息技术。信息技术催生了设计思维、方法和技术的革命，同样也推动着规划行业的再一次技术变革。信息技术思维下的轨道交通枢纽规划与设计对应数字设计媒介，为数字时代枢纽建设提供了新的理论依据、技术方法。新时代下，信息技术具有多方面的优势，如大数据的逻辑性、设计交互性和信息多维性等。充分运用新技术、分析、设计研究方法，运用数字时代的海量数据资源，做到思维创新、技术创新和方法创新，实现全面数字化设计和信息协同管理是未来轨道交通规划与设计的趋势。

1. 大数据

互联网时代为以实证研究为基础的空间模型提供了大量开放的数据源，如何充分提取这些开放数据用于空间模型的分析，进而指导设计实践，是当代设计行业实现数据化、科学化和模型化的核心问题。"北京交通大学空间句法中英联合实验室"对轨道枢纽数据化设计研究和实践进行了探索，例如，在吉林市进行轨道交通站点周边城市设计的综合应用中，通过对无人机航拍、POI数据、街景地图和大众点评数据的深入挖掘，以空间句法模型为核心，在城市、街区、建筑多尺度进行数据驱动的空间建模，在数据化模型的支持下完成设计方案的前期决策、中期选择与优化过程。推进这些新数据与空间句法模型的结合，为完成数据化设计的理想提供了实际案例应用的经验。

该案例是基于空间句法对吉林大东门广场方案的步行流量预测和视线整合度预测的应用，依据数据分析进行轨道交通站点周边广场规划设计方案的比选和优化（图 4.1-1、图 4.1-2）。

2. 可视化

1）BIM+VR 可视化平台模拟

BIM 模型具有可视化、信息集成性、易于管理等众多特点，在工程建设全生命周期发挥着潜在的优越性作用；VR 具有可视化、沉浸式、交互性等特点，BIM+VR 优势互补，可以将其效用发挥到最大化，为今后合理优化场地、打造绿色环保项目、提高经济效益、降低项目管理风险、可视化展示提供新思路。

2）基于寻路的仿真模拟

"寻路"是一种行为，是用来形容在一个熟悉或不熟悉的环境中，利用自己获得的信息找到目标点的过程。通过对行走行为进行建模仿真，可以为轨道交通枢纽中标识的布局、出入口的位置、商业布局、站台的大小等提供指导意见。现有的关于寻路行为的仿真模型有流体力学模型，格子气模型和元胞自动机、社会力和成本效益等各类模型 ❶。

我们在徐州彭城广场换乘站地下空间的设计中，采用空间句法对彭城广场地下空间整合度进行研究，确定采用下沉广场连接地下换乘及商业空间。从分析中可以看出，其数值高的空间往往具有更多的穿过可能性，容易激起使用者进一步探索的欲望，这些空间往往适合作为重要的节点，布置活跃的商业文化功能，以及合理地安排服务台或路标等信息服务设施。从对数据的分析来看（图 4.1-3），红色部分即可达性强的区域，这些空间均有较好的空间吸引力，容易激起地面人流向下进入该商业建筑的欲望，可以布置商业空间，提高经济效益。

对彭城广场及地下换乘空间进行交通数字仿真模拟，可以更为有针对性地对地铁出入口和地面总体的人流分布状况进行复合模拟，评测各个通道的通行效率，并结合实际开发商业及文化展示功能的需要确定通道宽度（图 4.1-4、图 4.1-5）。在模拟的基础上，对方案进行优化设计，扩充东南方向连接截面为 15 米（此宽度可单侧布置商业，对面以剖面方式展示遗迹层），从拓宽后的效果来看，由于该通道位于系统的拓扑中心位置，在一定程度上提升了所有主要吸引点的可见性与可达性。

❶ 禹丹丹. 基于寻路行为的轨道交通枢纽导向标识布局方案仿真评估研究 [D]. 北京：北京交通大学，2012.

图 4.1-1　大东门广场方案步行流量预测（左）
来源：北京交通大学空间句法实验室

图 4.1-2　大东门广场方案视线整合度预测（右）
来源：北京交通大学空间句法实验室

3. 协同设计

在中国快速推进轨道交通建设的同时，多部门管理和信息分散成为轨道交通建设、施工和管理过程中面临的难题。通常围绕一条城市轨道交通线路从选线、规划到建设的过程极为复杂，涉及几十个部门协同作业。然而，目前在各个部门之间由于信息分散、管理权限交叉，收集和汇总相关信息，并进行协同和一体化管理，成为城市轨道交通领域亟需研究的重点和难题。

在城市规划与建设中，协同化、集成化和一体化思维有助于从城市规划、城市设计到建筑设计、生产施工、运营管理等全过程中的信息平台构建，并显著提高企业、组织和部门之间的工作衔接效率与质量。因而，进行轨道交通枢纽 BIM+GIS 集成体系构建，可以有效地解决在信息共享、过程衔接和相互协调过程中出现的问题。建筑领域利用 BIM 模型对设计、施工、管理等环节进行集成，规划领域则应用 GIS 模型对轨道交通的规划、建设、实施和评价进行决策。近年来，BIM

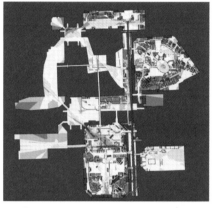

图 4.1-3　彭城广场地下一层空间整合度分析
来源：作者工作室

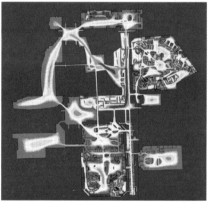

图 4.1-4　彭城广场地下一层通行效率模拟
来源：作者工作室

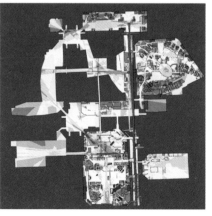

图 4.1-5　彭城广场地下一层方案优化后通行效率模拟
来源：作者工作室

和 GIS 技术的快速发展，为二者结合在规划和建筑领域应用提供了新数据和
新技术，也为轨道交通领域的数据与方法集成提供了新的视角。BIM 技术体
现了信息化、数字化在建筑领域的发展，通过 BIM 可以实现枢纽建筑空间、
信息、数据一体化管理，也便于在建筑全生命周期过程中进行维护。而 GIS
技术则体现了定量化、精准化在城市规划领域的发展，通过 GIS 可以实现影
响评价、情景分析以及多部门数据集成，同时可以有效地降低规划中的自然
和社会因素的不确定性给轨道交通枢纽建设带来的影响。

4.2   缝合城市——交通空间的联通引导

随着站城一体化的开发，沿线土地价格不断提升，商业设施越发多样、物
业设施也更加人性，不仅促进了沿线地区人群的聚集，也推动了轨道交通相关
产业的发展。但枢纽的横向扩张也带来了许多城市问题，例如，枢纽的交通线
对城市的阻隔，复杂的换乘流线，混乱的交通网，地上、地下交通空间发展不
同步等问题。因此，为了消除轨道交通发展带来的这些消极问题，规划设计可
以从以下几个方面进行探索（表 4.2-1）：

交通空间的引导形式

表 4.2-1

类型	说明	图示
立体交通	是联系站台、地面和枢纽各部分的垂直流线空间，由此纵向引导人流，增加人们对枢纽的空间体验	图 1
城市走廊	是联系枢纽、城市、居住区、商业大楼等城市空间的通道，通过长廊和连桥连接，周边的商业、公园等空间穿插其中，激发城市活力	图 2
地下街道	是联系地下枢纽站和车站大楼的水平流线空间，能减少地面空间阻隔，将人流引入地下，分担交通压力	图 3

来源：作者根据相关资料整理

图 1~ 图 3：作者根据相关资料绘制

1. 促进流动——改善立体交通；

2. 降低阻隔——建立城市走廊；

3. 同步发展——开发地下街道。

4.2.1 立体交通——站内垂直流线空间

立体交通是通过枢纽内部的垂直流线空间实现的。其中，垂直交通设施是主要构成要素，包括楼梯、电梯、自动扶梯、连廊、中庭等。通过垂直空间将自然采光、通风以及人流活动等引入空间，丰富立体空间形式，从而使地下空间更加舒适。

1. 枢纽垂直交通模式

垂直流线是指轨道线路与轨道交通枢纽、多种类型的城市功能进行一体化建设，利用枢纽的换乘大厅进行纵向换乘。市级轨道交通站台通常位于交通枢纽下方，从而实现不同交通方式之间的垂直换乘。其优点是交通衔接紧密，轨道站出入口付费区结合出站的换乘大厅设置，实现从室外广场到室内空间的转变，换乘的水平距离大大缩小，较大程度地集约了土地。一般这种方式是将轨道线路与铁路枢纽进行统筹考虑、同步建设，或者在建设铁路枢纽的时候考虑对轨道线路的预留。

这种布局模式在日本东京、大阪这类用地紧张、人口密度大的城市极为常见。东京涩谷站将 9 条轨道交通线路与商业、餐饮、娱乐、酒店等功能以层叠的方式进行组织，通过电梯、自动扶梯、连廊等交通设施将交通功能与城市功能进行垂直设置，以提高整体的经济性（图 4.2-1）。

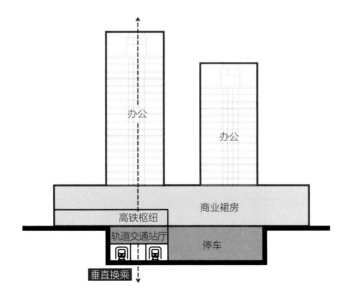

图 4.2-1 垂直交通模式图
来源：作者自绘

2. 主要构成——出入口、通道、无障碍

1）出入口的形式

按照出入口与通道的位置关系，可以将出入口的形式分为以下五类（表 4.2-2）："T"形、"L"形、"J"形、"U"形、"Y"形。

出入口形式分类　　　　　　　　　　　　　　　表 4.2-2

分类	说明	示意图
"T"形	指出入口与通道呈"T"形布置。这种形式人员进出方便，结构及施工稍复杂，造价较高。由于口部比较窄，适用于路面狭窄地区	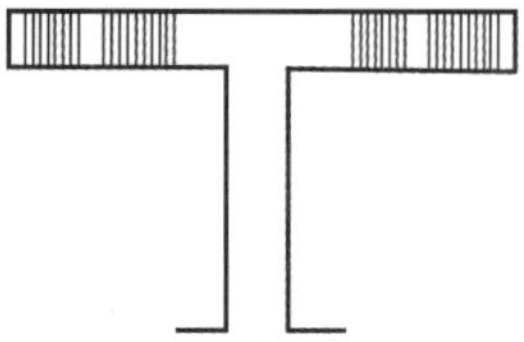 图 1
"L"形	指出入口与通道呈一次转折布置。这种形式人员进出方便，结构及施工稍复杂，比较经济。由于口部较宽，不宜修建在路面狭窄地区	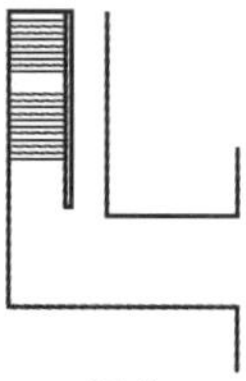 图 2
"J"形	指出入口与通道呈两次转折布置，类似双跑楼梯的形式，用于站厅埋深较大的情况，布置比较灵活，适应性强	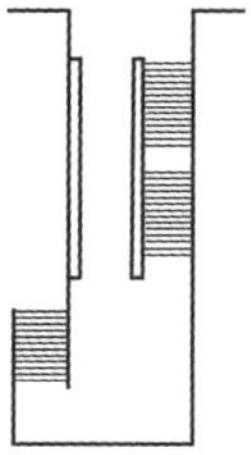 图 3
"U"形	指出入口与通道呈两次转折布置。由于环境条件所限，出入口长度按一般情况设置有困难，可采用这种布置形式的出入口。这种形式的出入口要走回头路	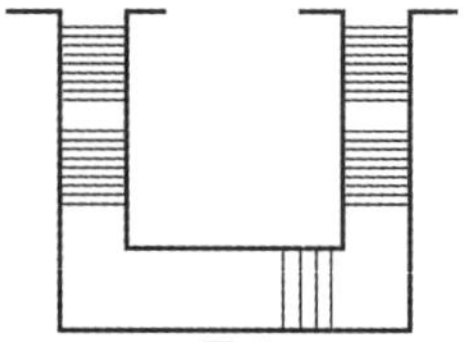 图 4
"Y"形	指出入口布置常用于一个主出入口通道有两个或两个以上出入口的情况。这种形式布置比较灵活，适应性强	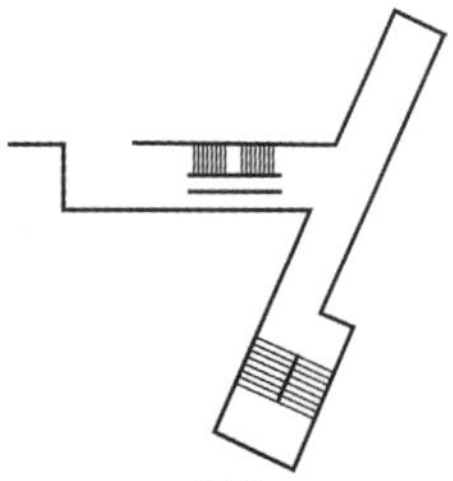 图 5

来源：作者根据相关资料整理

图 1~图 5：作者根据相关资料绘制

2）通道的形式

按通道的位置可以分为地道式出入口通道和天桥式出入口通道（表 4.2-3）。

通道形式分类   表 4.2-3

分类	概念	说明
地道式出入口通道	设在地面以下的出入口通道	浅埋地铁地下车站，当出入口下面的地面与车站站厅地面高差较小，其坡度小于 12% 时可设置坡道；其坡度大于 12% 时，宜设置踏步；如高差太大，可考虑设置自动扶梯。深埋地铁地下车站出入口通道内应设自动扶梯。出入口通道长度超过 100 米时，可考虑设置自动步道
天桥式出入口通道	设在地面高架桥上的出入口通道	通道上可设楼梯踏步或自动扶梯。天桥式出入口通道可做成敞开式（两侧设栏杆或栏板）、半封闭式、全封闭式，可根据当地气候等条件来选定

来源：作者根据相关资料整理

3）无障碍设计

按车站的位置，将无障碍电梯分为隐式无障碍电梯和显示无障碍电梯（表 4.2-4）。

无障碍电梯形式分类   表 4.2-4

分类	说明
隐式无障碍电梯	当车站位于道路地面以下，出入口位于道路两侧时，残疾人乘坐的轮椅可挂在楼梯旁设置的轮椅升降台下至站厅层，然后再经设置于站厅的垂直升降梯下达到站台；另外也可以直接自地面设置垂直升降梯，经残疾人专用通道到达站厅，再经设置于站厅的垂直升降梯下达到站台。对于盲人设置有盲道，自电梯门口铺设盲道通至车厢门口
显式无障碍电梯	当车站建于街坊内的地下时，车站的垂直升降梯可直接升至地面，因此，在地面直接设有残疾人出入口，以方便残疾人的使用

来源：作者根据相关资料整理

3. 枢纽中庭——垂直空间里的新景观

日本港未来站通过枢纽中庭将原本隐藏在地下的地铁和商业空间在垂直方向上联系起来，从玻璃中庭向下观望，可以看见正在驶进车站的列车，枢纽站台一览无余、清晰可见。枢纽中庭的上部以开放的玻璃中庭呈现，整个空间穿插着具有代表性的红色扶梯，极具时尚特色（图 4.2-2~ 图 4.2-4）。

此处的站城连接，是通过开发初期对枢纽位置的调整而实现的，也是枢纽中庭早期的实例。

4. 交通叠加——立体交通广场

随着枢纽的不断发展，周围的设施不断密集增加，枢纽的发展空间不足的时候，如何利用有限的空间，确保枢纽的正常运行，还能扩展枢纽的功能空间，使其充分利用呢？

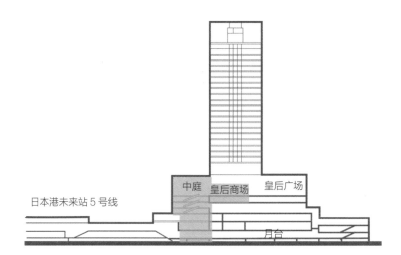

图 4.2-2　日本港未来站枢纽
中庭示意
来源：作者根据相关资料绘制

在以往的城市规划中，站前广场被定义为道路，一般置于枢纽的入口前方，作为集散人群的空间，不与其他空间叠加，多为二维平面空间。但在空间的利用上，功能显得比较单一，浪费了垂直方向的空间。

在新横滨立方广场（Cubic）项目中，为了在有限的土地上同时满足出租车、公交车等社会车辆的停车需求，保证人行空间，利用"叠加"的手法，将新横滨站包裹起来，把站前广场置于综合体内部。"车站大楼"一层为公交车停车场，二层为可与站厅一体化利用的广场，地下则为社会车辆停车场，三层及以上空间布置商业设施，十一层布置写字楼和酒店，还设置直达一层出租车候车区和二层枢纽检票口相连的电梯，使得垂直流线更加便捷（图 4.2-5、图 4.2-6）。

4.2.2　城市走廊——地上水平流线空间

轨道交通线路置入城市空间后，会将原有的肌理打破，可能将切断城市空间。因此，为了避免城市的割裂，可以通过跨越式枢纽、同台换乘、空中廊道、站街一体化实现城市的"缝合"（表 4.2-5）。

图 4.2-3　日本港未来站枢纽
中庭（左）
来源：http://minatomirai21.
com/shop/118155

图 4.2-4　日本港未来站枢纽
站台（右）
来源：http://minatomirai21.
com/shop/118155

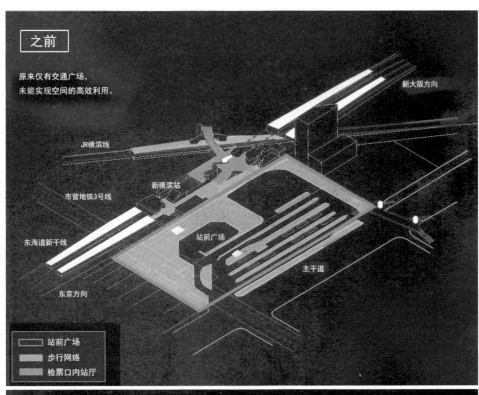

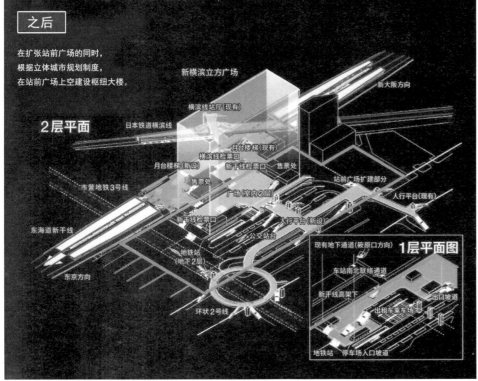

图 4.2-5　日本新横滨立方广场功能叠加
来源：日建设计站城一体开发研究会 . 站城一体开发 Ⅱ TOD46 的魅力 [M]. 沈阳：辽宁科学技术出版社，2019.

图 4.2-6　日本新横滨立方广
场立体交通示意
来源：作者根据相关资料绘制

地上水平流线空间分类　　　　　　　　　　　表 4.2-5

分类	说明	示意图
跨越式枢纽	枢纽内部设置步行通道，市民不需要换乘，即可通过轨道交通枢纽穿越到枢纽对面	图 1
同台换乘	枢纽内部实现地铁和城铁同台换乘，使空间衔接更加流畅	图 2
空中廊道	在枢纽上方设置空中步行走廊，与枢纽车站大厅和周边的综合体相连，将枢纽人气带到商业空间中	图 3
站街一体化	将枢纽的设计与周围景观融合，消除枢纽与场地的边界	图 4

来源：作者根据相关资料整理
图 1~ 图 4：作者根据相关资料绘制

1. 跨越式枢纽——乌德勒支中央火车站

　　乌德勒支中央火车站作为跨越式枢纽的典例，将站房置于轨道之上，并在内部设置步行街，实现交通枢纽功能的同时，又方便行人穿越，从而达到"缝合城市"的作用。

1）站内的步行街

车站内部有一条横跨轨道上空的公共步行街，过路的行人无需使用交通卡就可以从西侧走到东侧（图 4.2-7）。餐厅、商店和将来可能穿线的市场使步行街宛如城市中的街道。硕大的玻璃幕墙在车站长 235 米、宽 85 米的屋顶下高高悬挂，让行人可在此将火车、铁轨和开阔的城市景观一览无余（图 4.2-8）。

2）起伏的屋顶

乌德勒支中央火车站的屋顶，宛如一朵白色的海浪，展现了城市丰富的韵律感，同样也是城市显著的地标性建筑，具有天然的导向性。这朵"白色海浪"沿着枢纽大厅的纵向横跨整个铁轨，有三处"起伏"，即火车站上方的最高点和有轨电车以及公交车站两侧较低点，这三处"起伏"体现出了枢纽的功能逻辑（图 4.2-9）。为了将更多的自然光引入大厅，车站顶部设有玻璃天窗，且天窗同样具有排风口的作用。顶棚上连续的 LED 灯突显了起伏的动感，使枢纽在周围的建筑中显得格外耀眼。

轨道交通对城市空间产生的割裂影响，通过该车站上方的长廊得到弥补，将多种城市功能、枢纽空间与老城中心三者结合（图 4.2-10），逻辑清晰地

图 4.2-7　乌德勒支中央火车站空中连廊（左）
来源：Benthem Crouwel Architects 设计公司提供资料

图 4.2-8　乌德勒支中央火车站玻璃幕墙（右）
来源：Benthem Crouwel Architects 设计公司提供资料

图 4.2-9　乌德勒支中央火车站起伏的屋顶（左）
来源：Benthem Crouwel Architects 设计公司提供资料

图 4.2-10　乌德勒支中央火车站"缝合城市"（右）
来源：Benthem Crouwel Architects 设计公司提供资料

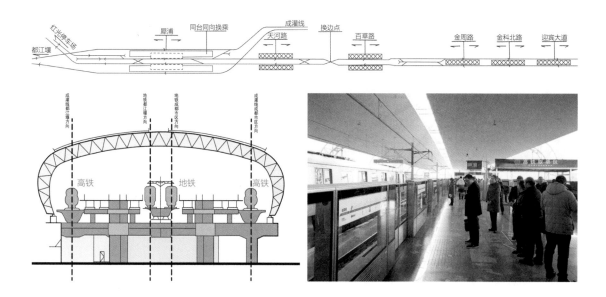

图 4.2-11　成都犀浦站同台
换乘示意 1（上）
来源：作者根据相关资料绘制

图 4.2-12　成都犀浦站同台
换乘示意 2（下左）
来源：作者根据相关资料绘制

图 4.2-13　成都犀浦站换乘
站台（下右）
来源：作者自摄

组织内部各交通方式的换乘空间，使火车、有轨电车及城市公交在同一大厅内实现换乘。采用智能化管理的自行车集中换乘值得提倡。从海浪屋顶与透明玻璃墙到轻松的大厅空间，枢纽本身也透露出了荷兰人精致与浪漫的生活态度。

2. 同台换乘——成都犀浦站

同台换乘又称"零距离换乘"，不仅减少了行人的换乘距离，也解决了不同交通方式之间换乘程序的复杂性，还提高了换乘效率，促进了地上水平流线的"无缝"联通。

中国大陆首例动车与地铁同台换乘已在成都犀浦站实现。为了实现动车组与地铁乘客在同一站台的换乘，不仅要克服枢纽功能在技术层面上的重叠、枢纽轨道设置与站台选线的差异，还要解决铁路、地铁不同客流在安检、检票等方面的客运组织管理问题。

过去，市民乘坐动车到犀浦站时，可以直接换乘同一站的地铁，但乘坐地铁的人只能出站再凭车票办理乘车手续。在"同站台无缝换乘"的客运组织模式下，市民下地铁或动车后，无需再安检，可持车票直接通过大门换乘动车或地铁。整个换乘过程从 15 分钟压缩到 3 分钟，不需要重复安检（图 4.2-11~图 4.2-13）。

3. 空中连廊——大阪站空中站厅

大阪站通过架设空中站厅，成功缝合了被线路割裂的南北两侧城市肌理，增加了城市的联系。同时，在二楼的立面上，空中大厅与枢纽周边的综合体 Grand Gront 相连，将车站的人气延伸到北侧的大阪商业街区域，拓展了城市北侧的开发（图 4.2-14）。作为未来发展的一部分，大阪北部地区是

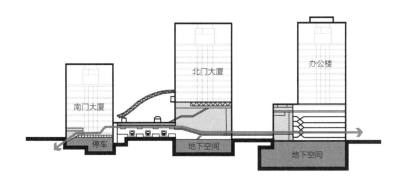

图 4.2-14　大阪站空中站厅
来源：作者根据相关资料绘制

一个交通便利、活力集聚的地区，通过与梅北二期开发的联动，将大大增强城市活力 ❶。

❶ 日建设计站城一体开发研究会 . 站城一体开发 Ⅱ TOD46 的魅力 [M]. 沈阳：辽宁科学技术出版社，2014.

4. 站街一体化——上州富冈站

"站街一体化"设计即"站"和"街"在材料的选用、景观的融合、文化的继承等方面，实现枢纽和周边街道的整体设计，使枢纽融入环境中去。

富冈缫丝厂在 2014 年被评选为世界文化遗产名录，毗邻上州富冈站。为彰显地方特色，以及交通枢纽的"场所精神"，枢纽的设计不仅仅停留在单体建筑上，更将眼光放到了道路、广场、公园等周围景观的融合上（图 4.2-15）。

"站街一体化"体现在以下几个方面：一是，不仅将"砖"这个象征性的材料运用到枢纽的建筑体上，而且将砖块延伸到了周围的人行道、停车场、公园等设施中，以消除枢纽和场地的边界；二是，枢纽采用"平面"式的大屋顶，其简洁的做法，让屋顶在环境中显得不那么突出，反而与远处的云融为一体，

图 4.2-15　上州富冈站
来源：TNA

图 4.2-16　上州富冈站 "砖" 的使用
来源：TNA

漂浮在轨道和街道之间；三是采用当地自然、环保的材料，既环保又减少运输的费用，通过室内空间的设计，减少了空调等电器设备的开销（图 4.2-16）。

这些建筑手法的运用，体现了聚散空间的空寂，也是日本 "空" 理念在建筑中的体现，让我们看到日本枢纽设计中对理念和细节的把控——通过把枢纽概念淡化，使其成为日常生活、文化休闲的载体，与周围的景观融为一体，体现枢纽的 "场所精神" 及 "站街一体化" 的理念❶。

❶ Chen Yuxiao. 上州富冈站，群马，日本 [J]. 世界建筑，2018（4）：80-86.

4.2.3　地下街道——地下水平流线空间

地下水平流线空间作为轨道交通枢纽最重要的部分，主要包括枢纽的基本交通功能空间（站台、站厅）和盘根错节的地下网络（地下街），通过基本功能空间保证枢纽的正常运转及地上空间的集约化发展；通过地下网络将枢纽车站和商业大楼等设施在地下连通起来，宛如城市绵延的根系，不断向外拓展延伸。

1. 基本交通功能空间

1）站台的多样性

站台按形式可分为岛式站台、侧式站台和混合式站台三种，但有着不同的组合方式（表 4.2-6）。

2）交通的转换中介——站厅

在枢纽换乘站点中，站厅作为轨道交通换乘的中介，扮演着极其重要的作用，其布置形式一般有贯通式、分离式、分区式、一体化布置等（表 4.2-7）。

站台的形式分类　　　　　　　　　　　　表 4.2-6

分类	概念	适用范围	特点	示意图
岛式站台	站台位于上、下行线路之间，可供上、下行线路同时使用，乘客通过站台两端楼梯连接站台与站厅	岛式站台适用于规模较大的车站，需设中间站厅引导乘客进入站台	1. 站台面能够充分利用，不会有局部拥挤不堪的现象 2. 所有行车控制都集中在一个站台，所以运营管理方便 3. 对于改变行进方向的乘客的折返很方便	图 1
侧式站台	站台位于线路两侧，两站台之间布设线路	侧式站台宽度较小，适用于规模较小的车站	1. 会出现一个站台很拥挤，而另一个站台尚未充分利用的不合理现象 2. 人流不交叉，可不设中间站厅，减少造价 3. 人流的管理分散，乘客折返需经过联系通道	图 2
混合式站台	综合上述两种形式，形成混合式站台	常用于大型车站，某些繁忙线路需设三条轨道，一般采用混合式站台，因造价高，极少使用	1. 乘客可同时在两侧上车，能缩短停靠时间 2. 站台造价较岛式站台高 50%~100% 3. 占地面积大 4. 乘客的竖向输送设备布置尤其复杂	图 3

来源：作者根据相关资料整理
图 1~图 3：作者根据相关资料绘制

枢纽站厅布置形式　　　　　　　　　　　　表 4.2-7

类型	说明	示意图
贯通式	这是最为常用的站厅布置方式，站厅设在地下一层	图 1
分离式	站厅设在地下一层，每个站厅设置一组楼梯	图 2
分区式	站厅设在地下一层，多组楼（扶）梯沿纵向布置，由自动售票、检票系统和栅栏划分为多个付费区或非付费区	图 3
一体化布置	站厅设在地下一层。站厅加宽后作为多功能地下人行过街通道，在多处设有出入口，地铁站厅实际为地下开发的一部分	图 4

来源：作者根据相关资料整理
图 1~图 4：作者根据相关资料绘制

2. 地下枢纽——宾夕法尼亚车站

宾夕法尼亚车站是位于曼哈顿中城的地下铁路车站，站台全部位于地下，地上是商业、办公等设施，通过地下水平交通，联通着整个纽约城，是全美最繁忙的车站。

建于 1910 年的宾夕法尼亚车站曾经为 Beaux-Arts 风格的杰出代表作，是纽约市的建筑瑰宝。但由于"二战"后全美高速公路、汽车及飞机逐渐兴起，重工业慢慢凋零，此外铁路政策始终不宽松，美国的铁路运输逐渐衰落，宾夕法尼亚铁路亏损严重，为了改变现状，决定拆除地上部分，让出土地谋求生存，在原址新建宾州大厦以及麦迪逊广场花园，地下月台区则维持原样，即目前使用的车站。但在当时，这样的做法依旧没有挽救宾夕法尼亚铁路，被迫宣布破产（图 4.2-17、图 4.2-18）。因此，对历史建筑我们应该慎重，尽管从地上我们可能会获得短暂的经济效益，但作为一个城市的标志、历史的记忆，一旦破坏很难恢复和延续。

2017 年由 SOM 公司重新设计的宾夕法尼亚车站莫伊尼汉快线站厅项目已启动。更新项目围绕一个经典美术学院派建筑（1931 年，Mckim, mead & White 设计的詹姆斯·A·法利邮局）中央高达 92 英尺的天窗展开，枢纽内设有 9 个站台共 17 条轨道，功能包括餐饮、零售、商业和交通，主要用于服务美国国铁和长岛铁路的旅客（图 4.2-19）。

3. 地下街——分担地上交通

"地下街"是在日本城市语境下发展而来的词汇，指独立于地面建筑，包括人行步道、商店、停车场，位于地面广场和枢纽大楼之下的水平空间。地下街将交通枢纽由点连成线，再形成网络状，与城市建设的各方面持续结合进行

图 4.2-17　曾经辉煌的宾夕法尼亚车站鸟瞰
来源：Wm Couper.History of the engineering, construction and equipment of the Pennsylvania Railroad Company's New York terminal and approaches[M]. New York：Isaac H.Blanchard Co, 1912.

图 4.2-18　曾经辉煌的宾夕
法尼亚车站室内
来源：Wm Couper.History of
the engineering, construct-
ion and equipemet of the
Pennsylvania Railroad
Company's New York terminal
and approaches[M]. New
York：Isaac H Blanchard Co,
1912.

图 4.2-19　宾夕法尼亚车站
效果图
来源：SOM

开发，回应城市发展过程中造成的城市问题，衍生出新的使用效应，并最终解决一部分城市问题 ❶。

难波地下中心作为日本第一个真正意义上的地下街，不仅解决了地面交通拥堵的问题，还成为吸引人流的商业聚集地，让幽闭昏暗的地下空间焕然一新（图 4.2-20）。

在之后的很长一段时间内，地下街的开发在大阪南侧有条不紊地展开——地下街建设按照梅田地下中心、堂岛地下中心、大阪钻石地下街的顺序进行，

❶ 刘皆谊.城市立体化视角：地
下街设计及其理论 [M]. 南
京：东南大学出版社，2009.

图 4.2-20　难波地下街示意
来源：难波地下街官网
https://walk.osaka-chika
gai.jp/

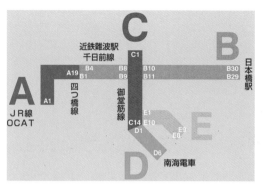

并通过地下通道的连接，不断壮大地下网络系统，形成一个完整的系统。大阪民众可以在地下自由穿行，无惧风雨，地下街拥有生活的基本功能，是一个十分便利的地下都市（图 4.2-21）。

与大阪站不同的是，东京站是历史与未来交织的节点。随着经济的高度发展，人流、物流更加频繁，东京站在空间使用上不断向地下化、立体化方式发展，通过地下街使东京站周围形成了大型的地下网络。东京站地下街以东京站为中心，西侧为有乐町、丸之内、大手町地区，东侧为八重洲、日本桥地区。东京站八重洲方向的检票口与东京站一番街及八重洲地下街直接相连，形成了比地面更胜一筹的商业街。同时也作为车站的门户与周边塔楼相连，形成同京桥方向一体的连续通道。此外，东京站的地下也规划有连接丸之内和八重洲的北向自由通道，连接贯通了被东京站巨大的站台一分为二的东西街区。同时，丸之内一侧的塔楼也与地下相接，由此东京站地下街逐步扩张。地下街从食品、百货到图书应有尽有，购物和换乘都很方便，它的建设非常迅速，与地上相比毫不逊色（图 4.2-22、图 4.2-23）。

地下街有以下几个作用：

图 4.2-21　大阪地区地下街地图来源：日建设计站城一体开发研究会 . 站城一体开发 Ⅱ TOD46 的魅力 [M]. 沈阳：辽宁科学技术出版社，2019.

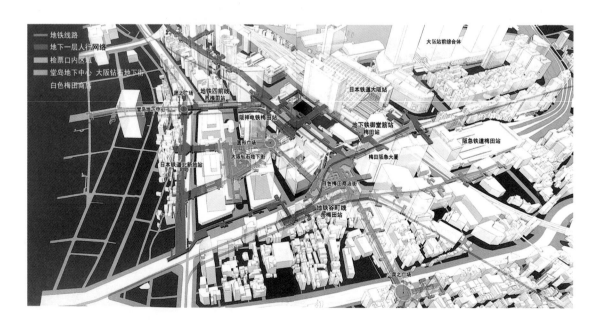

图 4.2-22 东京站地下街（左）
来源：作者自摄

图 4.2-23 东京站地下街（右）
来源：作者自摄

1）交通疏导

地下街中间为通道，两侧为商业，通道全天开放，到达车站无需穿越其他
用地。连接的建筑和街区数量较多，连接两个以上的地下铁和地上铁，同时连
接站点周边的商场、办公楼。具有缓冲人流、分离人车动线、优化步行空间的
多元功能的作用。

2）城市商业的补充

商业规划上，和地面商业交叉定位，相辅相成，一体化发展。

3）避免城市气候干扰

在风、霜、雨、雪等天气时，地下街会给人以舒适的步行环境，同时还可
以作为台风、地震等灾难的避难所。

其中，交通疏导是地下街发展的一个重要影响因素，因此，地下街的交通
流线组织尤为重要，需要根据地上的和周边的交通现状来合理规划出入口位置、
交通节点和主要与次要步行道路。

以八重洲地下街、长堀水晶地下街、中央公园地下街、天神地下街为例，
探讨地下街的功能构成和交通流线。

将日本地下街的各功能面积进行统计，发现地下街商业占总面积的 18%，
而停车场占 42%，这是因为轨道交通枢纽会带来大量的人流和商业潜力，导
致地价上涨，进而影响停车费和店铺租金（表 4.2-8）。在布置商业店铺时，
管理者会在规划前期调查人口性别比例和年龄分布，匹配相应的店铺，实现空
间利用价值的最大化。

地下街的内部交通布局通常是两端联系地铁和铁路站出入口，连接处设置
广场缓冲人流；其次，在地下街采取纵横交错的流线布局，相交点布置景观广
场，作为人们休憩、文化、娱乐空间，同时也是地下街最具活力的公共场所；

日本地下街功能面积比　　　　　　　　　　表 4.2-8

面积	八重洲地下街	长堀水晶地下街	中央公园地下街	天神地下街
总面积（平方米）	73253	81765	56370	53300
商铺区（平方米）	16342	9500	10369	11500
停车场（平方米）	28109	53818	24441	11880
面积比	1：0.22：0.38	1：0.12：0.66	1：0.18：0.43	1：0.22：0.22

来源：作者根据相关资料整理

出于人性化的考虑，在地下街的主要交通节点遍布无障碍交通，保证弱势群体的日常出行（图 4.2-24~ 图 4.2-27）。

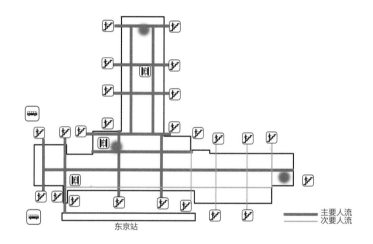

图 4.2-24　八重洲地下街交通分析
来源：作者根据相关资料绘制

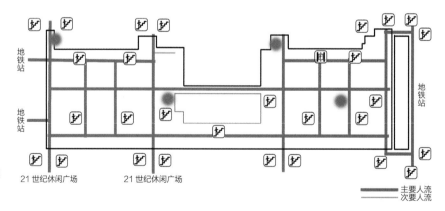

图 4.2-25　名古屋中央公园地下街交通分析
来源：作者根据相关资料绘制

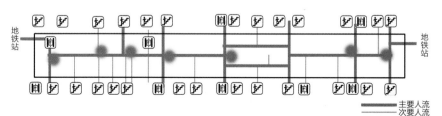

图 4.2-26　长堀水晶地下商业交通分析
来源：作者根据相关资料绘制

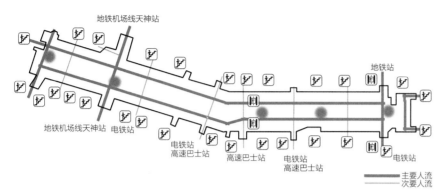

图 4.2-27 天神地下街交通
分析
来源：作者根据相关资料绘制

4.3 城市客厅——公共空间的消隐融合

公共空间是轨道交通枢纽中最具活力的场所，它的活力来源于枢纽功能的多样化以及复合化。公共空间融入城市，使城市边界消融模糊，功能相互交叠、彼此作用，产生了比枢纽空间本身更高的效能，功能单元的聚集、分散和立体化使得该空间具有不断衍变出新功能的能力，从而提高公共空间的吸引力，成为人们交流、交往的"城市客厅"（表 4.3-1）。

公共空间的类型   表 4.3-1

分类	说明	图示
集中	在枢纽内外设置集中的公共空间，如站前广场、室内中庭、休息大厅等场所，起到吸引、集聚人流的作用	图1
分散	交通广场、集会广场、公园等开放空间以及商业、办公、娱乐休闲等设施围绕轨道交通枢纽以线和点的形式分散布置，赋予各功能空间与枢纽相呼应的主题，旨在达到与设施一体化联动的效果	图2
立体	随着配套设施的进一步复合化，公共空间开始被布置在各种设施之间或者屋顶上方，从而生成了更加立体、有机的城市公共空间网络。这种网络可以吸引各个方向的人流，还会成为城市的新地标	图3

来源：作者根据相关资料整理
图 1~ 图 3：作者根据相关资料绘制

4.3.1 "分散"——移动空间的联动化

"分散"的公共空间分为线状和点状两种形式（表 4.3-2），分布在流线上的交通广场、集会广场、街道袖珍公园等开放空间，承担了将人行流线从车站一路引导至区域末端的功能。规划重点在于，赋予开放空间与各分区相呼应的主题，旨在达到与设施一体化联动的效果。

"分散"公共空间分类   表 4.3-2

线状公共空间	点状公共空间
图 1	图 2
轨道交通枢纽周边的商业、广场、休闲、娱乐等设施沿轨道交通线路布置	轨道交通枢纽周边的商业、广场、休闲、娱乐等设施围绕枢纽以点状布置

来源：作者根据相关资料整理
图 1、图 2：作者自绘

线状公共空间

1）绿色缎带——二子玉川站

缎带街道（Ribbon Street）是线性的公共空间，通过长约 1000 米的步行街，将沿线的火车站、办公、商业、公园等串联起来，从二子玉川西站绵延至二子玉川公园及多摩川河岸，贯穿了整个更新区域。这条流线经历了交通、人文到自然的过渡——从熙攘的站前进入丰富的文化空间，再过渡到生机盎然的自然景观，移步异景，别有趣味。

二子玉川日出街区（二子玉川 RISE）包括两部分："站前集中商业区和沿线地下开放商业街"（图 4.3-1）。开放型商业街以促进人行与城市的回归为基本战略，在流线的关键节点上布置广场空间，并引入家电等新型业态形式。此外，为了充分利用空间，在地下布置超市，在地面则布置一些居民日常所需的果蔬店和便利店，从而提升居民的日常生活品质。

为了激发街区的活力、吸引客流，在缎带街上布置了很多集会、广场空间，多种尺度的公共空间使得空间富有弹性，可以满足多种活动的需要。尤其在位于中心位置的街区——通过在面对绸缎街道一侧布置各种文娱设施和特色店铺的手法，成功打造出极具特色的步行空间（图 4.3-2）。

二子玉川公园
二子玉川一期住宅
商业办公酒店
一期商业办公
二子玉川站

图 4.3-1　二子玉川站 1
来源：酒井 良仁 . 渋谷駅周辺
開発の変遷と東急設計の役割,
近代建築, 2013, Vol.67（4）.

图 4.3-2　二子玉川站 2
来源：酒井 良仁 . 渋谷駅周
辺開発の変遷と東急設計の
役割 [J]. 近代建築, 2013,
Vol.67（4）.

　　在建筑屋顶上设计了可以供人们休闲的屋顶花园，不仅与绸缎街道在立体
流线上衔接，还营造了静谧舒缓的休憩场所，使得"喧嚣"与"宁静"两种截
然不同的空间体验在三维空间中得以完美融合。中心广场毗邻绸缎街，并设有
工作室，不仅提高了办公的便利性，而且使其成为区域的信息发源地，办公空
间与开放的商业街相互交融，形成了以各种活动为核心的繁华区域❶。

　　2）城市绿廊——首尔 7017

　　提到首尔路 7107，大家可能会想起纽约高线公园，但它的特殊之处在于，
"联系"的作用和意义更为明显。首尔 7107 将火车站周边混杂不规则的城市
空间立体式串联起来，使其成为整体，使整个区域焕然一新（图 4.3-3）。

　　这条绿色长廊为人们提供了一个完全不同的交往场所，是人们在交通空间
中交流、交往的创新形式，增加了趣味性。绿色长廊还将城市周边的各种功能

❶ 日建设计站城一体开发研究
　会 . 站城一体开发 Ⅱ TOD46
　的魅力 [M]. 沈阳：辽宁科学
　技术出版社, 2014.

图 4.3-3 首尔 7017 示意（左）
来源：世界建筑，2018（4）.

图 4.3-4 首尔 7017 步行道（右）
来源：世界建筑，2018（4）.

空间联系起来，包括火车站、商业、办公、文化等场所，使原有分散的、粗放式的、被分割的功能空间和城市肌理合成一个整体，成为一个充满诗情画意的、友好的、亲切的步行廊道。这不仅提高了周边地区的可达性和人群的通行效率，而且充分体现了这个区域独特的魅力和吸引力，晚上的灯光使得这条绿色通廊更加璀璨夺目（图 4.3-4、图 4.3-5）。

当然，首尔 7107 还有很多可以改善的地方，如桥周围还有许多消极空间需要进一步改善；改变单一的花坛造型，丰富植物的搭配，增加植物的多样性，形成一个愉悦的交往、休憩空间。

图 4.3-5 首尔 7017 步行道
俯视图
来源：世界建筑，2018（4）.

图 4.3-6 多摩广场鸟瞰
来源：近代建筑，2013，67
（4）.

3）人气核心——多摩广场

还有一种公共空间是环绕枢纽中心呈点状围合布置，通过商业、办公等设施与枢纽、街道结合，形成一个个充满活力的广场，吸引人流，多摩广场则是这种形式的典型案例（图 4.3-6）。

在东京多摩广场的两端，分别布置不同特征的站前广场，使其成为联络交通与活力的节点（图 4.3-7）。北侧的车站广场，充满开放性，从人性化的角度进行规划设计，同时聚集了百货、商业街等商业设施，成为连接周边繁华氛围的核心。与之对应的南广场负责地面交通流线的整合，它汇聚了出租车、公

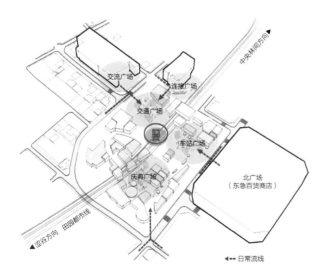

图 4.3-7 多摩广场"点状公共空间"示意图
来源：日建设计站城一体开发研究会.站城一体开发Ⅱ TOD46 的魅力 [M]. 沈阳：辽宁科学技术出版社，2019.

共汽车等交通方式，成为连接周边地区交通网络的起点。在多摩枢纽周边的商业设施内部，通过高差和植被的设计，增加了交流广场、庆典广场等活力点，旨在提高商业设施的吸引力。对于附近的居民来说，这里不仅仅是一个交通枢纽，更是休闲放松、愉悦散心的场所。

丰富多彩的广场不仅成为居民日常生活的一部分，而且在连接城市和车站方面发挥着重要作用，起到了聚集人气的作用，与站名"多摩广场"相得益彰，相互呼应。

4.3.2 "集中"——静止空间的无界化

1. 穿越——融于内部

东西和南北两个方向的轨道线路在巨大的轻质玻璃屋顶与两栋与之交叉的办公楼之间穿过，交通线路和公共空间相互穿插，建筑和交通融合在一起（图 4.3-8）。十字中央大厅的玻璃幕墙，让阳光洒入中庭之中，直达枢纽底部，被动式的光线引入为人们换乘、购物提供了清晰的方向感，增加了枢纽内部空间的趣味性，同时也节约了能耗（图 4.3-9）。

2. 联系——周边融合

日本长野的茅野市民馆建于 JR 轨道交通线枢纽的旁边，有专门的通道与枢纽站直接相连，是服务于旅客和周边居民的活动中心，其建设强调"市民参与"，让它成为公众参与公共设施发展的典范。

茅野市民馆是一座多功能的文化复合设施，包含了能容纳 800 人的剧场、300 人的音乐厅，还有美术馆和图书馆等功能空间，这些空间成为候车乘客所共享的空间，实现了枢纽和文化设施的完美契合（图 4.3-10、图 4.3-11）。

图 4.3-8 柏林中央火车站总平面图（左）
来源：世界建筑，2018（4）.

图 4.3-9 柏林中央火车站玻璃幕墙（右）
来源：白志海摄

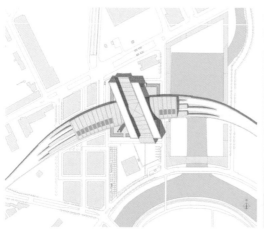

建筑紧邻轨道交通枢纽站台，并与其遥相呼应，设计想通过公共文化设施与枢纽巧妙连接为特色，将平行于站台的部分设计成缓坡式的长方形玻璃盒子，内部设有图书馆等设施，旁边设有旅客的穿行专用道，在寒冷的冬日，让学生可以在此边等车边读书，步行者可以通过旅客专用通道穿梭于站台和市民馆之间，"一静一动"融为一体，增加了空间趣味。站台或火车上的乘客也可以透过玻璃幕墙看到市民大厅里的各种活动，视觉上的联系也激发了市民来此活动的欲望。因此，它被认为是茅野的文化之窗。

图 4.3-10　茅野市民馆 1（左）
来源：世界建筑，2018（4）

图 4.3-11　茅野市民馆 2（右）
来源：世界建筑，2018（4）

市民馆内的平面简洁、空间可变性强，与周边的公共设施快速链接，形成了日本典型的 TOD 发展模式。馆内可以举办多种活动，如音乐会、艺术表演。多功能厅的首次公演是由茅野出道的演奏家们举办的音乐会，而第二天多功能厅被彻底改成平土间，由同样是茅野出身的现居纽约的人气 DJ 策划了俱乐部活动，多彩的可变形厅使举办各种活动成为可能，让人们能跨越年龄界限进行交流，这些都预示茅野市民馆在未来无限利用的可能。

3. 覆盖——上盖开发

在轨道交通线路上部覆盖商业、办公空间，进行上盖开发，使其外观上是城市生活功能的一部分，极大改善了区域整体形象，并通过开发梳理道路系统，使之与周边道路良好地融合。

典型的案例就是对城市车辆段的再利用。车辆段，是轨道交通存储和维修车辆的地块，它体量巨大、高压线林立、轨道裸露，对城市形象有负面作用，长约 2 千米的限制道路穿越，严重割裂了城市交通和功能，曾是轨道交通在城市规划和用地分配中必须有但又最不受欢迎的用地。

对车辆段的利用，可以总结为"3R"模式，即土地再利用（Reuse）、重构城市节点（Rebuild）、收益反哺（Return）。

土地再利用——就是在已有车辆段（市政）用地上方，通过"再造混凝土板地",立体化再利用土地,为城市额外提供一块人造土地。其内容包括:①土地整理要达到"三通一平"的基本条件,即电通、水通、路通,避免空中孤岛。②建立可以呼吸的板地,注重覆土厚度,在其上种植树木与外界大气相通,有自主呼吸功能。③适度开发。利用咽喉区形成大型集中绿地,打造亲和空间、凝聚空间、健康空间(图4.3-12)。

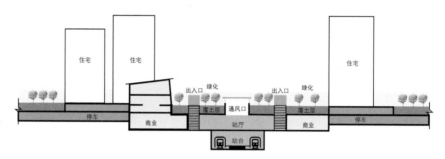

图 4.3-12 "呼吸的结构转换
夹层"示意
来源:作者根据相关资料绘制

重构城市节点是指车辆段本身占地巨大,轨道地面线路更是将城市原本连续的城市空间割裂,交通阻断。人造土地不能仅仅考虑自身的功能,还应从城市角度出发,重构城市节点。其内容包括:①城市缝合。将轨道交通对城市的割裂,通过上盖物业的形式进行连通、缝合,使城市一体化发展。②生态延续、侧壁消除。可以局部扩宽河道,形成滨水休闲区,并延伸至盖板上,通过车辆段通风+临河景观、商业贴建、竖向绿化、假立面处理、微地形、缓坡营造下沉车辆段等方式消除侧壁。

收益反哺——由于造板地的土建费用相对固定,车辆段综合利用项目一般拥有不错的收益,特别在一、二线城市,除了二级开发的固定收益之外,土地溢价相当可观。上盖综合利用完成后的最终收益分配要在项目推进之初就要统筹规划,以促进各方参与者的积极性,总的原则是反哺地铁、回馈城市。

1990 年代的北京四惠车辆段上盖建设项目是内地(大陆)地铁与住宅建设有机结合的第一次尝试,在建设过程和建设完成后都出现了许多需要解决的问题。

从结构功能上讲,该项目尝试建设一个能够与普通白地媲美的"万用平台",在车辆段建设之外另起炉灶进行上盖区建设,两者之间严格切分,期望能够将上盖区打造成一个独立于车辆段的"新地块"。这显然是不切实际的,当时的结构设计规范对于结构转换类建筑高度的限制使得四惠车辆段的开发强度远远无法达到建设目标——港铁上盖开发的强度,容积率甚至不足 1.5,这对于本

图 4.3-13　四惠车辆段上盖
开发 1
来源：北京市基础设施投资有
限公司

图 4.3-14　四惠车辆段上盖
开发 2
来源：北京市基础设施投资有
限公司

应高产出的地铁上盖项目是无法想象的，"万用平台"对于上盖区的环境进行
了一定的考虑，但对被全部遮盖的盖下车辆段车间缺乏通盘考虑，导致盖下采
光、通风较差；从交通组织上讲，四惠车辆段无论从内部的交通组织还是从对
于周边城市交通的影响来说都有很多需要提高的地方；从景观环境上讲，预留
覆土较少，无法栽种乔木，且未对巨构建筑的侧立面进行有效处理，"侧壁效
应"严重。尽管四惠车辆段上盖项目出现了许多问题，但作为我国第一代车辆
段上盖项目的代表，为后期的地铁车辆段上盖建设项目探索了思路，意义非凡
（图 4.3-13、图 4.3-14）。

4.3.3　"立体"——多重空间的复合化

1. 漫步绿洲——绿地缤纷城
　　上海绿地缤纷城是以龙华中路站为中心进行的城市更新项目。利用退台和
景观绿化，可以实现轨道交通和公共空间在垂直方向的叠加，实现多种功能空
间的复合化。
　　绿地缤纷城由于基地中央枢纽站的存在及轨道上方建设规范限制，建设用
地被分隔成两个区域。针对这个现状，将轨道上方设计为步行街主流线，并以

图 4.3-15 上海绿地缤纷城立体空间示意（左）
来源：日建设计站城一体开发研究会.站城一体开发Ⅱ TOD46 的魅力 [M].沈阳：辽宁科学技术出版社，2019.

图 4.3-16 上海绿地缤纷城立体空间（右）
来源：日建设计站城一体开发研究会.站城一体开发Ⅱ TOD46 的魅力 [M].沈阳：辽宁科学技术出版社，2019.

步行街为最低点向两侧布置退台，宛如向天空延伸的绿色大地，联通了地下站台与每层的商业。同时，通过对建筑容积率和绿化的环境模拟分析，将连接地铁和公交枢纽的商业主街和商业公共空间设置为无空调的半室外空间，建立节能环保的枢纽建筑。

人们乘坐沿着绿色屋顶升起的自动扶梯，不仅能感受到步行街后面的热闹气氛，还能到屋顶区域在步行街和屋顶上漫步，进入身心愉悦的休息场所。它已成为人们在喧闹的城市中休息的安静绿洲（图 4.3-15、图 4.3-16）。

2. 阶梯城市——釜山站前公共广场

韩国釜山站广场工程作为城市更新规划的一个案例，通过空间功能立体化布局，解决了城市中心与港口之间起伏的高差，并且有效地衔接了枢纽和港口周边的大型空间（图 4.3-17）。

这个项目被命名为"100 广场"，通过开放式屋顶花园和小型公共设施，使地上原有的 3 层大厅与地下 1 层大厅融为一体，每层都布置了各种绿地、活动广场等多样的公共空间。为了促进当地文化创意产业的发展，还安排了相关的教育机构、办公、社区活动、画廊、会议场所等，不仅为人们提供了丰富的空间体验，还促进了人们的交流活动、激活了城市的活力（图 4.3-18）。

图 4.3-17 釜山站前公共广场立体空间示意
来源：作者根据相关资料绘制

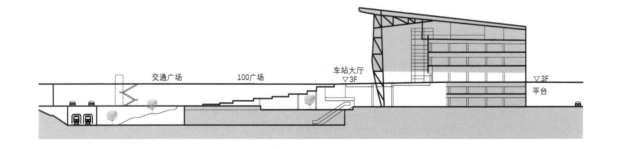

图 4.3-18　釜山站前公共广场多种功能空间示意图
来源：根据日建设计站城一体开发研究会.站城一体开发Ⅱ TOD46 的魅力 [M].沈阳：辽宁科学技术出版社，2019.整理

4.3.4　"新公共性"——未来空间的个性化

1. 浸润在城市中的历史

对文化和历史的继承、发扬，都会成为一个地区的标签（表 4.3-3）。

案例分析　　　　　　　　　　　　　　表 4.3-3

案例	说明	图片
加拿大博物馆站	博物馆站受到了与考古学相关的设计元素的影响，将站台打造成一种多柱式大厅，象征着加拿大原住民、古埃及、墨西哥托尔特文化、中国传统文化和古希腊文明	图 1
保加利亚塞尔蒂卡地铁站	在地铁施工的过程中，发现了古城墙、街道、庭院等遗迹，并把这些遗迹完全融入地铁站内部	图 2

续表

案例	说明	图片
美国好莱坞 Vine 地铁站	运用好莱坞经典配色和景观搭配,将好莱坞辉煌的过去与生机盎然的现在在此交汇	 图3

来源:作者根据相关资料整理

图1:路易斯·维达尔.城市轨道交通设计手册[M].沈阳:辽宁科学技术出版社,2013.

图2:新浪新闻官网

图3:路易斯·维达尔.城市轨道交通设计手册[M].沈阳:辽宁科学技术出版社,2013.

2. 车站的立面

车站的立面既代表着城市形象,也是令人感到亲切及熟悉的标志(表4.3-4)。

案例分析　　　　　　　　　　　　表4.3-4

案例	说明	图片
东京站八重洲口	东京站八重洲口富有跃动感的大屋顶华盖顶棚	 图1
马尔默某车站	透明的玻璃外墙结构使整个车站融入都市风光之中	 图2

续表

案例	说明	图片
涩谷站	功能聚集的积木建筑	 图 3

来源：作者根据相关资料整理

图 1：作者自摄

图 2：路易斯·维达尔. 城市轨道交通设计手册 [M]. 沈阳：辽宁科学技术出版社，2013.

图 3：近代建筑，2013，67（4）

3. 车站的空间体验

车站里让人印象深刻的空间，只有在这里才能得到独特感受（表 4.3-5）。

案例分析　　　　　　　　　　表 4.3-5

案例	说明	图片
重庆沙坪坝站	山城中的宇宙飞船	 图 1
广州新塘站	叠落的绿洲	 图 2
吉林大东门广场	从"摇橹人"的水运时代到高架轨道的"未来仓"	 图 3

来源：作者根据相关资料整理

图 1：重庆日报官网

图 2：日建设计站城一体开发研究会 . 站城一体开发 II TOD46 的魅力 [M]. 沈阳：辽宁科学技术出版社，2019.

图 3：作者工作室（北京交通大学设计方案）

4.4 活力集聚——商业空间的触媒激活

4.4.1 "触媒激活"——商业空间的概述

由美国学者韦恩·奥图（Wayne Attone）和唐·洛干（Dorm Logan）提出了"城市触媒"。其基本思想是：城市新元素的引入可以带动城市的可持续发展，并引起新元素之间的碰撞，可以是经济、社会、法律、政治或建筑等方面的反应，从而引发更多的发展。它不同于传统的城市规划自上而下的控制模式，而是一种自下而上的方式。其运作模式是政府通过建设一些催化城市元素作为引爆剂，引发一系列城市发展的连锁反应，从而将催化剂的卓越价值提升到整个城市。在这种连锁反应过程中，城市形成了可持续发展的、生机勃勃的城市环境**❶**。

❶ 韦恩·奥图，唐·洛干. 美国都市建筑：城市设计的触媒 [M].台北：创兴出版社，1994.

轨道交通枢纽商业空间具有"触媒"的作用，可以吸引大量的人流，不同的人群在一起碰撞，产生了多样化的心理活动和行为活动，所以商业空间可以触发城市的活力。与此同时，商业空间也具有"中介空间"的特征，它促进了商业空间和交通空间的融合，加强了枢纽内部空间与衍生空间的联系，使枢纽及周边的城市空间自然地连成一个整体。

1. 商业空间的特点

1）空间整合

通过对商业空间的合理利用，可以将交通、商业、办公等功能单元进行整合，形成一个相互关联、相互协调的整体，从而建立复合型空间结构体系，使轨道交通枢纽空间实现多功能一体化发展。

2）交通转换

交通转换表现在两个方面，一是在建筑内部，二是不同功能单元间的转换。建筑内部可以通过不同标高的商业空间进行衔接，通过不同商业类型的布置，如服装、珠宝、运动、餐饮等，让人们可以带着目的性在建筑内部移动，还可以通过旋转坡道、跨层式电梯等特殊方式实现不同层高的转换，如香港朗豪坊和日本港未来站。二是不同功能单元之间的交通转换。通过商业空间将轨道交通中的人流吸引到商业综合体中，从而实现"平峰削谷"的作用。因此商业空间的组织形式对人流的流动性调节具有重要的作用。

3）功能催化

（1）功能的激发促进

若把建筑看作一个独立的系统，可以称之为"原始功能"，但建筑不是独立存在的，在某些空间的相互激发下，可以获得比之前更大的功能效益，如轨道交通和商业空间之间引发共振，称之为"激发功能"。通过商业空间可以为其他功能空间带来大量的客流，形成客流的集聚效应，并通过人、场所的互相作用，产生多种可能的活动类型，增加人们交往、交流的可能性和丰富性，从而带动整个轨道交通枢纽的活力。

（2）信息传递的媒介

在工业时代转向信息时代之后，枢纽建筑不再仅仅是一个功能体，它成了信息承载的媒介。通过商业空间与轨道交通枢纽空间的结合，形成了一个全新的"场所"，在枢纽建筑和轨道交通之间置入商业空间，可以获取人们的活动信息，通过信息的分析和处理，来反作用于空间的优化。例如，位于澳大利亚的墨尔本中心，其中庭空间被设计成巨大的空间体量，公共交通系统被整合到这个"大厅"之中，商业空间作为"缓冲剂"，使之成为汇聚了墨尔本文化和特色的大熔炉，为游客提供购物、餐饮和娱乐的综合体验。每天，有成千上万的游客和当地人来到这里，欣赏混合着历史与现代气息建筑，探索零售商铺、巷道和汇集各种酒吧及餐厅的区域。这个巨大的中庭不仅是"城市客厅"，它更是信息的源头，向城市传递信息的场所、制造信息的场所（图 4.4-1、图 4.4-2）。

4）关联功能

商业空间可以利用其凝聚力的特点，将城市各功能单元联系在一起，包括交通、功能、空间和三者的综合连接，使人流不会出现拥堵的情况，并能有效吸引商业客流，提高客流在其中的通行效率，形成交通顺畅、空间丰富、相互促进的统一整体。

图 4.4-1　澳大利亚墨尔本中心中庭空间 1（左）
来源：作者自摄

图 4.4-2　澳大利亚墨尔本中心中庭空间 2（右）
来源：作者自摄

2. 商业空间的分类

按照商业空间的空间位置可以分为嵌入式、通道式和集群式（表4.4-1）。

商业空间分类   表 4.4-1

分类	说明	商业业态	流线关系
嵌入式	一般置于枢纽车站内部，如站台、站厅中的商店及零售设施	服装、零食店、礼品店、小饰品店、自助娃娃机、自助饮料机等	嵌入式商业与乘坐枢纽交通的人流关系最大，是从交通空间中分割出来的空间，特殊情况时，便于拆除和重建，应本着不阻碍客流的原则布置
通道式	以通道等过渡性的空间将轨道交通站厅出来的客流引导到一个交通转换空间，并与交通运输网络共同构建出一个"地下城市"	通道式商业包括购物、娱乐、饮食、美容等多种服务。同时，经营模式较为丰富，除便利店等小型自主经营业态外，还包括颇具规模的超市、连锁店、专卖商店、盆栽植物店、日用化妆品店、书店和药店等	通常置于轨道交通设施旁边，属于迂回式商业设施，其特点表现为人流量大，但相对不集中，流动性慢，可驻留，商业购物人流比重较大
集群式	由商业设施和其他设施组成的集中型商业空间，一般情况下会包含地面综合体和地下商业中心	以商场的形式为主，主要经营服装、奢侈品、电影院、剧场、咖啡馆等，包括还具颇具规模的超市、连锁店、专卖商，也有便利店等小型自主经营业态，业态最具有综合性，形成综合性枢纽区	流线相对独立，和城市里其他综合商业体一样，消费者不必进入车站也可以在这里消费。他们不仅服务于来此乘车的旅客，也服务于城市居民和在周边的企业

来源：作者根据相关资料整理

4.4.2 "星星点点"——嵌入式商业空间

即在轨道交通枢纽空间内部嵌入的零售设施，一般置于枢纽车站内部，利用轨道交通枢纽公共区富裕的空间，在不影响轨道交通正常运营下，为乘客提供便民服务，此种方式具有很高的使用效率。与其他商业相比，嵌入式商业充分运用已有的建筑结构，只需要在此基础上搭建隔墙，建设成本低，又可利用枢纽内部的空调、卫生间等设施，节约运营成本。

组织形式可按照商业与站台、站厅的空间关系可分为三种（表4.4-2）。

4.4.3 "四通八达"——通道式商业空间

通道式商业空间主要是轨道交通站厅的过渡空间，通过清晰的流线可以将客流引导到商业空间内，从而吸引消费、高效换乘、减少拥堵。

该模式适用于地上气候恶劣、建筑密度高、地上空间不足、需要与地下轨道交通联系的区域。通道式商业是地下交通空间的延伸和拓展，人们可以无惧风雨在地下空间任意穿梭，增强城市活力。

通过通道式商业空间的连接，地下形成一个巨大的城市地下空间系统。在这个系统中，各功能单元共享资源，实现空间之间的相互渗透和有机连接，可以有效提升地下空间的整体活力氛围和经济效益。

嵌入式商业空间分类　　　　　　　　　　　表 4.4-2

名称	示意图	设计要点
站厅角落	 图 1	商业空间可以设置在设备用房、出入口风亭之间的区域，对车站主体局部加宽形成商业空间，自助设备占空间较少，可于非付费区靠柱和楼扶梯布置
站厅边线	 图 2	将商业空间布置在非付费区的中部，并面向公共区设置大面积迎客面，留出至少 2 米的顾客排队空间，利用结构柱在商业客流与车站客流之间形成分隔，自助设备可以靠在小型零售旁集中布置
站厅中心	 图 3	商业空间可布置在站厅中部，商业的迎客面增大，且位置显著，易于吸引人流
站台两侧	 图 4	商业空间可布置于站厅层公共区两侧靠墙区域，并应避开票亭布置，与进出口闸机之间留出不少于 2 米的排队空间。自助设备靠柱布置或在小型零售旁边

来源：作者根据相关资料整理
图 1~ 图 4：根据相关资料绘制

1. 组织形式（表 4.4-3）

通道式商业空间分类　　　　　　　　　　　表 4.4-3

名称	示意图	基本特征	设计要点	案例
单轴形态	 图 1	商业设施集中分布在商场的主要通道上，其他设施分布在次要通道上。即通道两侧设置店铺和轨道交通出入口	一般适用于较大客流量通过的大型交通枢纽、商业、观演等建筑或商业空间，主要解决大量客流在整合空间中的通过问题	上海五角场地下商业街
网络形态	 图 2	在单轴结构的基础上，横纵向扩张，以轨道交通枢纽为节点，相互连接形成交通网	一般适用于城市主要商圈以购物、娱乐等功能为主的建筑群。需注意各节点的独立完整性和节点之间的高度开放性	日本东京地下街

来源：作者根据相关资料整理
图 1、图 2：作者自绘

图 4.4-3   上海五角场地下街
1（左）
来源：王欣宜摄

图 4.4-4   上海五角场地下街
2（右）
来源：王欣宜摄

2. 单轴贯通——上海五角场地下商业街

上海五角场淞沪路地下商业街从四平路的地下广场进入至大学路，全长共500 余米，贯通了江湾体育场、淞沪路、五角场等 13 个出入口，并与 10 号线无缝对接。它将五角场的办公楼、休闲区、交通枢纽连成一体，由一条步行街及两边规则的商铺形成"单轴形态"的商业通廊，让市民可以风雨无阻地在地下自由穿行；同时缓解了"停车难"的问题，地下街开通后，市民可以将车停到稍远的地方，再通过地下商业进入五角场商业圈。这是上海最大的地下商圈，也将成为"地下城"模式有益的尝试（图 4.4-3、图 4.4-4）。

3. 盘根错节——日本东京地下街

日本的地下空间开发非常成功，以东京站为中心，连接丸之内和八重洲的北向自由通道，贯通了被东京站台割裂的东西街区，并与西侧的乐町、丸之内、大手町，东侧的八重洲、日本桥连接成了网状的地下街道，犹如盘根错节的城市根系，不断地向外拓展、生长（图 4.4-5）。

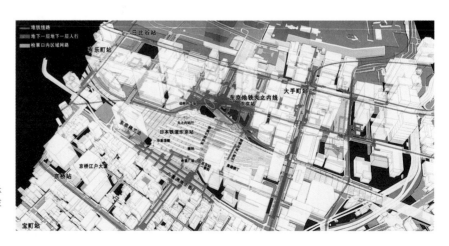

图 4.4-5   东京地下街示意
来源：日建设计站城一体开发研究会. 站城一体开发Ⅱ TOD46 的魅力 [M]. 沈阳：辽宁科学技术出版社，2019.

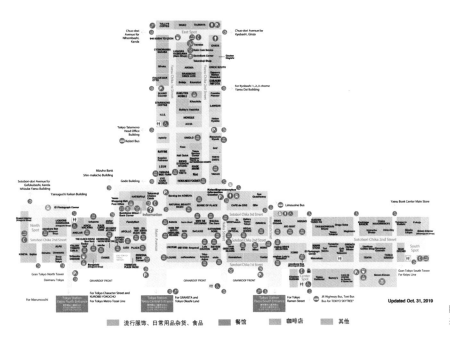

图 4.4-6　八重洲地下街示意
来源：日本八重洲地下街官网

流行服饰、日常用品杂货、食品　　餐馆　　咖啡店　　其他

　　八重洲地下街是日本规模最大的购物中心，从东京站步行即可直达，内部包含服装、餐馆、咖啡馆、杂货店等 180 余家商铺，有大大小小 15 个对外出入口，衔接东京火车站、办公楼、书店、街道、巴士等（图 4.4-6）。

4.4.4　"活力集聚"——集群式商业空间

　　集群式商业空间一般在城市的副中心，一般由一栋大型枢纽综合体或者多个综合体并联构成，围绕中心建筑，通过商业空间和交通空间的多样化布局，形成不同的空间体系。

1. 组织形式（表 4.4-4）

集群式商业空间分类　　　　　　　　　　　　　表 4.4-4

分类	示意图	基本特征	设计要点	案例
夹层型	图 1	此商业空间主要位于枢纽车站的中间，实现了商业空间与交通空间的完美交融	通过商业空间分隔上下两层轨道交通线路，适合枢纽中包含两个方向交通流线的枢纽综合体	柏林中央火车站
上盖型	图 2	商业空间位于轨道交通线路或车辆段上方，将地铁建设与商业开发紧密结合，改善了沿线交通，推动了地产的增值，商业价值潜力高	创新土地使用权获取的新途径，充分利用车辆段和轨道交通线路上方空间，注重功能的复合化	涩谷站

续表

分类	示意图	基本特征	设计要点	案例
周边型	图3	商业空间相对独立,位于车站周边塔楼内,有自己单独的交通流线	可以将地下一层和一层平面上与车站中央站房空间相连成为车站的一部分	香港朗豪坊
混合型	图4	商业空间与交通空间融合在一个建筑中,它可以是城市的大型开敞式露天舞台、大型活动的聚会中心、古城全景的观赏点、购物中心和空中城市,可以在这里享受多样的乐趣	轨道交通枢纽站是枢纽综合体的一部分,其余为商业、办公、休闲等功能空间,中间设有明显的界限	京都火车站
下沉型	图5 下沉广场	可以有效地利用土地资源,在轨道交通综合枢纽地块内及周边区域形成高品质的公共空间,加强城市、建筑环境的有机性和层次性。在地面上形成良好空间场所的同时,又很好地解决了城市交通与地面空间资源的冲突	通过降低集散广场标高使之低于正常地坪实现商业空间之间、商业空间与交通之间的连接	广州花城汇购物中心

来源: 作者根据相关资料整理
图1~图5: 作者自绘

2. 夹层型商业空间——德国柏林中央火车站

德国柏林中央火车站没有把交通功能分布在一个平面上,而是将东西线放在10米高的标高上,南北线置于地下15米隧道中,形成"十"字状流线布局,将商业空间置于上下交通空间的中间,呈"夹层状"使火车站与商业完美结合。

枢纽内包含80多家店铺,从图书、服装到邮局服务中心,功能齐全,购物面积约15000平方米,分布在2、3、4层,将最上层的东西向站台和最底层的南北向火车站分隔开来,这样的规划思路打破了原有的传统商业、交通综合体规划,使功能得到了更好地融合,提高了每个楼层的价值(图4.4-7)。

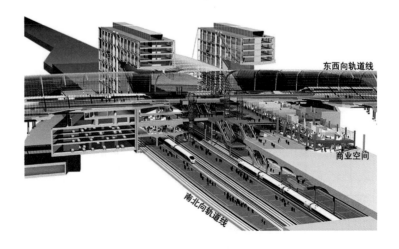

图 4.4-7 德国柏林中央火车站空间示意
来源: 作者根据 GMP 资料改绘

3. 上盖型商业空间——涩谷站

涩谷站是世界第二大城市轨道交通枢纽，汇集包括银座线、井之头线、东急东横线、东急田园都市线、副都心线、半藏门线、JR 山手线、JR 湘南新宿线在内的 8 条轨道交通线路，周边汇聚了集商业、办公、文化、娱乐等多功能为一体的枢纽综合体建筑群，它不仅是轨道交通上盖物业的经典案例，更是 IT 产业的聚集区和时尚信息发布窗口（图 4.4-8）。涩谷站将"人、财、物、信息"四种与交通信息相关的基础资源整合在一起，枢纽站的界限变得模糊，体现了大数据时代城市空间网络化中虚实力场以"流"为中心的城市空间图景，站城融合的概念形成（表 4.4-5）。

图 4.4-8　涩谷站周边开发
来源：作者改绘

涩谷站周边商业综合体开发情况汇总　　　　　　　　表 4.4-5

年份	商业综合体	面积	层数
2000 年	涩谷 Mark City	139520 平方米	B2~25F
2000 年	涩谷东急蓝塔大厦	139520 平方米	B2~25F
2008 年	东急东横线涩谷站	27700 平方米	B5F~1F
2012 年	涩谷 HIKARIE	144000 平方米	B4F~34F
2018 年	涩谷南街区超高层	113000 平方米	B4F~35F
2027 年	涩谷站街区超高层	270000 平方米	B7F~46F

来源：作者根据资料整理

4. 前卫个性的周边型商业空间——香港朗豪坊

朗豪坊商业空间和交通空间相互独立，建筑体通过地下隧道直接通往旺角地铁站，观塘线和荃湾线在此交汇，巴士、小巴也都近在咫尺。

朗豪坊共有十五层，地下两层，地上十三层，是集办公、商业、酒店、娱乐为一体的综合体（图 4.4-9）。

汇聚人气的美食广场：朗豪坊最大的特色在于四层的通天广场暨美食广场，它成为整个商业综合体的核心层和与其他各层之间相连的"换乘中心"，通高的中庭可以让顾客的视线更加开阔，增加空间趣味。一至三层可以乘坐扶梯直接到达四层，而四层至八层、八层至十二层有两条跨层式电梯，与四层的

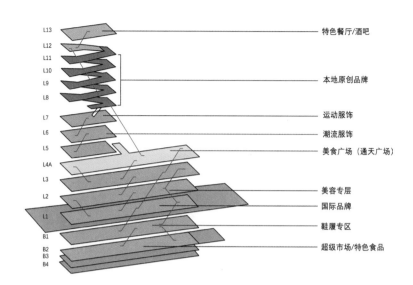

图 4.4-9　朗豪坊各层空间示意
来源：作者自绘

广场承上启下，使乘客可以快速到达目的地。

　　螺旋式体验购物：八层至十二层是一个极具个性的螺旋式的购物中心。通道呈螺旋式的斜坡设计，人们可以不走楼梯，就在边购物边逛街的过程中到达顶层，不仅增加了顾客到达每一层的可能性，提高潜在的经济收入，还为人们提供了多样的空间体验。

　　年轻化商业定位：朗豪坊一改传统香港商场奢侈品云集的现象，在内部置入许多快时尚品牌，如：H&M、b+ab、无印良品等，品牌形象突出，环境和室内装潢，个性化的公共设施，如通天梯、数码天幕等都与其年轻化的定位相贴合，受到广大年轻人的喜欢，这是枢纽商场差异化、个性化定位的经典案例。

5. 充满活力的混合型商业空间——日本京都站

　　从京都站北立面进入，会看到一个高挑而宽敞的中央广场，广场周边设置了车站售票中心、检票口、咨询台，但当你置身其中，看不到任何火车，与其说它是一个交通枢纽，不如说它是一个功能叠加的综合载体，交通空间和商业空间自然而然地融合在一起。这个建筑只有中间的空间作为交通换乘空间，而东西两侧则布置商业、酒店、文娱等设施，通过两侧退台空间的设计，使人们有"整座建筑"尽收眼底的趣味。东侧依次是剧院、旅馆及屋顶广场；西侧通过"大台阶"与每层的百货店和停车场相连。这座枢纽建筑，承载了百货公司、购物中心、文化中心、旅馆、剧院、博物馆、屋顶花园等室内、室外活动空间，它是京都市的门户，也是京都文化交流和民间庆典的中心（图 4.4-10）。

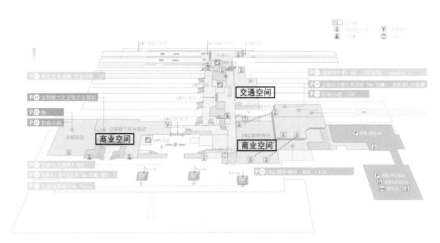

图 4.4-10　京都站混合型商业空间示意
来源：作者改绘

6. 城市地标的下沉型商业空间——广州花城汇购物中心

广州花城汇购物中心坐落于珠江新城的繁华商业地段上，是集购物、娱乐、餐饮为一体的商业新地标。它占据广州新中心轴的地下两层空间，毗邻广州塔、广州大剧院、广东省博物馆、广州图书馆等地标性建筑，邻近地铁 3 号线及 5 号线交汇站珠江新城站，APM（地铁旅客自动输送系统）贯通整个商场，交通网络四通八达。

商业划分为三个核心区，从"潮流服饰与娱乐""时尚生活"到"华丽典雅"，云集了平民化到高端化的服饰、珠宝、影院等多种商业业态形式。花城汇还会定期举办主题活动，如圣诞节、跨年庆典等，融入广州本土元素，吸引顾客的同时提升经济活力（图 4.4-11）。

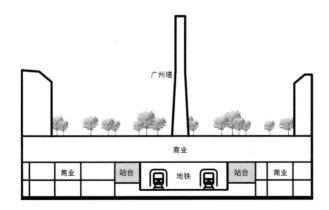

图 4.4-11　广州花城汇商业空间与交通空间剖面示意
来源：作者根据相关资料绘制

PART 5

城市轨道交通枢纽空间景观及导标系统设计

第5章　城市轨道交通枢纽空间景观及导标系统设计

　　当今城市相互竞争发展的背景下，轨道交通枢纽空间作为人们出行必经的公共空间，国内外各个城市都争相将自己的艺术文化融入其中，让轨道交通枢纽作为城市文化精神的展示平台，与城市共同发展，共同打造具有地域特点的枢纽文化。纵观国内外枢纽空间建设的成功案例，只有对城市文化进行深入和缜密的探究，以城市本身所特有的文化内涵指导轨道交通枢纽的建设，才能充分展示城市良好形象，传播城市文化。

　　随着城市规模的不断扩大，轨道交通建设将承担再次塑造城市形象的艰巨任务，枢纽空间景观的设计也越来越得到重视与关注，通过公共艺术打造枢纽空间景观，拉近乘客与枢纽空间的关系，创造赋予城市精神、承载城市文化的公共场所，已经成为城市轨道交通枢纽空间建设的重要使命。枢纽空间景观设计的处理上，地下空间与地上城市文化相互关联、相互映射，使用者在空间中感受城市在时间、空间、文化变迁中的痕迹。时空的记忆融入枢纽空间景观中，城市精神与轨道交通文化相互作用，不仅反映出时代的潮流和文化的内涵，更展示出城市的意识形态和价值观念。

　　在轨道交通枢纽空间的景观设计中，人们对城市轨道交通枢纽的空间价值研究也越来越深入，相应的理论逐渐被提出与应用。枢纽空间景观在城市中具有其双重性的作用，首先需要发挥在城市空间中的标志作用，从枢纽空间艺术设计的角度出发，指出空间景观的设计与地点具有非常密切的关系，可以用来象征地域特点。景观设计的内涵是在对环境与空间深入了解的基础上，结合环境所创作出来，针对固定空间和地域的设计更容易彰显其独特的魅力。其次，轨道交通枢纽空间景观需要融合进城市景观中，达到和谐统一的效果。设计语言的使用应当与城市的历史文化背景相结合，反映出城市特有的风土人情和地域特征，充分尊重当地的自然与人文景观，使城市文化得以继承和延续。以北京轨道交通枢纽的标志性节点西直门站与东直门站为例，西直门西环广场的枢纽建筑，其设计本身具有一定的标志作用，从四面而来的车辆都可以通过建筑的体量和造型判断出所处位置与站点，而东直门东环广场与其重要的交通地位相比标志性则相对较弱，地方特色难以突出。因此找寻空间景观设计与标志性两者之间的平衡也至关重要。

　　城市轨道交通枢纽已经成为城市中重要的景观节点，成为承载城市生活的重要载体。其设计表达需要与城市生活背景充分结合，"街道化"的设计理念和"以人为本"的设计原则渗透到空间设计中去，满足市民的日常活动和精神需求。以人为本的设计原则实际上是从人的需求角度出发，通过设计来引导人的活动，增强人的空间体验感。

枢纽空间景观设计应从使用者的视角和人体工程学结构出发，充分考虑特殊人群的无障碍设计需求。随着时代的进步，人本精神的充分发挥，人们对枢纽空间景观也有了新的理解和认识。枢纽空间景观设计在满足人的基本功能需求的基础上，还要能反映人们的价值观和思想，做到人性化设计。

通过将城市文化融入枢纽空间的导向标识设计中，让枢纽空间成为宣传城市文化特色的窗口。提取能代表地域文化特色的设计要素，并通过艺术化手法进行转述，不仅能满足轨道交通导向标识的需求，也能体现对城市文化的传承。这种运用地域文化符号来表达轨道交通特色的设计手法越来越成为一种趋势。而在导向标识的设计上，导向的说明性和视觉美观性是根本的决定要素，设计者无论何时都应当重视与关注。此外，"读图时代"的发展决定了城市文化的传播不仅仅依靠语言文字，通过色彩图形等带来的视觉冲击往往更容易被大众所接受和吸收。以城市文化要素对城市品牌进行打造，通过多方面视觉传播，对信息进行输送，给予市民大众对城市文化更全面的了解。

城市轨道交通枢纽空间景观设计和导向标识系统设计对营造当代轨道交通枢纽空间视觉氛围和空间导向、优化枢纽空间环境、提高枢纽空间的交通组织和运营效率有着十分积极的作用，是当代轨道交通枢纽空间规划设计重要的有机组成部分。

在本章中，首先对城市轨道交通枢纽空间景观设计进行系统的梳理，从枢纽景观设计的理论与方法阐述枢纽景观设计的相关理念、构成、影响因素、设计原则和设计内容。其次从历史发展、基本概念、现状与价值、设计原则这四个方面对枢纽空间导向标识设计的理论与方法进行梳理。最后分别从空间导向设计和标识设计两个角度阐述空间开发和安全疏散对于枢纽建筑的重要意义。

5.1　枢纽空间景观设计理论与方法

5.1.1　枢纽景观设计相关理念

1. 枢纽空间景观设计含义

1）枢纽空间景观含义

枢纽空间景观按照轨道交通枢纽建筑的功能分区划分，可分为站场交通空间景观、枢纽外部空间景观和枢纽内部空间景观（图 5.1-1）。枢纽景观不仅

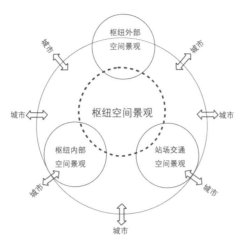

图 5.1-1　枢纽空间景观与城市的关系
来源：作者自绘

仅指景观的各个要素，还包括人的视觉感受、枢纽建筑的结构功能特点等。

若将枢纽景观看作一个整体，枢纽空间景观小到和周边环境相互融合，大到对城市空间结构、城市景观环境、城市文化传承等方面产生积极影响，促进城市可持续发展，使经济、文化、环境协同发展。

2）关于枢纽景观设计

从城市或区域角度研究枢纽景观设计，有利于宏观把控枢纽景观的整体性，强调在景观、文化、交通、空间结构等方面和城市环境协调统一，进而推动枢纽与城市的协同发展。

从景观本身的美学意义和带给人愉悦心理感受的角度研究枢纽景观设计，有利于塑造出赏心悦目的运营环境。因此枢纽景观的设计应以人为本，运用景观设计、艺术和美学原理，立足于建筑本身的形态特征，加入景观小品、绿化、灯光、标识等要素对站场空间、枢纽外部空间和枢纽内部空间进行景观美化设计。

2. 枢纽空间景观类型

轨道交通枢纽空间景观是指轨道交通枢纽及其周边视线所达的一定范围内区域共同构成的综合景观。按照空间划分，枢纽空间景观设计大致分为以下四种类型（表 5.1-1）：

枢纽空间景观类型　　　　　　　　　　　　　　　　　　　表 5.1-1

景观类型	主要包含范围	景观涉及的具体内容
枢纽外部空间景观	枢纽空间外部，如站前广场区域（含站前高架桥）	硬质景观：铺装、小品等 软质景观：植物、水景等高架桥景观化处理
枢纽内部空间景观	枢纽空间内部，枢纽站外轮廓投影线以内（含灰空间）	空间界面景观化处理、植物、小品等
枢纽站场空间景观	枢纽站台区域和跨线设施	站台、雨篷结构、天桥或地下通道等跨线设施
系统设施的景观	上述所有区域	景观照明、公共服务设施、标识系统

来源：作者根据相关资料整理

1）枢纽外部空间景观

在枢纽空间景观中，将景观要素分布在枢纽空间外部的定义为枢纽外部空间景观，具体包括设置在枢纽建筑外表面、站前广场或在枢纽空间之前形成的景观形态，如自然形成的地貌。枢纽外部空间景观可以透过枢纽建筑外立面与枢纽内部空间产生视线交流，利用借景的手法将景观引入枢纽内部空间，使建筑与环境相互融合。

2）枢纽内部空间景观

在枢纽空间景观中，将景观要素分布在枢纽空间内部的定义为枢纽内部空间景观，具体指在枢纽内部空间中将自然景观要素和辅助设施通过人工模拟的设计手法形成的景观。这些景观设计和枢纽空间结构有着密切的联系，或依附于枢纽空间结构，或借助于枢纽的边界甚至一些其他功能。枢纽内部空间景观设计必须与枢纽内部空间整体考虑，让景观与内部各功能空间充分融合，创造人与自然和谐共生的环境。由于枢纽内部空间尺度较大，有利于室内景观的塑造，如在水平和垂直交通空间、换乘大厅、候车厅、售票厅等都可以利用景观丰富室内空间层次，创造更舒适的内部空间环境。

3）枢纽站场空间景观

尽管顶部有遮盖物，但枢纽站的大部分空间并未完全封闭在室内空间中，其中一些空间比内部空间更为开放和透明。不同于建筑灰空间，它的交通流量很大，乘客到达或离开都在此形成巨大客流量。由于枢纽站场空间这种独特的空间特点和功能属性，因此枢纽站场空间景观设计与枢纽内部空间整体景观有所不同。

4）系统设施的景观

系统设施的景观因其功能属性和表现力所呈现出的特殊景观效果，体现在公共服务设施、景观照明和标识导向系统的设计上，因此可以作为单独的景观类型考虑。

5.1.2　枢纽景观设计构成

1. 枢纽景观设计的构成要素

随着枢纽景观的构成要素（表 5.1-2）呈现多样化特点，枢纽景观也走向综合化。为了更好地区分不同种类的枢纽景观要素，需要仔细审视每一要素的存在意义，消除不必要的要素，营造具有交通特性、强化完整性和多样性的枢纽景观。

2. 自然景象

由于大型轨道交通枢纽选址一般位于城市重要交通节点上，轨道枢纽与周

枢纽景观设计构成要素 表 5.1-2

构成要素		要素分类	构成单元
基本构成要素	枢纽	枢纽外部广场	枢纽及相关建筑设施、道路、绿化、小品、公共设施等
		高架桥	桥上空间、桥体形式、照明、色彩、绿化等
		停车场	通道、车位、标牌、铺砌地面等
		进出站大厅	空间围合界面、植物、标识等
		枢纽内部空间候车大厅	空间围合界面、座椅、植物等
		交通通道	墙面装饰、顶棚、地面铺装、标识等
		站场空间	站台空间、无站台柱雨篷体系、跨线设施等
	周边环境	交通系统	道路、桥梁、轻轨等
		区域环境	建筑物、商业活动、休闲空间等
		绿地系统	公园、草地、路边栽植等
		水体	海、湖泊、江河等
重要构成要素	远景	自然要素	山体、河流、湖、海、草地、林地等
		人工要素	地标建筑、城墙、高塔等
	行为活动	行人及交通工具	城市人流、机动车与非机动车辆等交通工具
	地下部分	交通设施	地铁、地下通道等
		商业设施	地下街道、地下广场等
	变动因素	气候与温度、时间与季节	季节更替、寒暑变化、昼夜变更、阴晴雪雨等

来源：作者根据相关资料整理

边环境都经过统一规划，或采用轴线构成手法突出气势，或结合山岳、水面等自然物体与枢纽布局相结合。因此水体、山体等自然景象成为决定土地特征的重要元素，而地标性建筑最能够体现一个城市的精神。如果能将自然景象充分运用到轨道交通枢纽景观中，就能非常有力地塑造出轨道交通枢纽景观的个性。

3. 人的活动

在景观设计的过程中，我们首先应仔细考虑枢纽中存在哪些人类活动，并以此作为设计对象，将枢纽中重复出现的行为活动作为重点设计对象。

若设计对象是枢纽外部空间的站前广场，那自然是将乘客聚集作为设计的前提，同时人群的集散成为景观设计的主体。在这种情况下，广场和枢纽建筑两侧的植物、照明、景观小品和地面铺装将作为舞台背景来衬托人群活动。若设计对象是在车流量大的道路上，行驶的车辆成为景观设计的主体。在枢纽景观设计过程中，应着重考虑人的活动，否则景观存在的意义不大。

4. 地下部分

大型轨道交通枢纽形成了交通立体化和功能复合化设计模式，轨道和城市交通尽可能实现了枢纽换乘和立体换乘，形成了地上地下一体化开发和配套公服设施的多层次设置。地下部分提供了多种交通方式的选择，包括出租车、公共交通和地铁等，同时配套商业广场、商业街等不同形式的商业空间。例如，徐州彭城广场地下空间有连接其他交通的地下通道，必须在广场上设置出入口，那么出入口的造型、位置就会影响到整个广场的景观。其次，由于地下空间的开发，景观元素的选择将受到影响。例如，在土层较薄的位置，不适宜种植根部较大的树种。

5. 变动因素

中国地域南北跨度大，各地形成了不同的气候特征，因此季节也成为反映景观地域性的重要要素。例如北京四季分明，但夏季和冬季较长，北京西站广场在夏季形成郁郁葱葱的景观环境，到冬季则是一片萧索景象。在北方，冬季时常有雨雪天气，可以适当增强景观的季节性特点。

在多雨的南方地区，雨水可以作为特色景观元素纳入景观设计中，营造南方烟雨朦胧之感。除此之外，四季的轮回、一天的星辰变化、天气的不同都可以融入景观设计中。例如，大雾中的景象、日出的广场、晚霞下的车站等，这些变动因素使景观更加生动形象。

5.1.3　枢纽景观影响因素

轨道交通枢纽空间景观设计主要包含以下影响要素：一是自然环境要素；二是城市发展要素；三是社会人文要素；四是经济技术要素。这四类要素彼此联系，共同作用于枢纽空间的景观设计。

自然环境要素：包括植被、气候、地貌等要素，是枢纽景观设计的基本要素；城市发展要素：主要涵盖城市的风貌、色彩、空间特征等方面内容[1]；社会人文要素：主要包括风俗习惯、宗教信仰、传统文化等，这些要素对人的审美产生潜移默化的影响；经济技术要素：与景观建造材料和技术、当地经济发展有关。

❶ 胡乔. 铁路客站景观设计的地域性表达研究 [D]. 成都：西南交通大学, 2011.

1. 自然环境要素

自然景观要素是塑造枢纽空间景观的载体，能够体现景观地域特色，主要包括地形地貌、气候（风向、日照、降水等）、植被和其他自然资源。在枢纽空间景观设计中利用自然环境要素本身的地域性特点，并结合地域文化和枢纽空间人群活动特征进行设计，丰富了枢纽空间景观地域性的深刻内涵。

自然环境要素作为体现枢纽空间景观地域性最重要的影响因素，不仅仅指枢纽基地周边的自然环境，还包括区域地理自然环境和枢纽基地所处的具体自然环境。和建筑设计一样，枢纽空间景观设计通常也是在微妙复杂的特定地域环境中进行，每个基地、每处场所自然条件的特殊性成了最宝贵的设计源泉。安藤忠雄曾提到，每个建筑所处的场所、气候、人文历史等是其不同于其他建

❶ 安藤忠雄. 安藤忠雄论建筑
[M]. 北京：中国建筑工业出
版社，2003.

筑的根本 ❶。因此自然环境要素对枢纽景观设计产生重要影响，主要体现在地理环境、乡土植物、气候环境这三个方面。

2. 城市发展要素

城市发展与轨道交通枢纽的发展产生越来越紧密的联系，一方面，轨道交通枢纽成为展示城市形象、城市文化的窗口；而另一方面，城市发展的多个要素（表 5.1-3）也在影响着轨道交通枢纽的规划与设计，例如城市功能、城市风貌、城市色彩、城市空间特征（城市规划、城市肌理）等。其中城市风貌、城市空间特征、城市色彩这三方面有助于体现枢纽空间景观的地域性特点。

城市发展要素　　　　　　　　　表 5.1-3

类型	释义
城市肌理	城市重要的肌理，如街道、建筑布局形态、水系布局形态等
城市规划	城市未来发展总体定位
城市风貌	城市风貌体现城市的特色，包括城市道路、区域、边界、标志性建筑等
城市色彩	城市的特定色彩倾向
城市功能	城市是新兴城市、历史古城、消费城市、旅游城市等功能定位

来源：作者根据相关资料整理

3. 社会人文要素

社会人文要素直接或间接影响着枢纽空间景观地域性的营造。其中社会人文要素多来源于当地的民俗文化及本土文化。

民俗文化在增强民族团结、民族精神、民族认同感方面具有积极作用，是世世代代传承下来的习俗，如图腾崇拜、节日祭典、服饰装扮、神话传说等。通过民俗文化我们可以深入了解当地人们的自然观和世界观，其文化内容都凝聚着丰富的感情色彩，能充分体现当地的文化精髓。因此应提取这些文化符号并通过艺术化转述运用到枢纽景观设计中，充实景观的文化内涵。

本土文化在本地有一定的号召作用，在其他地方则体现出其地域特色和标志性。枢纽空间的景观塑造在满足人们对美的追求的同时，也应丰富其景观内涵。可以通过提取本土文化中的内容和题材（如新兴城市文化、历史渊源、本土艺术形式等）并将其运用在景观设计中，将枢纽空间景观的文化内涵与城市文化相契合，满足人们的精神需求。

4. 经济技术要素

随着经济的飞速发展，人们从追求物质需求转向追求精神需求，因此城市景观不仅要满足基本功能，同时要有更高的美学追求和文化内涵。而枢纽空间景观将地域文化融入其中，对增强城市认同感、市民归属感有积极作用。

技术要素影响着景观的地域性：人为了在自然界生存和发展，利用自然材料形成了传统工艺。与景观设计相关的地方传统工艺包括材料加工工艺、植物造园工艺、装饰工艺、结构工艺等，它们能充分利用当地资源并取得相对可观的经济效益，因此能很好地适应社会环境的需求，成为景观地域性形成的重要要素。

经济技术要素与枢纽景观建设产生相互影响的关系。首先，技术手段的革新和进步要受到当地经济发展状况的限制和影响，因此枢纽空间的综合景观建设特别是枢纽外部空间的景观建设应该与当地的经济发展水平相适应，合理控制景观建设的投资，注重经济实用性。其次，对枢纽空间景观进行地域化的设计和塑造，可以向广大旅客展示城市的文化魅力，同时让空间更有亲切感和吸引力，有效提升空间品质，从而推动枢纽周边地区的发展。

5.1.4　枢纽景观设计原则

枢纽空间景观的营造不仅应融合现代交通建筑的特征，还要和城市空间、城市环境相协调，使其更加多样化。全面考虑轨道交通枢纽空间多节点景观设计，运用多门学科理论，共同构建综合性的景观。因枢纽景观设计面积大，设计节点空间多，融合了室外和室内景观的特点，在当代可持续发展理念下，用生态学原理指导，运用科技手段打造"绿色"景观，实现可持续发展的景观环境，是轨道交通枢纽景观设计的重要原则。同时，枢纽景观设计应以人为本，从人的视角进行设计，满足人的多种需求，创造人性化景观。总结枢纽景观设计原则见表5.1-4。

枢纽景观设计原则　　　　　　　　　　　　　　表 5.1-4

枢纽景观设计原则	
交通特色原则	特定的标识和导向作用
	联系枢纽的空间形态与建筑特色
	大气、简约的气质
多样性原则	融合地域景观 如地域自然特色，人文历史，传统与现代
	融合城市环境 如基地及周边环境，空间结构，绿地环境
综合性原则	全面考虑轨道交通枢纽多节点景观设计
	融合枢纽外部、内部景观特点
生态性原则	生态学原理为指导，科技手段为方法
	打造自然生态和科技生态
以人为本原则	注重人性化设计，构建人性化景观
	以人的视觉感受出发，满足人的多种需求

来源：作者根据相关资料整理

5.2 枢纽空间景观规划设计

轨道交通枢纽景观设计内容中的景观节点设计，按照枢纽空间景观的四种类型可分为：枢纽外部空间景观、枢纽内部空间景观、枢纽站场空间景观、系统设施的景观，各部分枢纽空间景观所注重的设计特点也各不相同。

5.2.1 外部空间的地域性

1. 外部空间与城市空间对接

轨道交通枢纽是城市中的大型交通建筑，一般呈建筑组群形式，具有城市地标性特点。对于城市景观而言，它所形成的大空间成为区域景观的核心，对周边景观产生着重要的影响。

作为枢纽空间和城市空间的衔接过渡空间，枢纽外部空间景观将受到城市空间形态、站区周边规划的制约和影响，因此枢纽站区的规划是枢纽外部空间景观生成的重要因素。在枢纽外部空间景观设计时应结合周边环境及城市规划，把枢纽外部空间纳入城市空间结构体系中进行综合考虑，使枢纽外部空间景观延伸入城市肌理之中，与城市空间共生融合，如日本东京越谷站（图 5.2-1），外部广场采用连廊连接商业中心和酒店公寓，起到很好的空间组织作用，又富有鲜明的形象个性。

2. 外部空间结合地域特色

枢纽外部空间是枢纽空间与城市空间的衔接，其空间设计应考虑枢纽建筑

图 5.2-1 日本东京越谷站外
部广场连廊
来源：作者自摄

的体量、造型等要素。枢纽建筑由于其体量较大，成为枢纽外部空间的视觉中心，也是标志性的景观节点。因此可以充分利用枢纽建筑本身的地域性符号和语言进行外部空间的景观设计。

在符号语言设计中，通过选用相同或相似的符号形态使枢纽外部空间与枢纽建筑形成一个整体。在枢纽外部空间景观设计中通过加入枢纽建筑本身特色的符号语言使景观更好地与城市空间相融合，体现地域性。首先，提取枢纽建筑中有鲜明特点的元素，其次对这些元素进行简化、抽象或变形等处理。最后融合进景观设计的整体构图和肌理中。通过运用相同或相似的符号语言，使枢纽建筑本身与其外部环境和谐统一，富有整体性。

3. 结合枢纽外部广场空间布局

当代轨道交通枢纽空间越来越倾向于立体化的空间布局，在枢纽空间立体化后，枢纽铁道线路不再是不可逾越的边界，高架式的候车室、"十"字形双层站场穿越了线路限制，枢纽空间向多维度的广场延伸。线路立体化也使枢纽外部空间成为真正意义上的城市开放空间，服务于城市的公共空间。

轨道交通枢纽外部空间布局形态在景观设计中具有不同的地域性要求。若枢纽站外部空间较小、空间形态单一，景观设计主要满足功能即可；若是大中型规模的枢纽外部空间，由于其线路、空间的高度复合化，在景观设计中应充分结合立体空间，塑造多维立体化枢纽外部空间景观。

4. 结合枢纽基地地形

枢纽外部空间的地形地势很大程度影响着枢纽外部空间景观的设计，在外部空间景观设计时应充分利用地势资源和特点，变地形的劣势为景观设计的优势。枢纽选址的地形地貌是景观设计的源头，应因地制宜并考虑枢纽区域的整体规划，立足于基地本身进行枢纽外部空间景观的塑造，使枢纽空间与城市景观更好地融合，更好地体现其地域性特点。

5. 枢纽外部空间硬质景观

1）铺装的运用

轨道交通枢纽外部空间的人流聚集强度高，交通性强，区别于城市其他类型的广场，因此在铺装设计上应先考虑引导人流的快速导向，在此基础上，再体现城市地域文化的展示。

为了更好地体现城市的地域性，可以从铺装的材料、形式和色彩三个角度进行选择。运用本土材料进行铺装不仅能够传承城市文化，引发人的强烈共鸣，同时能与城市空间、环境和谐共生。枢纽外部空间的铺装设计在功能上应具有标识导向性，引导乘客的进站和出站。肌理纹样方面应有规律、有秩序地排列，形成一定的韵律感、节奏感、方向感；色彩方面应融合地域城市特点，考虑与枢纽周边区域环境色彩的协调，可以从民居、历史古迹、民俗文化中提取有代表性的颜色进行设计；除此之外，可以从民俗文化中提取素材运用到铺装图案设计中，充分展示地域文化。

2）景观小品的运用

枢纽外部空间的景观小品主要包括雕塑、座椅、街灯、电话亭、廊架、垃圾桶、指示标志、防护栏等，它们通常体量小、种类多、分布广，既有实用功能，又具有审美功能，对枢纽外部空间起到美化和点缀作用。景观小品在细部的艺术表达深深影响着枢纽外部空间景观的塑造效果，景观的地域性特点也可以通过景观小品的设计来体现。通过从民俗文化、传统习俗中提取具有代表性的元素并运用到景观小品设计中，丰富景观小品的地域文化内涵。

6. 枢纽外部广场软质景观

1）乡土植物的运用

硬质铺装和景观小品构成了枢纽外部空间的硬质景观，植物等软质景观的设计也同样重要，可以为广场带来生机和活力。植物等软质景观的塑造在广场的平面布局基础上，顺应铺地的肌理和纹样并与广场硬质景观充分融合，达到整体性效果。在广场主题景观设计中可以配合植物景观，利用植物分隔或围合作用，塑造更好的视觉效果。另外，植物的设置有利于改善轨道交通枢纽外部空间的环境，净化空气，创造更宜居健康的外部环境。

植被应优先选择乡土植物，以促进与城市景观的充分融合。首先，本土植物能更好地适应当地自然环境，利于后期的维护和管理；其次，本土植物如市花、市树更能代表当地城市景观的特点，利于与周边城市景观和谐共生。

2）水景的运用

将水景融入景观设计可以使景观更加有灵动感，增强景观的艺术效果。水景有静态和动态之分，动态的水在调节微气候方面具有积极作用，如吸附有害气体和烟尘、提升空气质量、调节空气湿度等，同时也可活跃景观氛围；静态水可通过镜面反射，与周边环境产生互动，增强景观的趣味性和层次感。

5.2.2　内部空间的功能性

枢纽内部空间主要承担着交通、等候和休闲这三大功能，针对不同功能，景观承担的作用也不同。在交通为主的空间中，景观的设置应具有方向性和引导性；在等候为主的空间里，景观设置应丰富人的视线，缓解人的情绪，使人们静心等候；而在休闲为主的空间中，景观的设置要吸引人的视线，使人们在此空间短暂停留。枢纽内部景观的设计在一定程度上可以从侧面加强其功能的实现。枢纽内部空间景观功能性主要体现在围合界面形态、枢纽内部空间景观、内部景观雕塑等方面，且在枢纽内部功能空间中的交通功能空间、等候功能空间、休闲功能空间景观设计各侧重点不同。

1. 围合界面形态

轨道交通枢纽空间结构体系是沿着"墙体结构—梁板柱结构—大跨度结构"的轨迹发展的，枢纽内部空间围合界面的个性主要体现在建筑顶部的结构形式上。在乘客的视角下，屋顶的支撑结构形态自然成了顶棚独特的建筑内部景观，而对界面的形态处理能在一定程度上增强其地域表现力。从乘客的角度看，屋顶的支撑除了起到结构作用外，其整齐的排列更塑造出富有韵律感的内部景观，而围合界面的形态加强了地域性特征的体现，支撑屋顶的结构体呈现出的韵律感成为顶棚独特的内部景观，其界面的形态设计能更好地表现地域文化特点。

从当地建筑中提取元素并运用在枢纽内部空间景观的处理上，是一种直接体现地域文化的方式。例如苏州站在顶棚处理上（图 5.2-2），借用苏州园林建筑中屋顶的做法，提取椽子这一富有代表性的构件并用现代的艺术手法进行转述，将椽子排列成折线的形态，这样既起到结构支撑作用又丰富其景观地域性文化内涵。

1）顶部界面对自然光的利用

由于各地方的太阳高度角、太阳光辐射强度等自然要素不同，其自然要素也成为反映地域特点的重要因素。因此可以在顶棚设计中考虑对自然光的利用，例如通过设置透光顶棚，将自然光引入候车大厅，随着时间的不同，自然光投射的角度也会发生变化，在候车大厅中塑造出丰富的光影效果，同时自然光通过过滤处理，不仅能使室内光环境更加舒适而且能降低建筑的能源消耗。例如，日本东京东松原站利用透光顶棚来进行采光设计（图 5.2-3）。

图 5.2-2　苏州站顶棚处理（左）
来源：作者自摄

图 5.2-3　日本东京东松原站透光顶棚（右）
来源：作者自摄

2）界面的装饰

由于距离与人的视觉敏感度呈反比，因此可以在视觉敏感度高的地方设置重要的信息提醒，在视觉敏感度低的地方以装饰处理为主。例如在距离人较近的界面（柱子表面、墙面等），其设计可以通过标识图案、文字等向乘客传递重要的信息，利于乘客快速捕捉并获取信息；在顶棚等距离人较远的界面，主要运用一些简洁的装饰塑造大气舒适的空间氛围。但在扶梯等垂直交通空间中，由于人们习惯仰视，因此顶棚设计成为重要的景观装饰区。

在枢纽的大空间界面处理中，由于其面积较大，装饰手法以个性化处理为主。可以采用彩绘、浮雕、壁画等形式进行整体设计，不仅能塑造令人震撼的视觉效果，还能表达传统文化中的内容和题材，有助于对地域文化的宣传和弘扬。

在枢纽内部空间中将中小型空间界面的装饰进行共性化处理。枢纽内部空间公共区的中小型空间，一般出现在交通走廊等一些大厅之间的过渡空间，因其空间的特性使之具备导向性明确、客流呈线性移动的特点。因此中小型空间界面装饰方面宜采用规律性、统一性较强的手法。在色彩上运用和谐统一的主体基调色，材料及组合排列形态也应以统一的模式进行控制，重点突出韵律感和节奏感，切忌杂乱无章，空间的导向感的减弱会导致旅客的移动的停滞 ❶。

❶ 胡乔. 铁路客站景观设计的地域性表达研究 [D]. 成都：西南交通大学，2011.

在枢纽内部复合空间界面的处理中，由于其空间功能相对复杂，服务设施、标识导向及结构构件繁多，因此应采用简洁大方的装饰。这类复合空间通常位于垂直交通空间、灰空间、大厅与走廊的连接处等，因乘客一般在此处不做停留，快速通过，为保证指向信息迅速被捕捉，不宜设置过多装饰，干扰视线；同时可以通过直接展现设施与结构本身的做法进行景观处理。

3）界面的色彩

在对枢纽内部空间进行颜色处理时，依据颜色所发挥作用的不同，通常将颜色分为"形象色"和"功能色"两类。形象色一般作为大面积界面的背景色或重点景观节点的主题色，决定了整个空间的基调和性格特征，让人印象深刻。功能色一般用在标识导向和系统设施中，使人能快速捕捉并作出行动反应。界面的色彩搭配和选择应注意以下要点：

首先应选择令人身心舒畅的颜色。室内空间界面用色应根据功能分区进行划分，颜色种类不宜过多，最好控制在三种以内；同时应选择与功能色对比度强的颜色，避免对功能色造成干扰。为了能创造舒适的枢纽空间环境，应避免选择深色系颜色，采用明快的浅色系颜色更为妥当。

其次颜色应与枢纽空间整体氛围契合并突出地域性特点。从枢纽主体中提取基调色，并综合地域性颜色，选出与枢纽整体空间契合度高同时还能衬托地

图 5.2-4　日本东京东浅草站
出入口装饰
来源：作者自摄

图 5.2-5　日本东京东浅草站
站厅柱子装饰
来源：作者自摄

域空间氛围的颜色。地域颜色不仅能提升市民的文化认同感，同时能使旅客对
城市文化有更直观的感受，对该城市留下深刻印象。例如日本东京的浅草站，
出入口及站厅柱子采用具有特定传统文化的装饰，具有特别的识别性和记忆性
（图 5.2-4、图 5.2-5）。

4）界面的材料

材料其硬度、光泽、肌理等要素呈现出不同的质感，其表面的色彩和光泽
度在光照下与建筑产生对话，创造建筑空间的独特魅力。材料的质感可以直观
表现空间性格，例如木材的亲切温和，金属的科技感，混凝土的厚重朴实。

界面材料可以将传统材料与新材料相结合，将高新技术与传统技术相结
合，找到地域材料与现代枢纽内部空间界面设计的结合点，充分发挥地域材料
的特点，利用人工加工后材料的独特质感和美感进行景观表现，配合空间界面
的形式设计，形成丰富的材料细节 ❶。

2. 枢纽内部空间植物

枢纽内部空间大多数呈几何图形，空间尺度大，空间组成简洁，一览无余，
使人感到乏味单调，同时不贴合人的尺度。将植物景观融入枢纽内部空间，既
可以丰富空间层次，弱化几何形空间的生硬感；同时植物能改善大空间的疏离
之感，让空间更有亲切感，更有生机活力。

在植物选择上宜采用观赏性强且易于在室内存活的本土植物，以充分体现
景观的地域性特点。植物不仅承担美化空间的作用，也可以通过设置盆栽或可
移动的花盆起到空间分隔的作用。在枢纽内部空间景观中，植物的栽培方式见
表 5.2-1。

❶ 胡乔 . 铁路客站景观设计的
地域性表达研究 [D]. 成都：
西南交通大学，2011.

枢纽内部景观植物栽培方式   表 5.2–1

类型	释义
孤植	即单株植物种植，一般是尺度较大的单株植物，作为局部小空间的点缀
对植	即相同的两盆或两组植物在一定轴线关系下对称呼应的摆放方式
列植	即同种类型的植物进行阵列排布的栽培方式
群植	即同种植物或多种花木混合种植，高低错落形成一个整体
带植	即把植物形成带形景观的栽培方法，一般是在带形花池中种植草本花卉等

来源：作者根据相关资料整理

　　枢纽内部空间中，水平交通空间常以线状空间存在，这种线状空间狭长而单调，容易使人产生视觉疲劳。在这样的空间中适当点缀盆栽植物可以增强空间的趣味性，同时线性排布的盆栽也具有空间导向作用。但植物数量种类不宜过多，并控制植物的繁茂程度及高度，避免遮挡导向标识。

　　大跨度结构下的枢纽空间由于面积和高度之间的比例较大，平面感强烈。在尺度大的空间中引入高大树木能从视觉上调整空间尺度，对空间进行重新划分，丰富空间层次。同时，可以通过灌木、乔木的搭配塑造多层次的景观效果，使空间更有生气。

3. 内部景观雕塑

　　在枢纽内部空间运用雕塑等景观小品造景是营造空间场所感和展现地域文化的有效手段。例如，获得 2015 年全球卓越工程奖金奖的台北大安森林公园站（图 5.2-6~ 图 5.2-9）将城市休闲元素与轨道站结合，营造了一个都市轻松自然、惬意休闲的公共空间。

　　在枢纽内部空间中设置景观雕塑应注意以下问题（表 5.2-2）。

枢纽内部空间中景观雕塑设计要点   表 5.2–2

内容	设计要点
比例尺度	考虑雕塑的尺度与所在建筑空间大小的比例关系，及与其他景观要素的比例关系；雕塑整体尺度要适宜、形体也不宜过实，防止由于旅客视线被遮挡影响空间导向
位置选择	主题鲜明的雕塑通常应摆放在不影响客站功能的视觉中心；小型的雕塑宜摆在几何空间的角落处来削弱空间突兀、生硬的转换区域；组合的雕塑小品宜摆在中庭、通道走廊、自动扶梯端头，起到定位标识的作用
其他景观元素的结合	将枢纽内部空间的建筑界面作为雕塑景观的背景，辅以水体的陪衬、植物的烘托、灯光的映射，将不同的景观元素用艺术的手法相互融合，深化雕塑主题的意境
地域性主题	用雕塑景观来表现一定的主题可促使乘客对该城市本土文化的了解，进一步强化客站景观的地方特色。主题可选择当地最具代表性的历史、文化精髓

来源：作者根据相关资料整理

图 5.2-6　台北大安森林公园
站内部景观（左）
来源：作者自摄

图 5.2-7　台北大安森林公园
站入口（右）
来源：作者自摄

图 5.2-8　台北大安森林公园
站内部空间墙面（左）
来源：作者自摄

图 5.2-9　台北大安森林公园
站内部景观雕塑（右）
来源：作者自摄

4. 枢纽内部功能空间景观设计

枢纽内部景观按照空间功能的不同，其景观作用也不同。在出入站大厅、换乘通道等交通空间中，景观主要发挥引导性作用；在候车大厅一类的等候空间中，景观可以起到缓解乘客心情的作用；在内部庭院、商业广场等休闲空间中，景观主要发挥其装饰美化作用。对于枢纽内部功能空间如出入站大厅、候车大厅、交通通道景观设计内容主要从围合界面、公共设施、植物和景观雕塑、导向标识等方面出发考虑（表 5.2-3~ 表 5.2-5）。

1）交通功能空间——出入站大厅景观

枢纽出入站大厅景观构成要素　　　　　　　　　　　　　　　　表 5.2-3

构成要素		说明	示意图
围合界面	顶棚	顶棚是室内特有的界面要素，新型铁路客站的大跨度结构，形成了开敞明亮的大空间，屋顶形式也轻盈而流畅，本身的结构特色就成为室内景观的背景	透光顶棚： 1. 采光需求：空间明亮，使阳光变成柔和的漫射光 2. 形式：可采取开启天窗及上下层空间连通的形式来获取自然光线	图1
			不透光顶棚： 顶棚的处理要采用具有序列感及动态的构建元素，垂下的灯具及装饰物也可以成为亮丽的风景	
	墙面	进出站大厅是衔接室内外空间的节点 形式：采用整片玻璃幕墙或局部开大窗 通过借景的方式，使室外景观、人群活动也纳入室内人们的视线范围内，丰富了景观空间。室内外因此而形成有机整体，让人们从室外进入室内有自然的过渡	图2

来源：作者根据相关资料整理
图1：易琼摄
图2：马丽娅摄

2）候车大厅景观

枢纽候车大厅景观构成要素

表 5.2-4

构成要素		说明	示意图
围合界面	顶棚	透光顶棚：以暴露其结构构件为佳，自然光的引入为室内景观创造了绝佳的条件	 图 1
		不透光顶棚：其装饰也要结合灯具的布置，照明设计与顶棚造型相辅相成	
	墙面	在可以使用借景手法的墙面以通透的玻璃幕墙为佳，也可在局部墙面上设置壁画、浅浮雕等，增加空间文化品位	 图 2
	地板	地面设计结合景观的区域划分功能，无方向性的或向心的图案还可以暗示一种静态的滞留感。局部采用有图案的铺地可以增加空间的场所感	 图 3
座椅家具		1. 色彩构成：在候车空间中，座椅家具的色彩构成影响着候车空间景观环境的基础色调	 图 4
		2. 划分区域：不同形态的座椅暗示着不同的候车区域，即普通候车区或付费候车区	
		3. 围合形式：并排或围合设置，以满足人们相互交谈、独立静坐等的各种需求	
栽植、水景、石景	栽植	植物中心景观用植物通过单株或从株组合盆栽、花坛等形成重点装饰的主景造型	 图 5
	水景	候车空间可以通过水景的融入增加生机和魅力，也可以改善室内微气候环境	
	石景、雕塑	石景、雕塑、装置的中心景观为室内空间增添了人文与艺术品位，在静态空间中往往可以成为视觉中心，让人沉思和体会	

来源：作者根据相关资料整理

图 1："Zürich Main Station / Dürig AG" 11 Feb 2015. ArchDaily. Accessed 9 Nov 2019.

图 2："Terminal de transbordo Arnhem Central / UNStudio" [Arnhem Central Transfer Terminal / UNStudio] 04 feb 2016.

图 3："Casa-Port 火车站 / AREP" [Casa-Port Railway Station / AREP + Groupe3 Architectes] 27 6 月 2015. ArchDaily.（Trans. 杨翯）Accesed 14 10 月 2019.

图 4、图 5：作者自摄

3）交通通道景观

枢纽交通通道景观构成要素

表 5.2-5

构成要素		说明		示意图
围合界面	顶棚	顶棚可结合空间的功能高低错落合理地布置构件形式，并结合照明灯具的位置和形状，对人流起导示作用	1. 顶棚能自然采光，展现结构及构件本身的美感	 图 1
			2. 位于建筑底层或地下的通道，如果结构布局及构件缺乏美感，再加上某些特殊的功能需要（管线、照明条件等），那么这种顶棚应该采用装饰把结构掩盖起来	
	墙面	通道的墙面设计担负着改善空间感受、传播信息、创造美的氛围的功能。通道墙面处理通常要求简洁，色彩明快		 图 2
	地板	通道地面设计应满足室内设计的基本要求，耐磨，防潮，防火，地面处理要平整，光泽，防滑，设计应该规整，分区明确，图案规整，应该能烘托空间，引导人流，传达信息		 图 3
导向标识		标识对人流的引导起着最重要的作用，且导向标识尺寸所占空间中的比例是所有空间中最大的，导视牌隔 10 米左右就需要设计 设置的位置：顶棚下、墙面上及地面 目的：为了加强人流流动，使人群快速找到目的地		 图 4
植物、雕塑		交通通道内的植物及雕塑的大小要与室内空间的体量之间呈适当的比例关系		 图 5

来源：作者根据相关资料整理

图 1~ 图 5：马丽娅摄

轨道交通枢纽内部空间景观的功能主要体现在以下几点：

（1）对空间进行分隔和限定

通过植物的设置可以分隔动静空间，调节空间高度与宽度的比例关系，创造层次丰富的空间感受。

（2）为人们提供交流、休憩、娱乐的场所

枢纽空间景观可以很好地为人们提供交往交流、休憩玩耍的场所，让人身心愉悦。

（3）对空间进行指示和导向

景观的设置位置和排列方式可以间接起到引导作用。例如在交通通道的两侧排列摆放盆栽，对人们有明确的导向指示作用；在空间与空间的转折点摆放植物，能够提醒人们注意空间的变化。

（4）对各空间进行融合和过渡

内部空间景观位于室内，但同时通过玻璃，可以与外部景观产生对话，使内外空间相互融合，增强空间的通透性和连续性。

5.2.3 站场空间的引导性

轨道交通枢纽站场空间包括站台空间、跨线设施、站台雨篷与屋顶等（表5.2-6）。当前我国轨道交通枢纽多为线侧式或者跨线式，线侧式的站场位于枢纽内部空间一侧，跨线式站场一般高架于枢纽内部空间上部或置于下部。站台的空间属性区别于枢纽的其他空间，它具有变化快、人流短期聚集的空间属性：乘客走到站台上每个门的位置，排队等候一段时间，然后乘火车离开站台，时间只有几分钟，在不断移动的行为状态下，视觉焦点也在不断变化。从候车空间到车站空间的移动速度的变化导致了人们空间体验的变化，人与空间、人与物的相互作用因人的快速移动而减少，人们对周围事物的深入观察能力也降低了。乘客的视觉焦点是自由和焦虑的，因为他们在上车或下车时都在寻找方向和车次。由于列车上下乘客众多，车站是一个使用频率较高的空间，因此应注意站台空间的引导性设计。

枢纽各空间景观要素   表 5.2-6

空间组成	景观要素
站台空间	地面、建筑构件、公共设施、标识引导、绿化雕塑
跨线设施	天桥或地道、无障碍电梯、扶梯
站台雨篷与屋顶	雨篷柱、顶棚

来源：作者根据相关资料整理

1. 站台空间

站台一般分为中间站台和基础站台。站台在地面设计上宜以材质和颜色加以区分。站台上人群移动速度快，需要防滑铺路材料。

对于这些大型枢纽，站台雨篷柱位于站台中心。站台候车的需求带来了公共设施设计的需求，宜适当安排座位、报亭等设施以满足人们的需求。站台导向标识系统的设计是指针对交通通道的设计，强调清晰性和引导性。一些导向设施，如客运站平面设计，可以借鉴北京奥运支线的设计，将地域文化融入其中，在满足实际功能需求的同时，又呈现作为景观雕塑的艺术美感。绿化采用活动花坛或种植设计，色彩鲜艳，形式独特，美化和丰富空间。在人流高峰时期，可以通过位置的灵活变动，避免人流涌动。景观雕塑的设计应考虑避开人流和尺度的协调。

对于站台两侧的封闭墙体，宜进行一些装饰处理，并结合站台整体色彩，采用淡雅干净的颜色、抽象简洁图案的壁画形式，使站台更加亲切宜人。若站台周围设有挡土墙时，可以通过砌体的拼接和纹样形成富有地域文化特色的图案。

由于站台人流较大，需要一个通畅的空间，不宜设置过多的公共服务设施，站台景观设计应简单。站台地面标志、顶面标志的位置应清晰、通畅，并与站台照明设计、小花坛等服务设施相结合。座椅和垃圾桶的设置应避开乘客移动动线，同时适当进行艺术化设计，以丰富站台空间。

2. 跨线设施

天桥的墙是由透明材料制成的，这有助于人们在走路时找到方位。开阔的视野可以使整个枢纽的景观尽收眼底。经过下穿道路时，吊顶设计致力于减少压迫感，带来舒适明亮的空间；墙面广告、材料等宜统一设计，考虑自然与区域文化元素的融合，使旅客充分感受城市特色。自动扶梯用于垂直和水平交通，方便乘客携带行李；无障碍电梯服务于残疾人和老年人，这些都在一定程度上体现人文关怀。这种辅助设备的设计采用现代材料来反映时代和技术。

3. 站台雨篷与屋顶

"站篷一体化"的枢纽站台形式得到了越来越多的运用。各站台雨篷相互连为一个整体，覆盖了整个站场空间，与枢纽屋顶过渡自然，让乘客候乘环境不受外界天气的影响，极大改善了轨道交通客运的服务条件。

交通枢纽的屋顶一般采用空间网架结构、桁架结构、斜拉结构、悬索结构等。这种大跨结构营造轻盈的建筑形态和通透的建筑空间，其结构本身就具有一定的景观观赏性。例如南京南站站台雨篷柱的设计（图 5.2-10、图 5.2-11），

图 5.2-10　南京南站站台设
计（左）
来源：作者自摄

图 5.2-11　南京南站站台雨
篷柱设计（右）
来源：作者自摄

借鉴了中国古建筑中斗栱的形象，用抽象化手法进行设计，不仅支撑庞大的屋顶结构，同时体现南京这座古都的文化底蕴。顶棚的设计以简洁干净的浅色调为主，既烘托整个站台温和的氛围，又利于指示标识的清晰显示。

综上，因快速变化和人流短时聚集的空间属性，对于站场空间的景观设计，应更多注重景观的引导性，提高枢纽内部空间的人流效率与提高空间的艺术文化性，其景观设计要点见表 5.2-7。

站场空间景观设计要点　　　　　　　　　　　　　　表 5.2-7

构成要素		说明	示意图
站台空间	地面	分类：基本站台和中间站台 站台的地面设计尽量简洁，可用不同颜色、材质分区域设计，采用防滑的铺地材料	图1
	建筑构件	一些大型客站，站台雨篷柱落在站台中央，设计时需重视对柱子的装饰，配合整体景观环境的设计	图2
	公共设施	适当的布置座椅、售货亭等设施，满足人们的使用需求	图3

续表

构成要素		说明	示意图
站台空间	标识引导	站台标识引导系统强调清晰明确及导向性，一些引导设施如客站平面指示图的设计	 图 4
	绿化雕塑	绿化考虑可移动花坛或种植设计，用其色彩鲜艳、形式独特，来点缀并丰富空间，在人流高峰期可通过变换位置来避让人流。景观雕塑的设计也要考虑对人流的避让及尺度的协调	 图 5
跨线设施	天桥	跨线设施天桥的墙面采用透明材质，有助于人在行走中寻找方位，开阔的视野可以把整个站场景观纳入眼帘	 图 6
	地道	采用下穿地道时，参考交通通道做法，地道顶棚的设计致力于降低压迫感，带来舒适、明亮的空间；墙面广告、材质等统一性设计，考虑融入地域自然及人文元素，让到达的乘客了解、让离开的乘客回味城市特色	
	无障碍电梯	无障碍电梯为残障及老人服务，体现人文关怀	 图 7
	扶梯	垂直水平交通采用扶梯，利于乘客携带行包	 图 8

续表

构成要素		说明	示意图
站台雨篷与屋顶	雨篷	无站台柱雨篷跨度大，其结构形式轻盈。在站场空间中，雨篷景观以显露结构本身合理优美、富有韵律的构件为佳，不宜做过多的附加装饰	 图9

来源：作者根据相关资料整理
图1、图2："Estación Napoli Afragola / Zaha Hadid Architects" [Napoli Afragola Station / Zaha Hadid Architects] 29 ago 2018.
图3："哈拉曼高铁站 / 福斯特建筑事务所" [Haramain High Speed Rail / Foster + Partners] 17 6 月 2019.
图4：马丽娅摄
图5：作者自摄
图6："Zürich Main Station / Dürig AG" 11 Feb 2015. ArchDaily. Accessed 9 Nov 2019.
图7~图9：白志海摄

5.2.4　系统设施的景观性

枢纽景观空间也需设置系统设施来服务于使用者，主要设置于站场空间和枢纽内外部空间。系统设施主要由照明系统、导向标识系统和公共服务设施组成。系统设施对枢纽空间景观的整体塑造、外部空间景观的地域性、内部空间景观的自然性和站场空间的人性化设计起着重要作用，是枢纽空间景观设计的重要内容。

1. 景观照明

枢纽空间的景观照明主要是利用灯光设计对枢纽三大空间进行照明，不仅能保证枢纽空间的正常照明需求，同时能塑造夜间良好的景观效果。夜间景观所形成的艺术气氛来自于人工照明与景观元素的形状轮廓、大小尺度、材质肌理、色彩、细节等具体的形态要素的相互融合，对枢纽空间的环境品质和外在形象有一定的提升。

2. 公共服务设施及标识引导系统

公共服务设施为乘客提供餐饮、活动、休憩、通信等服务，包括休息设施、卫生设施、信息设施、售卖设施等（表 5.2-8），成为乘客使用率最高的设施，设置在交通枢纽涉及的大部分地区。目前,公共服务设施的设计水平越来越高，不仅能满足乘客的基本需求，同时能结合枢纽空间特点进行艺术化处理，成为装饰美化枢纽空间景观的特殊要素。技术方面，虽然公共服设施的工业化程度较高，但可以通过少数定制化的设计来表现地域文化特色。

公共服务设施的组成　　　　　　　　　表 5.2-8

类型	具体组成
休息设施	座椅等
卫生设施	垃圾收集装置、饮水机等
信息设施	时钟、公用电话亭、电子信息终端等
售卖设施	自动售卖机、售货亭、自动取款机等

来源：作者根据相关资料整理

　　导向标识系统包括标识与引导两方面，标识包括设施标识、客站标识、铁路标识等；而引导则是通过设置一些方向牌指向特定的地方。导向系统应在同一个交通枢纽中保持风格、颜色、字体、图标等的一致性，增强导向标识的通用化。导向标识系统的各要素及设计要点见表 5.2-9。

标识系统各要素设计要点　　　　　　　　表 5.2-9

要素	设计要点总结	示意图
色彩	①采用颜色对比强烈、易见度高、易于记忆的人性化色彩搭配 ②导向牌及灯光色彩的设置应具有系统连续性及相互的区别性 ③在满足以上基本要求的前提下尽量采用与客站协调的颜色	 图 1
字体	①导视系统需要高度清晰易读的字体，利于乘客在快速移动过程中识别信息而确定位置 ②字体系统要符合公共导视系统的要求，特殊情况下可通过改变其字体宽度和间距，以加强字体在不同情况下的可识别性	 图 2
图标	①应采用最直接和有效的图形语言来传达必要的信息，让那些没有乘坐经验的或是不同文化背景的人们都可以快速找到目的地 ②非标准通用的图标图案可融入地方符号进行设计，表达地域文化	 图 3

续表

要素	设计要点总结	示意图
导视牌	①设计要美观，工艺要精美； ②保证导视牌自身构造安全，从而保证旅客的安全； ③材质尽量要求绿色环保，耐用； ④对灯箱广告牌及局部照明进行有效控制，避免对重要指示信息产生视觉干扰，使交通导视牌可以被乘客快速辨识； ⑤导视牌的位置根据人对有效信息识别的最远距离放置，一般在十多米的距离内设置一个导视牌	 图 4

来源：作者根据相关资料整理

图 1、图 2、图 4：作者自摄

图 3：作者自绘

5.3 枢纽空间导向标识设计理论与方法

5.3.1 枢纽空间导向标识系统历史发展

1. 导向标识系统的由来

"标识"一词可从动词和名词的属性理解成两个概念，动词属性是"发出信号主动告知"，具有方向引导性作用；名词属性是"一种符号标志"，其所形成的导向标识系统带有导向作用。而导向标识系统是指能够传递信息并具有导向作用的系统。

导向标识是用借助感官所捕捉的信息来协助乘客识别空间，是传达信息的一种介质，传达"方向、位置、安全"信息，帮助乘客构建枢纽空间内的路径行为模式。导向标识系统是信息和视觉传达的媒介和符号语言。标识是一种强调多感官方式，通过颜色、形状、文字、图形、声音、气味或触觉符号等视觉元素向用户传递信息的公共服务设施。根据日本标识设计协会的定义，标识系统是根据人们的行为活动来表示空间信息的对象，即提供空间信息的设施。导向标识系统可以帮助人们认识、理解和利用空间，是帮助人们建立人与空间关系的重要媒介 ❶。

2. 枢纽空间与导向标识的关系

1）空间认知能力

当我们在任何环境中行动时，都需要找寻路径。寻找路径的过程就是对空间的认知和"寻路"，即空间引导的原始行为。因此，空间引导是人的移动和

❶ 张慧，王淮梁. 城市公共空间环境中标识导向系统的设计研究[J]. 兰州工业学院学报，2014, 21（4）：79-83.

找寻路径的结合。

　　空间认知能力是指脑海中的东西或图像在人的脑中通过识别、编码、储存、显示、分解和重组，再进行测量和抽象的能力，主要涵盖对空间的观察力、记忆力、想象力和思维能力。空间认知能力是人们对空间有了基本的认识后所形成的[1]。环境认知能力是人脑对环境产生信息的反馈能力，并做出反应即寻找路径。凯文·林奇提出通过路径、边界、区域、节点和地标五个要素来提升对城市环境的认知。通常情况下，认知地图的详细程度是由对环境的熟悉程度决定的。

　　2）寻路的过程

　　"寻路"一词最早起源于航海求生训练，1960 年由凯文·林奇在《城市意象》中第一次提出用于建筑领域的研究[2]。成功寻找路径的过程是能够识别所处特定位置，确定目的地的位置，找到到达目的地的最短路径，并将该路径倒推以找到返回的路径。

　　寻路的过程分为对空间的认知、决策制订寻路路径和执行路径三个步骤[3]。在寻路过程中，首先通过对环境信息的分析和处理，形成一定的空间概念。这一步骤被称为对空间的认知，它是下面两个步骤实施的基础。在对空间的认知和对目的地进行预判之后，开始寻路的决策阶段，即将参考点按照路径有序排开。决策是根据预定路径找寻路径的过程。在检索过程中，应及时修改错误的参考信息，直至抵达预期目的地。

　　枢纽空间的地面铺装设计也同样对寻路具有重要作用，萨林加罗斯等人从分形理论研究中提出，在复杂空间环境中设计路面铺装，具有重要的心理情感意义和寻路作用。"分形编码模型的经验告诉我们，环境中复杂结构和心理结构之间存在一种基本的相似性。要想设计出成功的开放空间，需要听从我们自身对于装饰、细部以及使用不同设计水平之间相互连接与相互和谐的基本直觉。"[4] 因此，在轨道枢纽这种复杂的空间中，需要从设计理论上深入探究有效的设计手法，以提升在复杂空间环境中寻路以及活动的身心体验。

　　寻路的过程非常复杂，因此在制订安全有效的路径基础上，可以探索丰富有趣的多种路径，使路径经过的空间更加多样化，创造更丰富的空间体验。在枢纽空间中，由于空间功能复杂，因此可以借助导向标识系统来帮助寻路。

3. 枢纽空间导向标识综述

　　欧美国家领先于我国在公共服务体系中将导向标识进行应用，最有代表性的城市地铁色彩线路便来自于英国设计师贝克·亨利，该设计师通过英国伦敦

[1] 赵秀玲. 景观空间基本几何形态研究 [D]. 上海：同济大学，2009.

[2] 凯文·林奇. 城市意象 [M]. 方益萍，等译. 北京：华夏出版社，2001.

[3] 赵晓利. 基于用户空间体验的地铁导向标识系统设计研究 [D]. 济南：山东大学，2018.

[4] 尼科斯·A·萨林加罗斯. 建筑论语 [M]. 吴秀洁，译. 北京：中国建筑工业出版社，2010.

地铁的整体分布对各个线路进行了明确标色，提升了整体可识别性，并将伦敦地铁的标识导向设计打造成了世界上最具代表性的范例。同期，美国和日本也对轨道交通等各大城市空间的公共场所进行设计研究，将视觉图形文字和符号化的语言应用于系统的传达中。日本的和基德一郎（2005）通过研究日本横滨地铁站的导向标识系统，将其内容和构成要素进行系统化分析，构建了导向标识系统的标准化体系。韩国学者柳叶边和元华宏（2009）在地铁站进行寻路实验，通过上百人的测试得出运用磷光设计的标识导视牌相较于其他设计在能见度差的环境下更易于识别。查尔斯·西阿尔法和帕特·斯帕达福拉（2010）针对老年使用人群，从心理和生理等方面分析研究，得出适于该类人群使用的导向标识系统的相关理论。

国内近年来对导向标识的设计逐渐加以重视。孙明（2008）等人应用地下空间心理分析乘客在轨道交通地下空间中的行为从而对导向标识系统提出改进策略；林磊、张丽杰（2014）以南京地铁导向标识系统入手，提出完善设计的三个方面，即合理设置位置、换乘站的逐级导向和合理应用色彩；余跃武、李晔（2016）等人基于大型客运枢纽站空间特点与管理要求，建立考虑公交优先和财政投入的导向标识系统设计多目标优化模型，并采用基于距离的离子群改进算法对模型进行求解；卓天宇（2017）基于乘客寻路行为和人体记忆等相关研究，采用仿真模拟和计算的方法建立导向标识最优布局模型，得出站内导标优化布局方案。

5.3.2　枢纽空间导向标识系统的基本概念

1. 导向标识系统含义

早在远古时代，人类为了辨清方位，利用石头等工具在洞穴上做标记。后来开始出现早期的交通工具，人类活动的范围也逐渐扩大，标识的重要作用开始显现。标识的功能开始成为环境与人之间信息交流的媒介，这是导向标识系统的原型。

狭义上的导向标识系统包括两层含义：一是区域内的图形或文字符号，起着表达方向和引导的作用；二是符号在一定空间中的信息表达和形态特征。前者以视觉传达为出发点，注重利用简单的符号来精准说明正确的信息，且能够跨越不同文化，在极短的时间内被理解。后者侧重于环境设计，结合外观、材质、艺术形式等要素，将符号融入空间设计中。从广义上讲，一切可以表达空间信息的视觉符号都可以称为导向标识设计 ❶。因此，图形、文字、雕塑、景观等都可作为载体表达（表 5.3-1）。

❶ 郭海蓬. 商业建筑的标识导向系统设计研究 [D]. 上海：同济大学，2009.

导向标识得含义 表 5.3-1

	含义	出发点	注重要点
狭义	一种图形或文字符号，起到表达方向和导向作用	以视觉传达为出发点	注重利用简单的符号来精准说明正确的信息，且能够跨越不同文化，在极短的时间内被理解
	符号在某个空间中的表现方式或状态	以环境设计为出发点	注重材质、外观、位置和艺术形式等影响因素，且关注符号如何融于空间环境中去
广义	一切用来传达空间概念的视觉符号和表现形式	—	没有特定的形式，文字、图形、景观、雕塑等都可作为载体表达

来源：作者根据相关资料整理

　　轨道交通枢纽导向标识系统是导向标识系统在轨道交通枢纽空间中的应用。是建立在视觉传达、环境心理学、人体工程学、信息传播学、行为学、管理学等学科综合研究的基础上，通过对导向标识系统的设计研究，将重要信息快速传递给乘客，使人们能够顺利地在多样的枢纽空间中完成交通、消费等行为活动❶。

2. 枢纽导向标识系统的特点

　　枢纽空间导向标识系统是对枢纽空间中乘客的乘车行为进行引导的系统。导向标识需要在短时间内清晰地把乘车信息传递给乘客，并在最短的时间内输送最多的乘客，实现轨道交通枢纽的高效性和便捷性。因此枢纽的导向标识系统具备以下特点（表 5.3-2）。

❶ 纪托 . 综合交通枢纽中公交场站导向标识系统设计研究 [D]. 北京：北京交通大学，2015.

枢纽导向标识系统的特点 表 5.3-2

特点	具体内容
标准性	指枢纽空间内的方位显示、功能显示、甚至广告显示需按照一定的规定原则进行设计，以保持导向标识系统在视觉方面的统一表达，实现设置统一、内容充分和清晰明了的导向系统。标准化主要通过秩序来体现，如简单清晰的导向信息牌是系统设计的重要内容
醒目性	要求乘客对枢纽的信息明了、易懂，而且要尽可能地缩短乘客在标识前的停留反应时间，避免造成滞留引起的人流拥堵等现象。因此标识具有信息简洁明确、重点突出、易见度高的特点
文化性	考虑到普通群体的同时，需充分考虑城市中的特殊人群，以及不同地域文化背景下的人们对导向标识的认知与运用。枢纽空间的导向标识系统也是展示城市形象文化的窗口，每个城市都有其独特的文化和历史。因此，标识设计要以城市综合背景为基础，在体现社会化的情况下塑造更好的城市形象
美观性	导向标识系统应在满足基本功能的前提下，注重其美观性，达到实用性和美观性的结合。此外导向标识系统可以借助枢纽内的其他物体表达，尽量减少占用空间，营造具有整体美的枢纽空间环境

来源：作者根据相关资料整理

5.3.3 枢纽空间导向标识系统的现状和价值

1. 枢纽空间导向标识系统的现状

轨道交通枢纽空间体量大、功能复杂，尤其是当代轨道交通枢纽空间与城市空间的融合，使枢纽空间中的城市功能日益增加。现代轨道交通枢纽具有功能复杂和空间尺度大的特点，随着城市发展的不断成熟，枢纽空间与城市空间逐渐融合，使得枢纽空间逐渐承担了城市空间的功能，但在枢纽空间使用过程中经常暴露出信息杂乱、空间无序、易迷失方向等问题。导向标识系统的合理设置是解决这些问题的有效途径，但根据其设置位置的不同，存在的问题也有不同，普遍存在以下共性问题（表 5.3-3）。

枢纽空间导向标识系统存在的问题   表 5.3-3

问题	具体内容
信息量小	导向标识系统种类较少，提供的信息量不足，指示范围较小，缺乏对地下空间及其周围场所的更详细的介绍
位置不合理	许多标识的设置没有处于能够被预测和容易看到的位置，或人们需要做出方向决定的地方，如出入口、交叉口、楼梯等人流必经之处，或通道对面的墙壁以及迷路的地方等。与此同时，许多标识的设置又集中在人流集散处，人群拥挤，造成交通不畅，影响了活动秩序
缺乏连续性与统一性	标识之间的距离安排不当，出现了盲区，线缺乏连贯及序列，无法为人指示连贯的线路。标识系统应连续地进行设置，使之形成序列，直到人们到达目的地
指向不明确	主要包括指向错误和指向不精确，缺乏人性化设计
缺乏规范性	缺乏整体统筹，各个城市在进行自己城市地铁标识系统设计的时候缺乏统一，给来自不同城市的乘客造成识别的混乱
缺乏城市文化特色	每个城市都有自己独特的城市魅力和文化底蕴，枢纽导向标识系统应当承担展示城市文化、展示城市魅力的作用
缺乏人性化表现	枢纽导向标识设计时要充分考虑残障人群对方向指示标识的特殊要求，如对盲人、坐轮椅情况等，导向标识需要提供盲文或语音引导；对年长者或弱视者，需要突出标识牌的面积和造型。而在我国的枢纽导向标识考虑这部分人群的需求不多，难以体现以人为本的人文关怀

来源：作者根据相关资料整理

现有的一些导向标识设计理论还不够成熟，特别是针对轨道枢纽这种大型复杂的空间场所，导向标识系统的水平和标准直接影响和反映了轨道枢纽设计水平质量的高低，也对轨道交通枢纽的功能目标起到了很大的影响作用。

目前我国的相关国家标准规范普遍滞后于实践，不能适应新的信息技术时代下人们对轨道交通枢纽导向标识的功能要求与新的技术要求。导向标识系统的快捷便利性、安全性、多功能的选择性、寻路的快捷性、空间舒适性以及艺术性等都是在新时代背景下人们对枢纽空间导向标识系统的需求。

2. 枢纽空间导向标识系统的价值

轨道交通枢纽空间导向标识系统对于改善枢纽空间的使用情况、优化寻路途径发挥着重要的作用。建立枢纽导向标识系统,对枢纽空间的使用十分必要。

枢纽空间导向标识的必要性主要从四个方面体现:一是弥补枢纽空间自身的不足,便于寻路;二是保证枢纽空间正常运行,提高效率;三是提高枢纽空间的环境品质;四是提高枢纽商业空间的竞争力,增加枢纽效益。

1)弥补枢纽空间寻路的不足

在枢纽空间中若不参考导向标识,寻路将变得十分困难。导向标识能够发挥向导的作用。通常在枢纽空间中的转折点或重要过渡区设置定位标识,方便参考明确所处环境,再通过设有箭头和地点名称的指向标识,帮助参考做出路径的选择,最终到达目的地(图 5.3-1、图 5.3-2)。良好的导向标识系统,可以完全取代手机地图,帮助不善于使用手机等智能设备的人群进行定位寻路,成为枢纽空间中值得期待与信任的标志。

2)提高使用效率,保证安全运行

导向标识系统丰富和补充了大型枢纽空间获取信息的渠道,常见的导向标识包括交通时刻表、轨道交通的营业时间、事件活动预告等。在错综复杂的枢纽空间中可以有效解放对人工服务的依赖,提高枢纽空间和轨道交通的运作效率。另外,限制指示标识如警示标志充当着枢纽空间保卫者的角色。如以简明的图形文字组成的警示标识,或以详尽的规章制度或操作步骤为内容的安全提示,规范或禁止某些行为,保护乘客的人身安全,保证轨道交通的安全运行。

图 5.3-1　日本轨道枢纽空间用于寻路辨识方向的指北针(左)
来源:作者自摄

图 5.3-2　日本轨道枢纽空间用于寻路辨识方向的指北针(右)
来源:作者自摄

图 5.3-3　上野站内部空间的
文化艺术展示 1（左）
来源：作者自摄

图 5.3-4　上野站内部空间的
文化艺术展示 2（右）
来源：作者自摄

3）提升枢纽空间环境品质

大型枢纽空间功能复杂，为更好地便于乘客认知和使用枢纽空间，导向标识的功能十分丰富，如结合了城市历史文化和公益教育作用的标识，在一定程度上提升了枢纽空间的文化艺术内涵和彰显了城市形象魅力，使枢纽空间环境不再枯燥冷硬，提升了枢纽空间环境品质。如日本上野站内部空间的文化艺术展示（图 5.3-3、图 5.3-4）。同时伴随着枢纽商业空间的招商引资，借助一些有特色的商业标识，吸引人流，增强商业氛围，提高枢纽空间的人气。

4）提高枢纽空间商业竞争力，增加枢纽效益

在枢纽商业空间中，导向标识系统主要用于告诉顾客商业业态的分布和解决顾客的需求，以更好地服务顾客。良好的导向标识系统能让顾客清晰购物消费路线，使整个商业区域进行着有序的良性循环。通过完善的导向标识系统对枢纽商业空间内的人流、车流进行疏通、引导，同时又能提升商业区域形象，从而增加商业竞争力，提高商业效益。

5.3.4　枢纽空间导向标识系统设计原则

导向标识系统设计的主要原则有：功能技术性原则、视觉艺术性原则、场所文化性原则、无障碍通用性原则、整体规范性原则等。但是，枢纽空间的导向标识系统有其特殊性。首先，枢纽空间具有城市文化展示窗口的属性，在导向标识系统设计时要考虑城市文化艺术的传播；其次，枢纽空间具有复合型与立体化特征，更需要导向标识系统来引导空间内的各项行为和活动；此外，随着轨道交通的多功能化发展，枢纽空间也越来越趋向融合与复杂。其具体原则见表 5.3-4。

Toledo 地铁站位于意大利那不勒斯深达 50 公尺的地下，该枢纽站被誉

枢纽空间导向标识系统设计原则　　　　　　　　　　表 5.3-4

要点	具体原则
兼顾功能性与视觉性	确保其功能性的有效实施
结合技术性与艺术性	导向标识系统的物化过程需要有相应的材料和工艺技术作为支持，否则，就不可能有最终的导向标识产品。 艺术性特征是导识系统个性化特征的重要衡量指标，将技术性与艺术性有机结合，才能创作出个性十足的视觉导识系统
融合场所物理环境性与文化性	考虑场所文化精神的传达，表现在具体设计上往往是具备场所象征意义的图形元素的恰当运用。融合场所物理环境性与文化性的导识系统才是具有灵魂的场所设施
协调整体性与特殊性	城市环境的多变性决定了其导识系统必然要设置很多子系统，这就意味着特殊性的存在。应以不破坏整体性为原则，对特殊情况进行协调处理，使特殊地带的导识系统既具有该处的特征，又能够被识别为整体系统中的一员

来源：作者根据相关资料整理

为世界最具艺术魅力的地铁站之一（图 5.3-5），其导向标识系统十分具有特点，是视觉艺术与导向标识功能结合的典型案例。

1）标识色彩简单鲜明

运用黑、灰、黄为主色，黑色和黄色是一种高度大胆而充满活力的配色。黄色赋予标志更多

图 5.3-5　Toledo 枢纽站内景
来源：http://www.sohu.com/

活力，在公共场所起到警示的作用。另外，黄色是一种稳固的颜色。

2）标识造型明确简洁

（1）设计内容简明清晰

整套图标旨在通过简单但可识别的形状实现最大可见度，当我们在陌生的环境中行走时，这些清晰简明的标志使我们朝着正确的方向前进。在这些标志的背后，始终有专家通过精心的研究，不断更新标识系统，提出最佳的解决方案。

（2）设计强调关联性

标志中"人"这种象形图的头部与 metro 中的字母"m"的上部有相同倾斜度，形成一个连贯且结构良好的视觉系统。

卫生洁具标牌的设计也有相同的关联性，切割线遵循与象形图和徽标本身相同的倾斜度。

（3）设计具有文化特征

标识设计总结了那不勒斯的文化、空间的形象和思想，兼有坚固的形状，以抵御不良天气和风的影响。

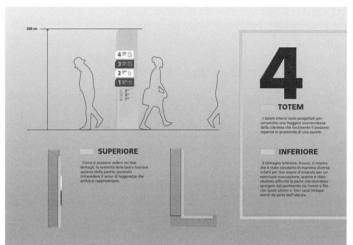

图 5.3-6　Toledo 枢纽标识 1
（左）
来源：黑龙江标协

图 5.3-7　Toledo 枢纽标识 2
（右）
来源：黑龙江标协

3）设计体现人性化

那不勒斯导向标识系统在人性化的设计方面做得很到位，例如为了不成为最终疏散的障碍，从地板突出的螺纹部分与后者齐平从而不会导致绊倒用户，且钢板的侧壁表现出了轻盈感（图 5.3-6、图 5.3-7）。

5.4　枢纽空间导向标识系统规划设计

5.4.1　枢纽空间的导向性设计

1. 入口形态引导设计

枢纽空间出入口的形态营造，尤其是引导进入地下空间的地铁站出入口，其形态应当从周围环境中区分出来，并且可以快速被识别。有导向性的形态意味着人们能够迅速地识别寻找的目标，并且对周围空间氛围不产生干扰。例如，江苏省南京地铁 1 号线新街口站（图 5.4-1），入口是一个常见的地下自动扶梯和楼梯口，行人可以迅速从周边地区辨别出来，人们不会误认为它是一个具有其他功能的构筑物。此外，就入口和出口的识别性而言，有必要清楚地标明它们所处的空间和它们所要面对的空间，深圳北枢纽站（图 5.4-2、图 5.4-3）也是一个很好的例子。

2. 空间形态引导设计

在枢纽空间中，空间形态的不同会产生不同的感受。例如，在狭窄的通道中，我们可以主动识别通道空间；在带有中间大厅的宽阔空间中，我们可以识别枢纽的换乘区域。在枢纽空间的内部形态设计中，必须对空间进行更好的设计和充分的功能考虑，使空间形态与空间性质相适应。

图 5.4-1　江苏省南京地铁 1
号线新街口站（左）
来源：作者自摄

图 5.4-2　深圳北枢纽站入口
外观（右上）
来源：作者自摄

图 5.4-3　深圳北枢纽站入口
内景（右下）
来源：作者自摄

3. 标牌引导设计

在枢纽空间中，最常见、最简单的引导形式是标识。文字和箭头可以表达
几乎所有的导向功能。但在标识引导中，需要注意以下两点：一是标识的全面
有效性，在功能多样、流线型的枢纽内部空间，要完善多套内部导向标识体系，
做到全面、清晰、不易混淆；二是标识的连续性，在枢纽空间内部，一条线路
的指引要连续且有始有终，否则会让行人更加迷惑。标识导向的不连续性是许
多复杂空间中普遍存在的问题，而不清晰的标识也是导致不连续性的一个因素。
因此，标识的设计应紧密结合实际情况，尽量做到连续，不易混淆。

4. 内部空间元素引导设计

轨道交通枢纽空间包含着许多功能空间，各功能空间之间需要一定的元素
引导衔接，帮助行人在空间之间的过渡。因此枢纽内部空间需要具备行人在空间
中能够一眼识别出某一个出入口通向何处的特性。这种可迅速识别的元素，如构
筑物、空间形态的变化、空间中突出的颜色等，都是可以被人迅速捕捉的要素。

5. 隐性引导设计

隐性引导是指在枢纽空间的设计中，运用符合空间连接终点所具有的文化
内涵的设计元素，即在行为空间中预先感受到终点的空间特征。

在北京雍和宫地铁站室内（图 5.4-4、图 5.4-5）的设计中，在到达雍和
宫前，台阶和柱子采用仿古汉白玉栏杆和红色柱子元素进行设计，以便提前感
受到"宫殿文化"，让行人更确定自己到达的车站就是雍和宫。类似的案例还
有上海地铁迪士尼站、北京动物园站等。这种通过文化渗透提前传递站点信息、
感受氛围的方式，对提升站点的文化氛围起到了很好的引导作用。

图 5.4-4　雍和宫站室内景观
设计 1（左）
来源：李艳雯摄

图 5.4-5　雍和宫站室内景观
设计 2（右）
来源：李艳雯摄

5.4.2　枢纽空间标识系统设计

1. 枢纽导向标识系统的分类

作为导向标识系统功能分类之一的引导指示标识，按照枢纽空间特点分类，有以下两类（表 5.4-1、表 5.4-2）：

1）按标识的特点分类

标识分类（按特点）　　　　　　　　　　表 5.4-1

类型	特点
静态引导指示标识	①以箭头、标志和线条等形式存在，并且根据环境中的目标分级逐渐进行连续式引导。例如：方向指示牌、信息图、盲道等 ②可以结合枢纽内部光线、色彩及标志符号的设置，更好地发挥引导作用
动态引导指示标识	①为了便于乘客掌握枢纽内部的交通工具到发信息以及枢纽内部乘客密度的实时情况，而设置的综合静态标识和动态信息的引导指示标识 ②目前在枢纽空间中仅以交通工具动态显示屏和静态引导指示标识独立设置的简单结合形式存在

来源：作者根据相关资料整理

2）按功能分类

标识分类（按功能）　　　　　　　　　　表 5.4-2

类型	特点	示意图
方位类标识	①用平面图或向导图的方式表示乘客所在空间位置 ②大节点配置周边街区图、总平面图、立体空间图、各楼层平面图 ③中、小节点配置总平面图、立体空间图、各层平面图	图 1
引导类标识	①以箭头指示方式呈现，对环境中的序列性连续引导 ②按照大、中、小节点，分别设置不同级别的引导标识 ③设置间距在 30 米以内连续设置，在同一线路上两个相邻标识间距在 6 米以上，以保证相互不被遮挡	图 2

续表

类型	特点	示意图
辨识类标识	①在枢纽空间内外，在所有交通设施、地铁各线路车站、出租车站、公交车站、长途车站、旅游巴士站、停车站、商场、酒店、办公楼、广场、出入口、楼扶梯、垂直电梯、问讯处、洗手间、饮水处、公安、急救等公共设施设置辨识类标识 ②以点的形式布置	 图 3
说明类标识	①以公告栏形式呈现，也可与动态显示结合 ②设置于大、中、小节点的主要出入口、垂直电梯、楼梯、扶梯等处 ③大节点配置旅游巴士信息等，中节点配置枢纽线网图、公交信息，小节点配置枢纽线路图，主要出入口需要配置地面出口信息、垂直电梯等	 图 4
警示类标识	①提醒禁止或管理使用行为的规范和准则，具有维持安全和秩序的功能 ②设置于枢纽空间的各主要出入口、通道、综合换乘厅、地下停车场、楼扶梯、垂直电梯等处	 图 5
装饰类标识	①修饰或强调环境中的个别元素，并具有美化的功能，同时增强空间环境的识别性和记忆性的标识，如墙面、壁饰等 ②设置于综合换乘厅的重要节点、地下停车场等	 图 6
消防类标识	①有电制式安全标识、蓄光型安全标识、消防疏散图三种形式 ②电制式安全标识：应严格按照国家标准进行布置 ③蓄光型安全标识：作为电子式的补充，设置于地下或室内空间的地面、疏散楼梯内等处，地面上 2 米以内连续布置，每个楼梯踏步一个 ④消防疏散图：综合换乘厅室内空间每隔 50 米设置一个消防疏散图	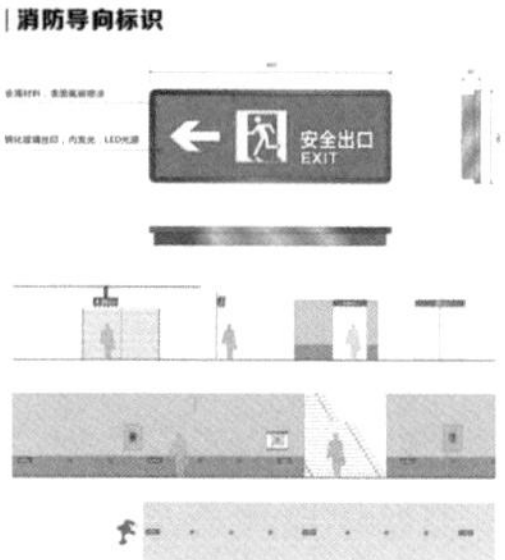 图 7

来源：作者根据相关资料整理

图 1~图 6：作者自摄

图 7：作者自绘

城市轨道交通枢纽包含了商业空间、交通空间、娱乐休闲空间等，其标识系统按功能可划分为方位类标识、引导类标识、辨识类标识、说明类标识、警示类标识、装饰类标识和消防类标识等几个部分。

3）按感知途径分类

信息主要通过视觉来获取，但其他感官渠道在传达信息中也发挥着重要作用。枢纽空间导向标识系统强调的是利用各个感官传递快速准确的信息，通过建立以视觉感官为主、触觉感官和听觉感官为辅的多感官标识系统，满足枢纽空间的导向标识的需求，并考虑到信息接受能力较弱的群体，如残疾人、孩子、老人等的需求，体现人性化设计（表5.4-3）。

标识分类（按感知途径）　　　　　　　　　　表5.4-3

类型	特点
基于视觉的标识	①主要包括平面标识和造型标识两种类型 ②平面标识是指标识的主体部分是以平面的形式呈现，它又可以分为文字标识、图形标识和图文结合标识。平面标识是最常见的标识形式。在枢纽空间环境中，尤其是地下空间，光线不足，依赖电能，有突发断电或供电不足的可能，因此，对平面标识的可视性、易知性的要求更高 ③造型标识是以造型作为视觉传达的方式，是标识的主体功能。从视觉效应来看，造型导向标识比平面导向标识更生动，可以直接融入城市景观空间或枢纽景观空间中，具有很强的亲和力，也更易被人的主观意识理解接受。造型导向标识主要包括带有导向性和定位性的建筑和雕塑，在枢纽地下空间环境中设置造型导向标识，不仅能帮助人们定位、定向，还能带给人们愉悦感，其造型上的多样性和亲切感也能缓解封闭空间给人们造成的不良心理感受
基于听觉的标识	基于视觉的导向标识的功能性减弱时，听觉导向标识可以弥补其不足。该种标识不仅能在紧急情况下发出有效的导向信息，也能极大地方便引导视觉障碍者
基于触觉的标识	基于触觉的标识主要是为有视觉障碍的人提供方便，枢纽的地面空间往往提供盲道，帮助视障人士感知路面方向。在地下空间中除了导向盲道之外应建立其他触觉通道，以在紧急情况发生时，帮助更大流量的健全导向

来源：作者根据相关资料整理

4）按标识所表达的内容分类

按标识所表达的内容分类，可分为四类（表5.4-4）：安全信息类、设施提示类、换乘指引类和区位引导类。这四类信息不仅涵盖枢纽设计者为行人提供可使用的设施的位置，行人可能需要获得的指令信息，还包括在紧急情况下使用的信息内容。

5）按标识的存在形式分类

根据平面和空间分布，标识的位置有平面位置和高度位置两种。标识的存在形式有贴附式、吊挂式、站立式和悬挑式，可根据标识的特点进行选择（表5.4-5），其位置主要从人的行为特征出发进行设置。

标识分类（按内容）　　　　　　　　　　表 5.4-4

标识类别	信息类别	标识信息内容
安全信息类	客运安全信息	禁止携带武器及仿真武器、禁止携带剧毒及有害液体、禁止携带托运放射性及磁性物品、禁止依靠等
	消防安全信息	紧急出口、疏散通道、灭火设施、火警
设施提示类	建筑基础设施	建筑物出口及入口、楼梯、电梯、扶梯、卫生间、进站口、出站口等
	服务设施	寄存处、问询处、失物招领处、残疾人设施、电话亭、安检处、停车场、商店、餐饮、饮水处、废物箱
换乘指引类	车次信息	地铁、公交等的线路、车次等
	站厅信息	售票处、检票口、候车区、公交枢纽、地铁等
区位指引类	区位信息	所处位置周边区域信息

来源：作者根据相关资料整理

标识分类（按存在形式）　　　　　　　　表 5.4-5

类型	位置	特点	适用条件	图片
贴附式	墙面、结构支柱和地面	制作简单，造价低，位置灵活	地面贴附式不适合大客流，其他位置需结合视觉效果	图 1
吊挂式	固定顶棚上	通视性与指示连续性好，应用范围广泛	结合枢纽层高使用，但枢纽层高过高或顶棚造型的不规则不适用	图 2
站立式	地面上的立柱状标识牌	不受空间约束，灵活可移动，承载信息多，占地面积大	设置位置不当，易造成小范围拥堵	图 3
悬挑式	固定在设施悬臂上	对枢纽空间和设施要求强，对环境影响大	需结合枢纽空间布置情况来布置悬臂，并与环境相适应	图 4

来源：作者根据相关资料整理
图 1~图 4：张丹阳摄

主要信息规范图标

地铁 Subway	公交车 Bus	出租车 Taxi
旅游巴士 Tour Bus	长途汽车 Coach	铁路到达 Railway Arrivals

次要信息规范图标

卫生间 Toilet	直饮水 Drinking Water	自助银行 Self-service Bankin
母婴室 Mother's Lounge	售票处 Ticket Office	地下通道 Underpass

图 5.4-6　图标规范示意
来源：北京交通大学城市规划设计研究院

6）按照信息的重要度分类

结合枢纽交通的情况，对信息的重要度进行分类（图 5.4-6），以便旅客对信息的迅速捕捉。对主要信息，如各种交通设施信息、急救、公安、消防、停车场等重要信息，采用不同色彩识别。对次要信息，如各种服务设施、洗手间、楼电梯、商业、餐饮等，采用无彩色识别。

2. 标识系统设计要素及建议

1）标识中的照明

枢纽内部空间中，尤其在地下空间部分，因自然光线不足，导致室内环境中的标识系统通常需要内部设置照明来增强标识的阅读效果。对于枢纽空间中的标识需要使用照明来保证可读性。照明的技术手段主要有 LED、导光板、日光灯等。

2）文字与图形设计

文字在信息传达的方式上比图形要复杂，高效完整的标识系统应当有独具特色、统一的图形体系，搭配相应的文字。将两者结合起来使信息快速有效地传递。枢纽空间中不同的空间功能可以使用不同的标识字体，例如：黑体更加简洁、干练、识别速度快，宋体又比黑体更具有传统、古典的文化韵味。此外，还需要根据商业空间、交通空间或停车场空间中特有的空间风格和功能进行导向标识的设计。在字体的选择上，交通空间要选用具有更快阅读、更易辨别的字体（图 5.4-7）。商业空间导向标识则更加注重文化性、艺术性来塑造整体的品牌形象。

标识应用字体规范

◆ 标识应用中文字体

中国市域铁路设计规范
中国市域铁路设计规范

微软雅黑Bold 适用于中远视距
微软雅黑Regular 适用于中近视距

◆ 标识应用英文字体

ABCDEFGHIJKLMNOPQRSTUVWXYZ
ABCDEFGHIJKLMNOPQRSTUVWXYZ
ABCDEFGHIJKLMNOPQRSTUVWXYZ

ArialBlack 适用于远视距
ArialBlod 适用于中远视距
ArialRegular 适用于近视距

图 5.4-7　文字信息传达示意
来源：北京交通大学城市规划设计研究院

◆ 标识应用数字字体

请根据数字标在文本应用字体确定。

3）标识的色彩设计

枢纽空间中的不同功能空间也可以使用颜色来进行分区，方便人们对空间有宏观的了解。城市交通的导向标识色彩大多有相应的国际标准、国家标识和规范，如红色用于警告标志以及禁令标志，道路标志基本使用蓝底白字等。除此之外，目前几乎大多数城市的轨道交通线网都有其特定

图 5.4-8　北京地铁标识
来源：北京地铁官网

图 5.4-9　日本地铁站换乘通道的墙面色彩导向
来源：作者自摄

的颜色，如北京地铁红色的 1 号线、蓝色的 2 号线、绿色的 8 号线（图 5.4-8）等，这些颜色比只有文字和图像的地铁站标识有更具体、更直观的信息，特别是在大型、具有多条地铁线路的枢纽空间内，可以帮助人们更加快速直观地到达目的地。如日本某地铁站换乘通道中墙面的色彩导向（图 5.4-9），可以为人们提供连续的指引。

4）标识的材料与形式选择

枢纽空间标识系统的形态与材质共同形成了其构成形式，标识系统的选材与形态需要与所处枢纽空间的风格、形象相一致协调。不仅要综合考虑不同种类标识牌的物质要素，如色彩、质感、肌理、材料、结构、工艺等，还需要在形态的设计上考虑其精神要素，如文化、传统、宗教信仰、民俗、情感。

标识牌的形式在空间中需要合理的尺度，实体形态符合大众审美。在枢纽空间的标识系统设计上应具有简洁性、文化认同性和形态的持久性。因此，在标识的造型设计上需要注意三个要点：一是标识的形态要素在设计过程中合理运用点、线、面、体的造型要素以外，还要考虑空间及运动状态下的形态；二是结合空间的整体形象选择相应的标识牌造型，以具象或抽象的方式表现；三是形态的说明性，标识牌其本身的形态也具有说明和解释的功能，其形态有着与文字、语音、图解、象形文字同等的信息传达的功能，巧妙地结合造型可以进行间接的信息表达。

5）标识信息的重要程度体现

枢纽空间中，标识需要传达交通、商业、设施等多种信息，常常一个标识牌要涵盖多类信息的引导，因此需要根据信息重要程度的不同在标识设计中加以区分，使乘客能更快速地捕捉到重要信息。例如在标识设计中通过颜色、字体大小来区分主次要信息（图 5.4-10）。

图 5.4-10 标识设计的主次
信息区分
来源：北京交通大学城市规划
设计研究院

5.4.3 导向标识的安全疏散引导

1. 枢纽空间的安全隐患特征

1）出入口易集中危险烟气

当火灾发生在枢纽空间中，特别在地下空间时，由于空间封闭性强，烟雾扩散快，且形成的地带较长。由于烟热易在狭长的通道、进出口等地方集中，对疏散极为不利。

2）地下空间能见度低

当灾害发生时，若供电设施出现故障，地下空间将无光照，一片黑暗，即使配备事故照明系统，由于烟雾的影响，其能见度依然不足，这将阻碍人们辨别正确的疏散方向和疏散路线，影响疏散速度。

3）隧道内障碍物多，疏散速度慢

地铁隧道两侧设有消防箱、电缆架等设备，其地面设有消防给水管道和排水沟等设备，造成能利用的宽度较窄，严重影响疏散速度。

4）人的心理等因素导致事故扩大化

由于空间的封闭性和定向性，用户很难在空间中定位，也不容易获得安全感。此外，遇到灾害发生时，人心理恐慌程度较大，因此若没有疏散标志，或疏散标志设置不明显，会严重影响疏散速度，造成踩踏事故。

2. 导向标识的应急处理要求

随着城市规模的不断扩大，城市轨道交通建设越来越复杂，这也对枢纽空间的应急导向标识系统提出了新的要求。为保证应急导向标识系统在紧急情况下能够正常运行，减少安全疏散时间，应从认识性的提高和设计的合理性两方面考虑（表 5.4-6），全面优化应急体系。

导向标识的应急处理要求　　　　　　　　表 5.4-6

要求	具体内容
提高应急系统的认知性	把多源头的信息传递引入应急导向标识系统设计，通过应急导向标识、应急导向灯、应急导向语音系统等设施进行多方面综合导向，确保逃生时信息不丢失
增加应急系统设计的合理性	对于应急管理来说，应急导向系统设置的合理性直接决定了人员安全疏散的成功率，因此，要全面优化枢纽空间的应急导向系统，增加应急导向系统设置的合理性是其中的重要部分

来源：作者根据相关资料整理

3. 导向标识的安全疏散设计建议

1）导向灯标识的设置

在枢纽空间的大部分紧急出口中，悬挂导向灯标识基本上与逃生路线相同。但是，当发生灾害时，由于地下空间能见度低，人们在逃生时很难看清标识，找到正确的疏散路线。由于随着烟雾的上升，悬挂的标识的能见度很低，因此可以在地板上或墙壁下部设置紧急出口标识，如枢纽大厅柱子底部。若人流量过大时，底部标识的作用也相应降低，韩国釜山地铁站为了应对这一系列的情况，设计了多功能疏散标识装置。若能见度较好时，启用应急标识；当能见度不足时，装置两侧会亮起指示灯标识，并发出警告声，在视觉和听觉上共同传递紧急信息。

2）应急避难出口的设置及标识的优化设置

目前，国内枢纽地下空间避难出口和避难空间还没有相应的识别系统，由于识别不合理、引导灯光昏暗等不利因素，无法实现应急疏散和应急避难。国外的一些城市在枢纽地下空间中均设有避难口及诱导灯和应急照明设备，并与平时乘客的通道在相应的位置相连。例如，日本在地下空间中设置反向紧急出口。当灾难发生时，为了满足安全和保障的需要，地下空间可能会完全关闭，届时反向出口成为紧急出口。

3）疏散避难通道标识图的完善与优化

在枢纽空间中，尤其是地下空间，空间相对封闭，因此人在里面的方向感较差，很难定位自己的位置。在空间中设置疏散标识图，能有效传达乘客当前的位置信息，在紧急情况发生时，有助于紧急疏散工作的顺利进行。

疏散标识图可以准确反映枢纽内部空间的结构组成、车站紧急出口的方向和位置、发生灾害时的逃生路线以及灭火器等应急装置的位置。

PART **6**

国内外工程实践研究

第 6 章   国内外工程实践研究

前面几章对城市轨道枢纽规划设计理论与方法的论述很多是我们从国内外一些典型案例工程实践的研究中所获得的认识，这些探索对今后的实践仍然具有宝贵的价值，值得深入学习。本章以专题对比的方法进行研究分析，总结为站城融合、价值集聚、综合开发、空间共享和文化艺术主题五个案例研究专题，并从交通组织、开发模式、空间设计、景观设计、标识导向设计等多方面进行分类总结，对比研究选择了德国柏林火车站、中国北京西直门站、中国香港九龙站、日本东京站等 10 个有代表性的案例，希望通过案例的特征分析可以进一步认识轨道枢纽空间规划设计的理论与方法。

6.1   站城融合：北京西直门枢纽和日本东京站

北京西直门交通枢纽综合体是 2001 年国内率先立项开工建设的综合性大型轨道交通枢纽，是北京西部最重要的交通综合转换中心，也是北京最早投入运营的以轨道交通为主要交通方式的大规模交通枢纽综合体，目前又面临 13 号线延伸和京张高铁建设再次改造（图 6.1-1）。

老北京的西直门是北京内城的九大古城门之一，自元朝开始就是京畿的重要通行关口，元代为大都城和义门所在地，明清时为京师内城九门之一，是除

图 6.1-1　北京西直门枢纽站
来源：蒋晨明 / 视觉中国

正阳门外规模最大的一个城门。现在的西直门综合交通枢纽位于北京西二环路与西直门内外大街的交接处,高梁桥路与西直门北大街之间。总用地面积 5.99 万平方米,总建筑面积 26.5 万平方米,地上部分约 16.7 万平方米,地下部分约 9.7 万平方米,以三栋挺拔的弧形高楼成为西直门周边地区的地标性建筑。

西直门枢纽是北京轨道交通网的重要换乘节点,除了火车站北京北站[1]外(图 6.1-2、图 6.1-3),还是城市轨道交通 13 号线、2 号线和 4 号线三线的换乘站。其中,2 号线和 4 号线置于地下,13 号线车站置于地上。发展至今,西直门地区建设了地面三层立交桥,并形成了囊括城市轨道交通、市郊通勤铁路、国家铁路、地面公交等多种公共交通方式的城市综合性交通枢纽,使西直门地区成为目前北京重要的城市交通节点。

东京站是日本大东京都市圈的主要交通枢纽,线路适用于服务高速列车和地区间的通勤。东京站始建于 1908 年,1914 年长约 335 米的三层欧式红砖车站建筑建设完工,该车站楼建筑于 2003 年被指定为日本重要文化遗产,并于 2007 年进行修建复原。车站的轨道和旅客站台被抬起,为的是能从西边丸之内地区或东边八重洲区域的人行通道进入车站,穿过首层零售店,到达出发列车处。西入口面临城市商业区,是历史上有名的车站入口(图 6.1-4)。相比之下,东边入口则发展较晚,2002 年 JAHN 建筑事务所赢得了设计邀请赛,重新设计新车站入口和侧面的办公大楼。东京站八重洲口和对面街区,形成了鲜明的对比,一边是新建的商业大楼,一边是传统的商业大楼。对面街区改造完毕以后,这条街可能是东京最亮丽的街区之一(图 6.1-5)。

6.1.1　交通功能:多重交通融合

1. 西直门交通枢纽功能构成

西直门交通枢纽综合体按功能与体量关系划分为东、中、西三个区域。东、中两区主要承担交通功能,其中东区为北京北站、2 号和 4 号线地铁站、枢纽

图 6.1-2　原北京北站站房(左)
来源:刘阳摄

图 6.1-3　原北京北站站房(右)
来源:刘阳摄

[1]　北京北站是西直门枢纽的重要组成部分,也是京包铁路、北京市郊铁路 S2 线的始发、终到站,同时是建设中的京张高速铁路始发、终到站。北京北站始建于 1905 年,原名西直门站,是中国自主设计建造的第一条干线铁路——京张铁路的重要车站。1988 年,正式改名北京北站。2009 年北京北站改造完成。

图 6.1-4   日本东京站丸之内
口（左）
来源: 作者自摄

图 6.1-5   日本东京站八重洲
口（右）
来源: 作者自摄

❶ 张灿 . 基于 BIM 的轨道交通
综合体设计效率提升策略研
究 [D]. 北京: 北京交通大学,
2017.

东广场和地下换乘大厅，中区为南广场、城铁 13 号线和城市铁路指挥中心；西区为商业、商务用房以及西广场 ❶。

西直门交通枢纽综合体容纳了国家铁路（北京北站）、城市轨道交通、城市巴士公交等多种公共交通方式，以及社会车辆等私人交通方式。城市轨道交通包括 2 号、4 号、13 号三条线路，地铁 2 号线、4 号线车站位于综合体东南角立交桥下，13 号线车站贯穿综合体中区地下一层至地上三层。市郊铁路 S2 线与国家铁路集中于北京北站，位于东区交通枢纽东广场北端。常规公交车站分为东、西两个区域，分别位于东广场、西广场外沿。社会机动车辆停车场位于综合体地下二、三层，出入口集中于西区 T3 和 T4 塔楼之间。非机动车停车场的位置在非机动车道与人行通道之间，紧邻城市巴士公交站台。

西直门交通枢纽综合体内的交通换乘以城市轨道交通为中心，包括城市轨道交通内部的换乘——北京城市轨道交通三条线之间的换乘，城市轨道交通外部的换乘——地铁与国铁、公交、出租车及社会车辆的换乘，以及其他交通方式之间的换乘。

2. 东京站的交通结构

东京站包含铁路、地铁和新干线等交通方式，线路分别铺设于地上和地下两部分。其中铁路线共有五个站台、二十条线路位于地面层；四个站台、八条线路位于地下层；城市地铁有一个站台包含两条线路位于地下层；新干线共有五个站台、十条线路位于地面层。该站在地面上主要包含三个方向的六个出入口，分别是两个南口、两个北口和两个中央口，其中中央口分为西侧丸之内中央口和东侧八重洲中央口。此外，在东京站东北方向设置的日本桥口方便旅客直接进入新干线站台，沿日本桥口外永代通向东可达日本桥，向西可达大手町（图 6.1-6）。

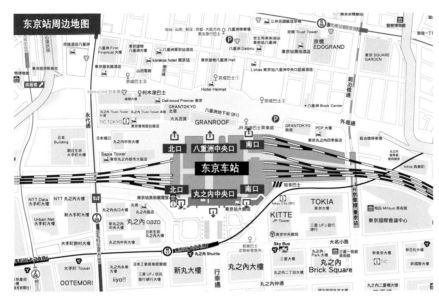

图 6.1-6　日本东京站周边地图

来源：作者改绘

　　因为东京站所在区域地形整体上向皇居外苑略微倾斜，地面步行系统道路在西侧丸之内口通过几级台阶处理高差，东侧八重洲口则与地面持平。位于街道和车站大厅地下的步行系统处在同一标高，通过阶梯和手扶梯与地面处相连，将人流引至地面层街道。

　　小结：西直门枢纽站和东京站作为城市繁忙的复合型交通枢纽都以丰富的建筑空间形式涵盖了多样化的交通出行方式。交通功能内部间的协调以及交通功能与其他各项功能的融合是这类大型交通枢纽站点设计与开发的核心。西直门枢纽站和东京站在枢纽功能划分和交通结构组织上都进行了良好的处理，各有特点，但随着城市发展，仍需要不断改进更新，以实现站城融合的一体化建设。

6.1.2　商业开发：不同主体对比

1. 西直门交通枢纽：政府主导

　　在原北京北站、地铁 2 号线西直门地铁站的基础上，其配套商业用房——西环广场的建设是首都城市交通现代化发展战略的具体措施，作为北京市 2001~2002 年度 60 项重大工程之一、"十五"期间城市基础设施建设的重点项目，由北京金融街建设开发有限责任公司开发建设，与国家开发银行签署了 12.5 亿的十年期贷款合同，用于建造这座全新的京西之门。该工程项目于 2008 年 6 月全面竣工运营，服务北京奥运。

　　西直门站作为北京市重要的综合性交通枢纽，综合开发建设资金量大，面对资金短缺问题，在政府的主导下，尝试通过企业在枢纽商业设施建设中的投资回报向社会企业多方吸纳资金，从而支撑西直门枢纽的开发建设。这一商业模式的运用加快了西直门轨道交通枢纽的建设速度，提升了该站轨道交通线路的利用率，促进了北京市公共交通的整体发展。与此同时，西直门交通枢纽汇聚了多种形式的公共交通方式，吸引了大量换乘人流，通过人流引导财富，带动了西直门地区整体的商业活力，促进了商业的再开发。其中西环广场的凯德 MALL 就是与西直门交通枢纽共同开发的大型商业综合体，它与周边的金贸中心、银都中心、中招大厦等大型综合商务建筑共同建设成为西直门地区的商务中心。

西直门交通枢纽的建设与其商业开发是一个相辅相成的过程。商业的开发支撑了交通枢纽的建设，交通枢纽运营所带来的庞大人流又进一步促进了地区商业的发展，而商业环境的发展与成熟又更进一步地吸引人流使用该区域的公共交通，相互促进。在这一特点下，西直门交通枢纽的建设不仅有效地缓解了地面交通的压力，吸引了商业开发，更营造出充满生机和活力的城市环境氛围。经过我们的调研，西直门凯德 MALL 具有较高的城市活力和认知度。

2. 东京站及周边地区的运作机制：私营企业为主导

东京站以民营企业运作为主导，JR 东日本公司和 JR 中日本公司共同拥有和运营。其中通过该站的新干线及其站内空间为 JR 中日本（东海）铁路公司所有，其他部分归 JR 东日本公司所属。站区西侧丸之内商业街区处于东京都千代田区皇居外苑与东京站之间，归属于三菱集团房地产公司。该区域与相邻大手町共同发展为东京最有名的商务区，丸大厦、三菱东京 UFJ 银行本部大厦、邮船大厦等都坐落于此。三菱财团总部大楼正对东京站入口，通过地下空间与东京站相连。所属区域物业也由三菱公司自持，盈利所得资产用于推进地下系统的发展。如今的丸之内地下街区以奢侈品零售、举办公共活动和公共艺术展览为主，呈现出繁华而安宁的街道形态。而站区东侧的八重洲区域由三井房地产公司、鹿岛八重洲开发公司、国际旅游公司和新日本石油公司共同拥有和运营。八重洲一侧车站大楼的内部二层及以上空间都以租赁的方式出租给大丸百货东京店，地下一楼设置"东京一番街"。

该区域入口设有多种交通方式乘车处，由"JRBUS 关东"独营或与其他业者联营的高速巴士、大楼前方的外堀通、八重洲通、前往成田机场和羽田机场的东京机场巴士总站、绕行至日本桥区域的免费循环巴士站都汇集于此。八重洲一侧业态以生活和娱乐为主，世界上最大的筑地鱼市场和著名的银座购物中心都处在周边步行区域内。

小结：西直门交通枢纽的开发模式以政府为主导，通过社会企业融资支持项目建设，政府和企业各司其职、相互作用，从而实现枢纽建设的可持续发展，打造京西地区枢纽门户。值得我们深入研究的是，日本枢纽建设以私营企业为主导进行运作，企业融资、多方合作，轨道交通与房地产、土地建设、商贸流通和其他行业综合开发建设，从而实现互利共赢。

6.1.3 枢纽空间：功能空间组合

西直门交通枢纽综合体公共空间是承担交通枢纽各类交通方式之间换乘、实现综合体不同功能单元之间联系的公共活动区域。西直门枢纽包含多个组成部分，采用水平展开与竖向叠加相结合的混合方式排列组织，形成综合体的公共空间系统。

东京站位于东京都千代田区，丸之内商业圈中心，是日本大型复合交通枢纽、首都圈核心车站。枢纽空间由丸之内和八重洲商业圈共同组成，面积高达17 万平方米，每日从东京站出发与到达的列车约为 4000 多班次，在全日本位居榜首。

1. 西直门枢纽空间

1）枢纽公共空间组成

（1）东广场空间

西直门枢纽东广场位于基地东南角，平面类似扇形，中心部位被下沉广场和地铁换乘通道占据，四周被商业综合体建筑和西直门立交桥所围合，广场的出入口设置在东北角和西南角位置。东广场西侧为城铁 13 号线，北端为北京北站，东北角与东公交车站相连，东侧设置非机动车停车场地。东广场西南角与东南角分别设有通往地下一层综合换乘大厅的入口和出口，主要服务于地铁2、4 号线；北端也设有两个通往地下一层综合换乘大厅的出入口，主要服务于北京北站。

（2）西广场空间

西直门枢纽站的西广场作为城市道路和建筑综合体的缓冲空间，在基地西侧呈长条形展开，主要用于人流的疏散。广场西侧临近西公交站台，广场东侧依次布置了凯德 MALL、地铁 13 号线以及商务办公塔楼的出入口。西广场建立了地铁与公交的换乘关系、完成了商业与商务功能单元的联系，同时它们又通过商场入口、地铁入口实现了综合体与外部城市环境的连接。

（3）南广场空间

南广场位于基地中区南端，位于地铁 2、4 号线与西侧公交站换乘的主要路线上，同时设有进入综合体内部的凯德 MALL 南入口，是实现东广场与西广场相互连通的主要空间，又是进入综合体内部空间的接入口，兼具链接性空间和引导性空间的双重性质❶。

❶ 张灿. 基于 BIM 的轨道交通综合体设计效率提升策略研究 [D]. 北京：北京交通大学，2017.

（4）综合换乘大厅与下沉广场

综合换乘大厅与下沉广场位于东广场地下一层，总体平面形状类似扇形（图 6.1-7）。下沉广场镶嵌在大厅中央（图 6.1-8），地铁 2、4 号线与城铁13 号线的换乘通道以及地下车库的出入口从下沉广场斜穿而出。大厅南侧接入地铁 4 号线与 2 号线的综合出入口，西侧有城铁 13 号线出入口、凯德 MALL 接入口，北侧与北京北站地下出入站口相连，大厅四周还分布有快餐店、零售店等商业服务设施。

（5）城铁 13 号线换乘大厅

城铁 13 号线换乘大厅位于综合体中区二层 13 号线站台下方，与凯德 MALL 贴邻并列布置，13 号线换乘大厅分为轨道交通付费区与非付费区，付费区东部接入通往地铁 2、4 号线的换乘通道，实现轨道交通的内部换乘；非付费区容纳地铁售票功能，并连接地下一层的综合换乘服务大厅和凯德 MALL 一层的商业空间（图 6.1-9、图 6.1-10）。

图 6.1-7　西直门站综合换乘大厅（左上）
来源：李艳雯摄

图 6.1-8　西直门站下沉广场（右上）
来源：李艳雯摄

图 6.1-9　西直门 13 号线换乘大厅（左下）
来源：作者自摄

图 6.1-10　西直门 13 号线换乘大厅（右下）
来源：作者自摄

图 6.1-11 凯德 MALL 商业中庭（左）
来源：李艳雯摄

图 6.1-12 凯德 MALL 商业入口（右上）
来源：李艳雯摄

图 6.1-13 西直门综合换乘大厅通道（右下）
来源：李艳雯摄

（6）商业中庭

商业中庭位于综合体西区凯德 MALL 内部，T1 塔楼与 T2 塔楼之间，是贯穿一至六层的共享空间，被零售、餐饮、娱乐、健身、培训等各类商业功能环绕（图 6.1-11~ 图 6.1-13），东西两侧分别与 13 号线车站和西广场连通，六层通过疏散楼梯与商务办公塔楼取得间接联系。

此外，连通综合换乘大厅和商业中庭、贯穿凯德 MALL 的商业通道也是综合体公共空间的重要组成部分。

2）枢纽公共空间系统

西直门交通枢纽公共空间的各个主要组成部分在综合体内部的作用各不相同，它们之间相互连通，建立了完整的枢纽公共空间系统，共同实现综合体不同交通方式之间的换乘和不同功能单元的整合。

综合换乘大厅与下沉广场作为一个功能整体，共同承担地铁、国铁、城铁之间的换乘功能，并经由东广场实现与常规公交的换乘；同时完成交通功能与商业功能的对接，实现通过性人流与目的性人流的初步分离，是综合体最重要的核心性空间。

商业中庭是地铁与公交换乘的中转站，也是交通、商业、商务功能的交汇点；城铁 13 号线换乘大厅是轨道交通与国铁、公交换乘的重要节点，又与商业功能单元连通；它们也是综合体重要的核心性空间。

东广场位于地铁、国铁、常规公交换乘的中心区域，西广场建立了地铁与公交的换乘关系、完成了商业与商务功能单元的联系，同时它们又通过商场入口、地铁入口实现了综合体与外部城市环境的连接，兼具核心性空间和引导性空间的双重性质。南广场是实现东广场与西广场相互连通的主要空间，又是进入综合体内部空间的接入口，发挥了连接性空间和引导性空间的双重作用。

连通综合换乘大厅和商业中庭的商业通道、贯穿凯德 MALL 的商业通道也作为综合体内部重要的连接性空间将上述各个公共空间连成一体，同时又与城市外部空间环境相联系，形成完整的综合体公共空间系统。

2. 东京站枢纽空间

东京站的地上建筑部分由西侧的丸之内站房与东侧的八重洲站房、Gran 南北塔楼和 Sapia 塔楼共同构成，JR 等轨道与站台区位于两侧建筑的中心腹地，呈南北向并排分布。新老建筑的和谐共生是东京站枢纽空间最具特色的部分。东京站西侧丸之内站房区域是具有悠久历史的日本著名街区，是日本重要的文化遗产之一。19 世纪末期，原有的陆军居所及练兵场等被迫迁移，三菱的创始人岩崎弥之助将这片区域买下，发展至今仍作为三菱集团的总部地区。而丸之内的英式红砖建筑在当时作为东京府的厅舍即东京都厅舍，后迁入新宿副中心，在 20 世纪初东京站建成后作为商业区急速兴盛起来。在经历了损毁与修复后，丸之内站厅又重新以庄严而稳重的形象塑造出东京站新的地标。丸之内建筑整体层数较低，其中一层作为东京站使用，二层是同样具有悠久历史的东京旅馆，且二层在靠近中央口处还设有东京站画廊等。

相比较西侧的历史古韵，东京站东侧的八重洲区域则突显出都市的未来之感，极具现代色彩的建筑形象与丸之内形成鲜明的对比，240 米的华盖顶棚、高 200 米的双塔建筑打造出八重洲现代化、国际化、信息化的商务形象。东京站通过三条公共地下通道将东西两侧连接起来，频繁的交通人流带动了商业活力，著名的"东京一番街"以及特色美食街在地下展开，促进了枢纽空间的整体发展，将"过去"与"未来"串联起来，塑造了互利共生的东京站新形象。丸之内和八重洲共同将东京站所在的街道打造为"东京车站城市"，带动了整体区域的协同发展。

小结：北京西直门交通枢纽与东京站枢纽都由多重功能空间组合而成，从其建设的演变过程来看具有一定的相似性，在建设过程中随着发展的需求空间逐渐扩张、功能逐渐拓展，国铁与城轨共同运行，商业空间也随之兴盛。而从空间使用效率来看，国铁与城轨混行的东京站则更胜一筹，东京站在繁忙的交通流量下充分发挥了枢纽空间的功能特性，缩短了换乘距离，减少了等候时间并充分利用了商业空间，将枢纽价值最大化。

6.1.4　交通组织：换乘流线组织

交通换乘流线组织是枢纽站最为关键的主要功能。东京站和西直门站作为特大城市的主要枢纽站，都涵盖了巨大的换乘人流。西直门站内的换乘包含了辐射北京市大面积区域和重要节点的三条地铁线路，外部的换乘与巴士公交、出租车、社会车辆及人行通道等都进行衔接。而东京站包含了地铁、铁路、JR 和新干线等更多的交通换乘方式，流线组织也相对繁复。两者作为城市运行的载体，换乘组织分秒之间影响着人们日常的工作和生活。

1. 空间结构与换乘流线

1）西直门枢纽站

西直门站地下平面布局中不同空间围绕下沉广场展开，在地下一层，乘客可以从地铁的非付费区直接进入商场或者到达周边商业，整个空间围绕尺度较大的下沉广场展开，向四周辐射，但是由于西直门站同时包括地铁与轻轨，交通流量庞大，整体空间的使用并不尽如人意。整个地下站厅空间规模较大，但层高较低使得整个空间虽然有下沉广场的设计，但仍显得很压抑，流线组织中北侧通道过长，尺度较大，形式单一，很少有客流光顾，两侧的店铺更少有人至。整个地下空间虽然聚集大量人流，但换乘效率和使用效果还有一定的发展空间 ❶。此外，西直门站正面临新的改造工程，原先城铁 13 号线也将进行延长，西直门将不再作为 13 号线的始发站进行使用。

按照交通功能，西直门交通枢纽共 6 层（图 6.1-14）：

（1）地上三层：城市地铁站台层。乘客在此站台乘坐 13 号线出行；

（2）地上二层：换乘大厅层。该层设置 13 号线售票检票区域，2 号线与 13 号线之间的换乘在该站厅内完成；

（3）地面层：西直门站 13 号线换乘 2 号线或 4 号线的换乘大厅设置在地面层，乘坐 3 条线路的乘客都可以经由地面层进入车站内部。

（4）地下一层：站厅地下入口设置在地下一层，包含售票厅和服务中心。2 号线和 4 号线继续下行，13 号线反方向上行。

（5）地下二、三层：2 号线和 4 号线的月台分别置于地下二层和地下三层，地铁车辆置于相应位置。

2 号线和 4 号线在平面上呈垂直交叉排布，高度上相差一个水平层高，换乘模式采用了十字交叉的形式，13 号线在水平方向上设置于 2 号线和 4 号线的西北侧，高度与 2 号线相差四个水平层、与 4 号线相差五个水平层，三者之间通过站内通道互通连接。

❶ 张岱宗 . 基于空间句法的轨道交通地下商业空间价值研究 [D]. 北京：北京交通大学，2017.

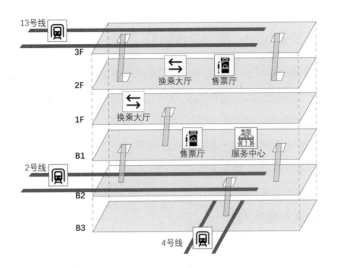

图 6.1-14　西直门站分层示意图
来源：作者自绘

由 2 号线换至 4 号线：乘客到达 2 号线西直门站下车后经由站台中部楼梯下行可直接到达 4 号线站台，换乘距离短且方便快捷。由 4 号线换至 2 号线：因为 13 号线换乘 4 号线时只能由 4 号线西侧站厅行至站台，因此为避免交叉冲突，在流线组织上 4 号线换乘 2 号线的乘客全部由 4 号线东侧站厅通过换乘通道到达 2 号线站台南端。

2、4 号线换至 13 号线：2 号线与 4 号线的乘客下车后经由通道进入换乘大厅，在换乘大厅处搭乘手扶梯至二层，再通过换乘通道进入 13 号线站台。13 号线换至 2、4 号线：13 号线的客流则需从站台下到换乘大厅，步行下到地面出口经地面换乘通道到达 2、4 号线站台。

在西直门轨道交通枢纽综合体中，换乘包括多种交通类型，商业空间则主要是位于西区的凯德 MALL 综合商场。交通换乘行为主要发生在地面层和地下一层，而商业空间从地下一层开始与交通空间相连，因此该层的空间设计对西直门枢纽来说尤为重要。

2）东京枢纽站

东京站的枢纽空间相比西直门站线路更加繁杂，分布主要集中在地下部分，包括位于丸之内侧站房西侧广场的地下第四、五层，呈东北—西南向的 JR 总武线、横须贺线车站，其中地下四层为穿堂层，地下五层为站台层；还有位于地下第二层，呈南北向的东京城市地铁丸之内线车站；以及位于主要站区南边较远处，锻冶桥通（接近有乐町）的地下第三层和地下四层，和呈东西向的 JR 京叶线车站，同样其中地下三层为穿堂层，地下四层为站台层。

东京站的三处地下车站间皆透过位于地下第一层的自由通路，于付费区外相互连结，该自由通路亦与位于一楼北自由通路底下，连结丸之内侧地下车站、八重洲侧车站大楼地下一层的北地下自由通路（同样位于付费区外），以及大手町一带的地下通路相连；同楼层的 JR 总武线、横须贺线车站付费区内，也有位于一楼中央通路底下，连结两侧地下付费区的中央地下通路。八重洲侧车站大楼地下一楼付费区外，也与位于车站大楼前方（东侧）广场地下第一层的八重洲地下街相连通。

　　此外，在高架轨道与月台区之下的一层付费区内，较接近八重洲侧车站大楼的新干线南换乘口验票区南侧，也有同样位于付费区内，长度约 500 米的八重洲地下连络通路，连结主要站区与 JR 京叶线车站；该连络通路还设有一条电动步道，通路两端也都设有电梯和扶梯，方便人们通行（图 6.1-15、图 6.1-16）。

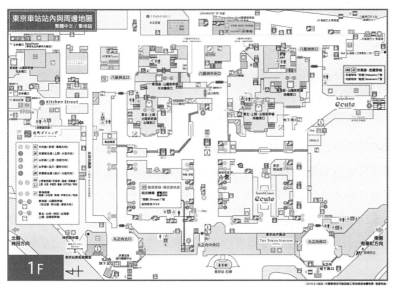

图 6.1-15　东京站站内与周边一层地图
来源：东京站官网 http://www.tokyostationcity.com

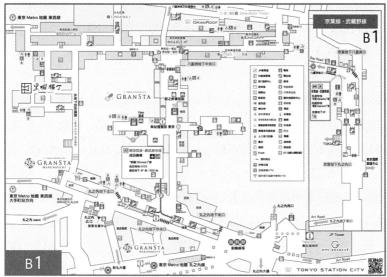

图 6.1-16　东京站站内与周边负一层地图
来源：东京站官网 http://www.tokyostationcity.com

小结：枢纽站换乘空间流线组织的设计应以换乘乘客为主体对象，通过流线组织将乘客引入正确的方向，加强乘客在空间中的方向感和辨别能力。加强引导性设计，使空间环境更易于识别，前进方向更加明晰，减少乘客的迷路、走回头路现象，增强换乘舒适度。上述枢纽站换乘流线的设计方式有效地组织了多条线路的汇合，东京站在有限的空间内将多条线路有序地组织起来引导乘客换乘，充分发挥了空间效用，城市的商业空间与轨道交通相结合，充分地将轨道融入城市，实现站城融合发展。而西直门枢纽站的换乘流线设计大体上做到了清晰明确，但在实际使用的过程中偶尔会有"不辨方向"的情况出现，有待提升。

2. 衔接空间

西直门交通枢纽的衔接空间主要集中在地面层和地下一层，以环形下沉广场为中心展开。衔接空间以换乘空间与商业空间的衔接为主，还包含换乘空间与其他交通空间的衔接，以及换乘空间与其他城市活动空间的衔接等。

1）地面层衔接空间

在西直门轨道交通枢纽综合体中，地面层的交通方式包括城铁 13 号线、城际铁路、北京北站、公交、自行车、出租车。由于不同的交通方式在枢纽综合体内部及四周的布置较为分散，交通换乘流线也就更加复杂，因此就需要有更加明确的空间引导。商业主要入口位于综合体西侧，商业人流比较密集，在南侧和东侧有次入口，东侧入口同时也是地铁出入口，是地铁 2、4 号线与轻轨 13 号线的换乘厅空间，通勤人流与其他出行的人流在此形成交汇。

从分析中看出，地面层中的换乘穿越了商业空间，换乘与商业的衔接属于无缝衔接模式，其中衔接较为紧密的区域主要分布在综合体西侧入口、商业中庭，以及通往城铁 13 号线、地铁 2 号线和 4 号线的竖向交通位置（图 6.1-17、图 6.1-18）。

2）地下一层衔接空间

地下一层中，换乘主要是地铁 2、4 号线与北京北站、城铁 13 号线、地面公共交通之间的换乘。大型的商业，即凯德 MALL 商业，位于换乘空间的西侧，商业入口处紧邻地铁 2、4 号线进站口；另外，在地铁 2、4 号线出口与北京北站的换乘通道边有小型的便利店等商业空间。西直门整体的衔接空间属于"中心衔接型"，以东广场的环形下沉广场为中心节点，逐渐向西与商业空间连接，下沉广场本身作为衔接空间相对较为薄弱，利用率较低，有待进一步开发利用。与东广场相比，西侧空间衔接较为紧密。地下一层的衔接空

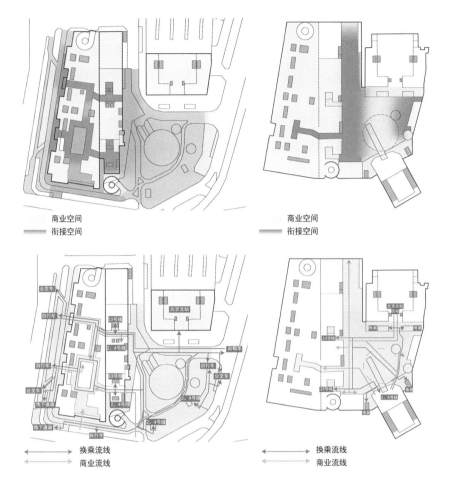

商业空间
衔接空间

商业空间
衔接空间

换乘流线
商业流线

换乘流线
商业流线

图 6.1-17　西直门轨道交通
枢纽综合体衔接空间示意图地
面层（左）
来源：作者改绘

图 6.1-18　西直门轨道交通
枢纽综合体衔接空间示意图地
下一层（右）
来源：作者改绘

6.1-19　西直门轨道交通枢纽
综合体流线示意图地面层（左）
来源：作者改绘

图 6.1-20　西直门轨道交通
枢纽综合体商业空间示意图地
下一层（右）
来源：作者改绘

间主要位于商业空间一侧，衔接较为紧密的区域主要位于凯德 MALL 商业入口处，同时也是交通换乘人流较为密集的区域。在该处，商业人流与换乘人流所经过的空间路径几乎一致，整个衔接空间中的人流相对较为拥挤和复杂（图 6.1-19、图 6.1-20）。

　　综上，可以看出衔接空间与商业空间的分布和换乘流线的走势有关。西直门轨道交通枢纽综合体内的商业空间分布比较集中，相应的换乘与商业的衔接空间分布也就比较集中，而在东广场和中心下沉广场空间的换乘途中没有商业设施，当人们有购物需求时，还要前往凯德 MALL 商场后再折返回来，可能会给人们带来不便。因此，商业分布及衔接空间等相关的设计在后续还需要进行完善。此外，在西直门枢纽的衔接模式下，换乘人流及商业人流会同时存在于同一空间内，因此，空间内会同时存在商业标识和换乘导向标识，对于衔接空间的标识系统要求有较为完善清晰的导向性，特别是在地下空间中，人们的空间方位感较差，更需要有明确清晰的空间可识别性，来有效地引导两种人流。

图 6.1-21　西直门轨道交通
枢纽公交通接驳示意
来源：作者自绘

3. 外部交通接驳

西直门枢纽的外部交通接驳主要包括轨道交通与国铁的换乘、轨道交通与常规公交的换乘以及其他交通方式间的换乘等，枢纽内的综合换乘大厅、商业中庭、东广场、西广场、南广场等公共空间均与之密切相关（图 6.1-21）。

1）轨道交通与国铁的换乘

轨道交通与国铁的换乘围绕综合换乘大厅展开。地铁 2 号线和 4 号线换乘国铁，需从南端出入口进入综合换乘大厅，穿过大厅从北侧出入口上至东广场北端，由地面层进入北京北站（图 6.1-22~ 图 6.1-24）。国铁换乘地铁 2 号线和 4 号线，由大厅北端北京北站出站口进入综合换乘大厅，在大厅南端购票进入 2、4 号线车站。城铁 13 号线换乘国铁北京北站，需由三层站台经扶梯下至地面层，

图 6.1-22　西直门站与北京
北站南广场
来源：李艳雯摄

图 6.1-23　西直门站南广场
入口（左）
来源：李艳雯摄

图 6.1-24　西直门站下沉广
场（右）
来源：李艳雯摄

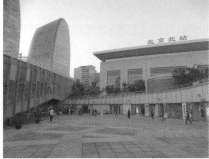

经地铁出入口 E、F 出至东广场，进入北京北站。国铁换乘城铁 13 号线，由大厅北端北京北站出站口进入综合换乘大厅，右转由西侧进入 13 号线车站地下一层，经扶梯上至 13 号线换乘大厅非付费区，购票进站，上至三层站台乘车。

2）轨道交通与常规公交的换乘

西直门枢纽轨道交通与站点周边常规公交之间的换乘主要通过东、西两个广场实现。常规公交到城铁西直门站通常在道路旁停靠，乘客主要通过步行穿过道路或地下通道，然后进入地铁站换乘大厅，与轨道交通枢纽站衔接。其中进入西直门交通枢纽的西北口（A 口）是公交与西直门枢纽站相接最繁忙的出入口，可能会在高峰时期汇集一半以上的客流。

地铁 2、4 号线至东公交站换乘，由地铁 A 出站口出至东广场东南角，沿东广场外沿北行至东公交站台乘车。东公交站至地铁 2、4 号线换乘，沿东广场外沿环形至西南角地铁 A 进站口，下至综合换乘大厅购票乘车。

地铁 2、4 号线至西公交站换乘，需从南端进入综合换乘大厅，由综合换乘大厅西侧穿过城铁 13 号线首层，横穿凯德 MALL 商业街北端，向北方向乘客横穿西广场至西公交站乘车；向南方向乘客，南行穿过西广场，向西穿过地下过街通道，北行至西公交站乘车。西公交站换乘地铁 2、4 号线，高梁桥路西侧站台乘客向南行至路口，向东穿过过街通道、南广场，由东广场西南角地铁 A 进站口进站乘车；高梁桥东侧站台乘客向南穿过西广场，向东穿过南广场，由东广场西南角地铁 A 进站口进站乘车。

城铁 13 号线至东公交站乘车，由三层站台经扶梯下至地面层，经地铁出入口 E、F 口出站，穿过东广场至东公交站乘车。反之亦然。13 号线至西公交站乘车，由三层站台经扶梯下至地面层，横穿凯德 MALL 商业街北端，向北方向乘客横穿西广场至西公交站乘车；向南方向乘客，南行穿过西广场，向西穿过地下过街通道，北行至西公交站乘车。

3）其他交通方式的换乘

其他交通方式之间的换乘是西直门交通枢纽综合体交通换乘功能的辅助组成部分，包含国铁与常规公交的换乘、非机动车辆与常规公交的换乘等。国铁换乘常规公交，由北京北站出站口进入综合换乘大厅，由大厅东北出口出至东广场北端，行至东公交站换乘。常规公交换乘国铁，由东广场北端北京北站进站口进站候车。非机动车辆停车场紧邻东、西两个公交车站分布，两者之间换乘十分便利。而西直门交通枢纽综合体当前的使用中未考虑固定的出租车停靠点，地下机动车停车场仅服务于商务、商业功能单元，它们与城市轨道交通、国家铁路之间未形成有序换乘。

西直门是以轨道交通为骨架的公共交通运输体系，充分发挥了轨道交通的复合性，提高了城市居民出行的效率，交通运输方式之间的整合提升了轨道交通换乘效率。西直门交通枢纽正逐渐实现一体化，但各个空间的衔接及使用效率还有待提升，有望进一步完善。

6.2　价值集聚：深圳北站和上海虹桥站

上海与深圳在探索枢纽对城市发展的作用及价值上做出了有益的贡献。

深圳北站作为城市客运线网的重要枢纽之一，从区域与城市发展角度，旨在增强深圳对珠三角地区的辐射力，特别是与香港的紧密联系；起到了优化城市结构，促使城市次中心形成，并依托轨道交通网络，充分集散客流，将城市空间与功能价值充分集聚的作用。

对比深圳北站，上海虹桥则规模更加庞大与复杂。大虹桥一开始就定位超然，格局远大，在政府重点规划下，大虹桥享有交通、人流、商务优势，众多知名企业争相入驻，进一步提升了板块价值。

虹桥综合交通枢纽东西以 A20（环西一大道）和嘉闵高架路为界，南北以 A9（沪青平）高速公路和北翟高架路为界，占地 2634 公顷。目前已经形成了集航空港、城际交通、公共交通为一体的巨型交通系统。未来的开发建设以商务、酒店、展览、办公产业为依托，成为集商业、餐饮、休闲、文化娱乐等功能于一体的综合性商务中心。

6.2.1　功能组织：地上地下一体化

1.深圳北站

深圳北站作为华南地区口岸面积最大的特大型综合交通枢纽，不仅是京广深港交通线路的重要节点，也是深港都市圈最重要的对外门户（图6.2-1）。深圳北站设计始终贯穿"一体化"的建设理念，集国铁、城市地铁、长途客运及市内公交于一体，并在国内首次采用"上进上出"和"公共交通优先"的客

图 6.2-1　深圳北站东入口
来源：作者自摄

流组织模式，配合枢纽以步行换乘集散交通层为中心的流线组织。突出以人为本的无缝换乘体验：围绕步行、轨道交通和公共汽车交通，充分利用步行平台及夹层、地面、地下等多层次立体空间布置一体化综合换乘中心，实施人车完全分离，通过管道化的人车流线，使所有交通方式的接驳换乘距离均小于100米。

1）空间结构

站台层：站台层分站场、站房及小汽车下客平台三部分。

高架桥层：该层主要包括人行通道、进出口岸的通道以及普通旅客的出站通道三大功能空间。

轨道交通各层：主要为地铁 4 号线 17 米标高层站厅层和 6 号线 23 米标高层站台层；以及地铁 5 号线的 −3 米标高层站厅层和 −9.8 米标高层站台层。

2）交通组织

深圳北站的站场空间由东西两个站前广场组成，并且将公交、长途汽车、出租车以及社会车辆的主要停车场分别布置在这两个广场组成的"十"字形的四个空间内，其中，公交和出租车设置在东广场，长途汽车和社会车辆设置在西广场。公交、出租车停车场均分两层布置，地面层作为上客层使用，与步行大道同层的高架层作为下客层使用。结合深圳北站场地内西高东低的特点，长途汽车场站水平标高与步行大道标高相同。而社会车停车场分两层布置，在地面层与地下层之间设置夹层（图 6.2-2）。

深圳北站利用"上进下出"的方式通过二层平台组织车辆进出站，将城市道路交通与高铁站融为一体，既方便了旅客在二层站厅进行换乘，也方便了国铁客流和广深港口岸客流的换乘。旅客利用站前广场北侧的进站口可进入铁路

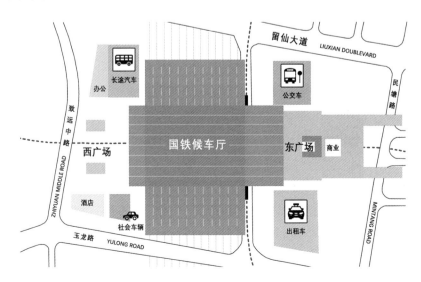

图 6.2-2　深圳北站总体平面
布局示意
来源：作者改绘

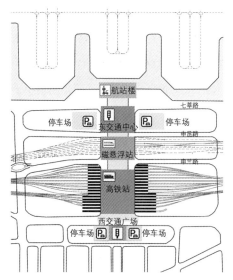

图 6.2-3　上海虹桥枢纽总体平面布局示意
来源：作者改绘

候车大厅及口岸大厅内，到达的旅客通过二层南侧出站，可在站内同层换至进站通道换乘。铁路旅客与乘坐地铁 4、5、6 号线的乘客可在二层站厅同一层平面内进行换乘。

2. 虹桥枢纽

1）枢纽本体总体布局

虹桥枢纽主体南北向布置机场跑道，东西向分布有西部交通中心、高铁、磁悬浮、东部交通中心和航站楼。该枢纽向城市延伸的轨道交通为 2、10、17 号线，其中 2、10 号线由东向西延伸，计划建设的 17 号线由西向东延伸（图 6.2-3）。

2）枢纽立体集散系统

虹桥枢纽立体集散系统由立体道路系统与连接部分共同组成，包括高架落地匝道，城市下穿道路及与枢纽进行沟通的连接段等。磁悬浮厅、航站楼形成高架式下客区，两者间设置地面下客区；铁路客站采用高架下客区和南北两侧地面下客区结合的形式。枢纽集散系统的交通组织，实行"从哪进从哪出"的分块循环模式，使南北交通系统相对独立，互不干扰。这种组织模式不仅考虑到航站楼、铁路、磁悬浮车流的到发方向和内部空间布局，还减少了车流绕行和南北流线交叉。据统计，高峰时期该路网饱和度稳定在 0.7 以内，大大节约了乘客的时间成本，达到预期效果。

6.2.2　交通组织：融入城市交通

1. 深圳北站

深圳北站位于深圳市龙华镇二线扩展区的中部地区，该区域北邻未来龙华中心区，西邻福龙快速路和水源保护区，东邻梅观高速公路，南侧为白石龙居住组团。北站距特区梅林关口仅 3 千米，距龙华城市次中心 5.5 千米，距离深圳市中心区 9.3 千米，距离皇岗口岸约 12 千米。该区域在城市规划设计中被定义为城市次级 CBD 区，是辐射全市域的综合对内、对外门户型客运枢纽。北站用地范围的东侧及北侧为城市综合商业开发区，西侧为山体绿化区，南侧为山体绿化渗透区。

车站位于由留仙大道、上塘路、玉龙路和西侧规划路围合的地块中，占地约 46.5 公顷，该地块是结合轨道交通、公共交通、商业开发等内容，形成的综合性交通枢纽，集国铁、地铁、长途客运、巴士公交、出租车及社会车辆等多种交通设施于一体。其中，有三条城市轨道线经过深圳北站，分别是轨道 4 号线、5 号线、6 号线。5 号线从站房中部东西向地下穿越，轨道 4 号线和 6 号线从东侧高架穿过站区，平南铁路地下穿越站区。

深圳北站不仅在立体结构上实现地上地下一体化设计，从城市整体角度来看，北站通过多种方式将交通汇入城市，实现交通与城市间的融合。

深圳北站的公交站场作为多辆公交车的始发站与终点站布置在紧邻步行大道的东广场北侧，由上塘路进出行驶，采用上进下出的方式进行分层布局。该布局方案是国内首次采用的公交上下客布局形式。乘客在该站下车后，公交车利用环形匝道下至地面车场的上客区，搭乘公交的乘客在此处上车后，公交车利用车场环形道路出至上塘路的公交专用道行驶。

出租车停车场布置在东广场的南侧，紧邻步行大道。出租车进站流线通过外围道路分流，将其进行有组织、管道化的方式引入。避免了出租车拥堵排队进站的现象，同时也缩短了旅客等候出租车的时间，大幅提高了周转效率。

长途汽车停车场设置在北站的西广场北侧，车辆通过规划的联络道路进出站，并通过接站道路驶向周边的高速路，在短时间内将长途汽车疏散开来，将长途旅客运送至外围区域或周边城市等。

社会车辆紧邻步行大道布局在北站西广场的南侧。该区域方便车辆快速、准确地进入周边的快速路网，并融入城市的各个区域。

2. 上海虹桥站

上海虹桥站水平方向由西交通广场、高铁车站、磁悬浮车站、东交通广场依次排开，形成五大主要功能区块；垂直方向由地下换乘通道、机场到达换乘通道、出发换乘通道组成，形成三大步行换乘通道。这种将水平功能分区与垂直流线分层结合形成的枢纽格局，水平功能区以换乘量近大远小为原则，垂直流线以上轻下重为原则，不仅使换乘流线更加直接短捷，同时也兼顾了经济性的需求。

东交通中心在 6 米处设置候车大厅、公交巴士站点和停车场，组织机场和磁悬浮到达的乘客进行公交巴士或社会车辆的换乘。公交巴士西站位于高铁西广场，在其下方设置有大型地下停车库。高架路的起点和换乘通道设置在 12 米，南北两条换乘通道将高铁候车大厅、航站楼售票大厅、东交广场、磁悬浮车站串联起来，通道内侧形成线性商业街，通道外侧为候车大厅和值机区。

到达换乘廊道层位于 6 米，乘坐飞机和磁悬浮到达的旅客通过坡道和廊桥至此换乘中心，进而换乘公共交通和社会车辆。

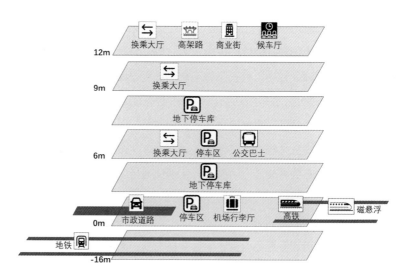

图 6.2-4 虹桥枢纽分层示意
来源：作者自绘

地面层在 0 米区，由高铁和磁浮的轨道及站台、机场的行李厅和迎客厅组成，并通过 4 条南北向市政道路（SN4 路、SN5 路、SN6 路、七莘路）进行划分，各部分相对独立。

另一重要的换乘层位于 9 米，乘客可通过两条换乘通道到达航站楼地下交通厅，东交广场的南北地下车库，铁路东站站厅，磁悬浮、高铁和城际铁路进出站通道。换乘通道在地铁西站站厅合并为一条通道，经过巴士西站和西交广场的南北地下车库到达枢纽西部地下商业街。

地铁轨道及站台层位于 -16 米（图 6.2-4）。

小结：深圳北站和上海虹桥站都以其重要的枢纽身份成为城市次级区域的核心，多种交通方式的汇入增强了枢纽区域的核心竞争力。同时，深圳北站和上海虹桥站通过有效的交通组织，将多重交通功能融合，在形成聚集的同时又良好地进行疏散，充分发挥了枢纽效用，带动城市整体高效运作。

6.2.3 开发模式：产业商务开发

1. 深圳北站

深圳北站正式运营至今不足十年时间，已成为深圳市规模最大、接驳功能最为齐全、设备技术最先进、客流量最大的特大型综合铁路枢纽，由中国铁路广州局集团有限公司管辖。其开发模式主要表现为规划前置和资产注入等特点，通过垂直化的体系进行开发建设。与上海不同，深圳的轨道交通开发与规划先行，轨道交通公司作为综合开发的主体，轨道交通主导综合开发，从建设到土地再到二级开发，甚至延伸至物业的持有和运营。

深圳北站的商务开发以立体城市和运营城市为主导，不仅关注城市的整体风貌，还重视立体空间下公共平台的组织与建设，通过城市设计整合产业招商策略，实现高效立体的空间价值。深圳北站在整体统筹的视角下进行城市设计，将商务区

图 6.2-5　深圳北站商务区
来源：作者自摄

定位为现代化高端商务核心区，在轨道交通的支撑下，吸引市场经济。

深圳北站交通枢纽共含近 10 万平方米的配套商业，集商务办公、酒店、餐饮、购物等多种功能，共同打造北站枢纽商务区。其中商务写字楼占地 1.8 万平方米，有两栋主题商城和一间大型舒适酒店以及 2.4 万米的大型特色购物中心。深圳北站以集约高效的立体公共空间开发为主，通过立体公共空间平台，将分散主题进行连接，通过建筑与空中连廊、地下车库与地下环路的连接形成多维度一体化的空间系统，充分利用附属空间，将文化创意、休闲娱乐和时尚展示融入进去，通过植入未来产业提升整体空间活力与价值（图 6.2-5）。

2. 虹桥枢纽

上海虹桥枢纽的开发模式在投资体制上按照市区两级来分配轨道交通投资，上海市与闵行区均参与投资管理。与深圳北站垂直化的体系模式相比，上海虹桥的开发更偏向扁平化，梯级相对水平，政府投资、开发商投资以及社会力量共同在开发中发挥作用，市场相对开放，主体也相对多元。

虹桥商务区作为枢纽开发的关键项目，其超前定位和现代化设计给商务区提升了开发起点，保证了资金的投入和招商运营。核心地块的开发由国内外大型企业单位争相进驻，国际化的视野和专业的团队确保了开发的合理性和可持续发展。

虹桥商务区有着庞大的人流基础和客流量作为支撑，地上辐射核心区临近虹桥枢纽及国家会展中心，地下轨交 2 号线和 10 号线可以辐射全上海市。商务区地下商业连接成片，负二层设步行区域、步行通廊连接周边地块，方便行人在地下流动，以规模效应来聚集人气。

商务核心区的办公模式融入共享办公的模式理念，传统与新型模式共同开发，满足各类企业入驻需求。传统模式保留独立单元和建筑整体，满足成熟企

图 6.2-6 上海虹桥商务区
来源：虹桥商务区官网

业需求，如世界 500 强企业等。针对中小企业的需求，可将单层或多层进行
出租出售，会议资源、互联网配套、餐饮服务接待等都有完善的服务资源。大
空间开敞的新型办公空间适用于年轻创业者，大开间、大柱网的灵活分隔为孵
化型企业提供场所。

商业模式以地下商业和 BLOCK 街区式商业相结合、内院下沉式商业
与 SHOPPING MALL 结合的方式为主，通过适合的方式引入人流，展现
多首层化的商业氛围，实现商业空间景观化，配套服务多元化，满足不同能
力和需求的消费人群。虹桥商务核心区控制适当的地块尺度和路网密度。地
上街坊宽 20 米，建筑限高 43 米，是一个约 1 : 2 高宽比例的舒适城市剖
面空间。典型的"虹桥天地"项目引入"城市绿带"概念，以下沉式绿色
中轴广场为主题，借由复层绿化广场及空桥步道系统将人流活动串联起来
（图 6.2-6）。

虹桥商务区的全周期建设对全国范围内的枢纽商务区、产业园区等起到了
示范带头作用。开发建设坚持以人为本的理念，从使用者行为活动出发，打造
人性化商务空间。开发过程中挖掘产业附加价值，推广可持续发展理念，控制
运营指标，从市场经营上获得认可与回报。商务区开发以市场为导向，基于市
场的运作模式进行创新，准确定位业态，保证区域活力，实现大型枢纽商圈的
资源共享。

小结：以深圳北站为代表的深圳轨道交通枢纽和以上海虹桥为代表的上
海交通枢纽分别采用垂直化和扁平化的开发模式，针对区域环境和项目规划定
位等以不同方式在不同主体的主导下进行开发，同时注重核心区商务开发，在
项目运营的同时扩大收益，保证轨道交通枢纽以及城市的可持续发展。

6.2.4 景观设计：功能环境融合

1. 深圳北站景观

1）融合地域景观

深圳北站在景观设计上，将地域自然特色、人文历史特色、传统与现代等要素融入景观设计中，让景观更加丰富多样，展现城市风貌。北站西南侧为山林等自然风景绿化区，打造自然生态景观，使景观逐渐渗透到城市当中，形成城市的绿化网；同时与北站的步行大道相结合形成一条东西方向的绿带景观轴横跨整个城区。而东北侧为新的城市综合商业开发区，运用现代化手法展现大都市的风采。

2）融合城市环境

首先，通过景观设计很好地将枢纽与城市环境有机联系起来，围绕一条穿越站场地块的东西轴线组织内外空间，形成"两轴一心、两广场"的城市空间布局。南北走向的城市发展轴贯穿整个龙华二线扩展区，它利用广深港客运专线、城市轨道 4 号线与深圳市中屯密切联系，是深圳中屯区域商业、服务、公共休闲系统在龙华二线扩展区的延伸。

其次，通过景观广场、绿化、水景等将城市东西串联起来，形成丰富的景观层次。在景观绿化的衬托下将龙华二线区域扩展为商务与休闲娱乐相结合的城市公园（图 6.2-7）。

3）打造人性化景观

在导向标识设计上，以人的需求为出发点，创造人性化景观。通过在各类交通出站口设置引导牌和在空间转角处设置雕塑等景观小品来增加空间的可识别性。

图 6.2-7 深圳北站景观
来源：作者自摄

2. 虹桥枢纽景观

1）融入生态理念

虹桥枢纽站的设计融入绿色生态理念，一方面通过引入自然光降低人工照明的能耗；另一方面通过设置采光天窗并辅以格栅、穿孔罩板、遮阳膜等对引入的自然光进行过滤，从而满足室内舒适度的需求。

2）体现交通特色

虹桥枢纽站在室内设计方面，注重营造交通建筑简约大气的风格。一方面背景色采用浅灰色，不仅让乘客感到清爽而舒适，同时其低饱和度与标志颜色形成强烈对比，有助于突出导向标识，使乘客快速识别。另一方面室内材料的选择简单而明确，营造出简洁大方的室内环境（图6.2-8），避免因材料种类繁多引起的视觉干扰和施工不便。

由于交通枢纽空间大而复杂的特点，标识导向系统的设计也应体现交通特色的原则。标志标识的设计不仅要结合不同空间功能的差异性，还要进行统一协调的整体设计。

3）体现以人为本的原则

虹桥枢纽站在标识导向设计上贯彻以人为本的设计原则。为了能让乘客快速识别空间，通过运用不同的主色调将枢纽各功能区区分开，提高空间的可识别性。虹桥枢纽站机场采用绿色为主色调，磁浮采用橙色，高铁采用黄和蓝色（图6.2-9），使人一进入空间就能快速感知所在区域的功能。

小结：深圳北站和上海虹桥在景观设计上都体现了生态性、地域性和人

图6.2-8 虹桥枢纽内部空间
来源：作者自摄

图 6.2-9　虹桥枢纽内部空间
色彩对比
来源：作者自摄

性化设计的原则，但侧重点稍有不同。生态性方面，深圳北站通过利用自然
环境要素改善区域微气候，而上海虹桥站则是在运用绿色建筑手段降低建筑
能耗来实现对环境的保护。地域性方面，深圳北站景观设计注重融入城市环境，
对城市空间结构的重塑起到很大作用。人性化设计上，上海虹桥站不仅设计
了完整的标识导向系统，还在室内空间氛围营造上有所差异，提高空间识别性。

6.3　综合开发：香港九龙枢纽和深圳前海湾

在城市现代化发展的快速进程下，轨道交通已经融为现代人生活的一部分，
轨道交通与住区的联系越来越紧密，甚至融入住区当中，居住区成为轨道交通的
上盖建筑。以深圳前海湾和香港西九龙为代表的枢纽上盖项目开发融合了城市的
多重功能，将商业、居住、教育、办公等融入进去，实现高密度下的轨道社区。

6.3.1　高密度开发：集约与高效

1. 九龙枢纽：立体化的超级交通城

以香港为例，由于用地紧张，城市形态向高密度方向发展。土地利用的
高度集约化促进了城市空间和交通枢纽空间以各种方式形成流动的城市形态。

香港九龙交通城是铁路和其他交通工具的交汇点，由车站、铁路干
线和地铁线组成，连接了赤鱲角新机场和香港中心区，承担新机场向城市
中心延伸的重要作用，目前已经成为机场轨道交通沿线最大的交通枢纽站
（图 6.3-1）。此外，九龙交通城也是香港西九龙新市镇的核心区域，需要聚
集各种商业、办公、住宅等性质的建筑来应对城镇中心职能。该交通枢纽结
合 110 万平方米集酒店、办公、商业和居住功能为一体的建筑进行综合设计，
并融合城市公共空间，打造出集约型、立体化的城市核心区。该核心区上盖包
含了 22 幢高层大厦，其中 18 幢住宅，两栋办公楼，一栋酒店及一栋综合建
筑（图 6.3-2）。

图 6.3-1　香港九龙站
来源：焦潇翔 / 视觉中国

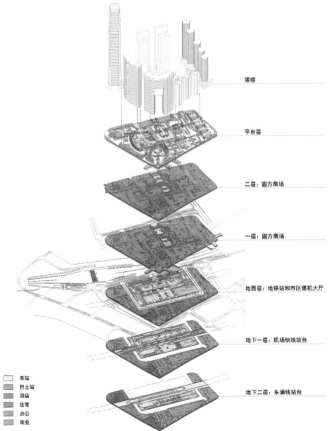

塔楼

平台层

二层：圆方商场

一层：圆方商场

地面层：地铁站和市区值机大厅

地下一层：机场快线站台

地下二层：东涌线站台

图 6.3-2　香港九龙站地上地
下空间一体化示意
来源：代晓利 . 商业与轨道交
通相结合的理性设计 [J]. 现代
城 市 研 究，2009（8）：57-
63.

车站
巴士站
酒店
住宅
办公
商业

九龙交通枢纽采用立体化的功能组织，以不同的功能楼层构成整个建筑。综合体利用垂直高度区分不同功能块，将传统建筑功能、城市交通、城市公共空间融合在一起，地上地下一体化设计，形成综合型、集约型的立体城市网络。地上两层为商业和配套的公共交通停靠站；地下两层为城市地铁和机场快线铁路；地上平台层距地面 18 米，承担传统地面层和屋顶花园的双重功能。地上两层为购物空间，舒适的商业空间和步行系统给市民提供了良好的购物环境。地面层主要为城市机动车的行驶和停靠提供空间，地面层以及所有的地下层均为公共交通设施。

九龙交通枢纽功能基本可以被划分为三部分（表 6.3-1）:

九龙交通枢纽功能划分　　　　　　　　　表 6.3-1

分层	功能	概况	作用
地上层部分	居住办公层	通过人行街道及广场连接到购物层，通达各商业大厦	将居住、办公、娱乐功能综合性开发
地面层部分	公交车站层	建设环绕综合体的公共交通系统和轨道交通出入口，同时布设城市基础设施	对交通流线进行合理设计，减少地面的交通交叉和混乱
地下层部分	轨道交通站台层	机场线位于底层，其上布设地铁线路，两端连接公交中转站及停车场，地下一层为换乘大厅	有助于不同方向人流的分流，也有利于人流的集聚和疏散

来源：作者根据相关资料整理

2. 深圳前海湾：轨道上盖的复合社区

沿海城市深圳以其迅速的发展跻身成为我国特大城市和国际大都市。在当今城市急剧扩展和经济快速发展的背景下，深圳开始逐渐同香港一样产生了城市用地紧张的现象，城市建设与用地之间的矛盾开始凸显，为集约利用土地，深圳开始借鉴日本、我国香港等地区地铁上盖物业的做法，充分发挥地铁上盖的作用。深圳前海湾的上盖项目目前已经建成，作为国内具有代表性的工程项目，前海湾项目将成为一种新的复合型城市多功能体的样板（图 6.3-3）。

前海湾作为车辆段存在于城市中，是轨道交通存储和维修车辆的地块，这类用地曾是轨道交通在城市规划和用地分配中必须有但又最不受欢迎的用地，占用一大片土地，割裂周边用地联系，并毫无景观和其他功能可言。然而，通过设计的深圳地铁前海湾上盖物业综合开发地块汲取了国内最为前沿的综合上盖物业开发理念，综合应用建筑学、工程学、美学、声学、心理学、交通、社会学等先进的科学技术和 TOD 综合开发理念，是由口岸联检设施、商业、办公楼、酒店、文化设施及服务式公寓等业态组成的多元化、多层次的城市综合体。前海湾作为"高密度轨道社区"，首先从技术上突破了原有的障碍，在城

图 6.3-3　深圳前海湾上盖物业
来源：AREP 事务所

市居民需求的基础上，通过土地集约、交通集约与功能集约将城市生活变得更加高效，将高密度与高活力连接起来，突破了轨道交通枢纽区域旧的设计观念，将新的开发体制与模式融入轨道交通建设。

　　小结：深圳前海湾与香港九龙枢纽在规划和开发上充分发挥了集约与高效的特点，通过立体化打造出城市核心社区。九龙交通城以其庞大而高度集中的规模体系与城市相连接，充分体现出一体化的现代交通系统。深圳前海湾也通过上盖物业开发，将功能、交通、土地集约化，实现站、街、城一体化发展。

6.3.2　空间融合：轨道与紧凑城市

1. 九龙枢纽：高密度下的和谐发展

　　香港城市发展始终面对一对极具挑战性的难题，即有限的可建设用地和不断膨胀的人口之间的矛盾，这也充分体现在香港城市现有的高密度特征和超高层建筑中。超高密度的发展也为城市交通系统的效率带来了挑战。用作公共交通设计的土地非常匮乏，这也自然地要求轨道交通间良好的衔接与换乘，并最好整合入公共空间和建筑内部，与紧凑的城市融为一体。

　　九龙站为地铁机场快线和东涌线的换乘站，两条线路分别设置在地下一层和地下二层。市民搭乘地铁到达九龙站之后，需要通过电梯或扶梯到达枢纽换乘层进行地铁换乘或进入其他塔楼内部。通过 A 出口与车站停车场相连，B 出口为机场巴士站，C、D 出口为圆方、环球贸易中心。

　　九龙交通枢纽与城市机动车交通的整合主要设在地面层，使车辆容易从周围的街道进入并方便工作人员和游客到达。为了加强交通枢纽与城市道路的联系，首层采用架空方式使城市道路连接至枢纽内部，并结合公共交通停靠站，停车场的设置使乘客更方便地进行换乘。

　　步行系统的组织更加多样化，满足各类人群的需求。通过一、二层大堂和购物中心将地铁的人流进行分散，利用连廊和步行街将人流引导至附近街区，进而延伸至整个西九龙地区。市民也可以通过购物中心内部的巴士站点或二层屋顶平台进入塔楼或城市道路。

　　九龙交通枢纽集多种交通功能于一体的区域性综合交通中心，涵盖了城市地铁、长途汽车及机场快线等多种交通方式，并以综合换乘系统为核心，提供便捷的交通服务。在紧凑的城市功能中利用高效的室内空间实现立体化的无缝接驳。在九龙站内，地下空间作为枢纽的核心区域，各条线通过立体分层设计使整体达到高度集中，实现了轨道交通的复合化与一体化，各部分功能协同运作，并与外部道路系统、住宅办公区等有机地结合起来，在高密度城市中发展成为和谐统一的整体（图 6.3-4）。

图 6.3-4　香港九龙站内部空间
来源：LewisTsePuiLung/ 视觉中国

2. 前海湾枢纽：打造紧凑城市

深圳前海湾站位于深圳市南山区前海规划区一带，建于晨文路地下，呈南北向布置。前海湾站作为深圳规划的六大交通枢纽之一，罗宝线、环中线、机场快线都位于该站，前海湾的交通设施汇集了城际轨道、城市轨道、普通公交、出租车、社会车辆等多种交通方式形成的综合交通枢纽。前海湾站全长830米、宽25.7米，深18.1米，是地下三层双柱三跨岛式车站，是国内第一个在海积淤泥区建造的地铁车站。地下二层的罗宝线和环中线两个岛式站台平行，位于同一平面，均为南北方向，两线之间通过站厅进行换乘。其中，地下一层为车站大厅，售票及安检等功能位于该层；地下二层1站台布置往机场东方向的罗宝线列车，2站台为罗湖方向的罗宝线列车，3站台是环中线到达乘客的专用站台，4站台是往黄贝岭方向的环中线列车；地下三层为机场快线列车站台，5号和6号站台分别开往碧头方向和福田方向。

深圳前海湾地铁项目是探索"轨道＋"、演绎"轨道交通＋紧缩城市"的一个案例，在紧凑的城市设计中，轨道交通将城市生活拉得更近。位于新兴经济特区的前海湾，力图成为目前高密度的香港—深圳—广州城市网中独一无二的大型开发区域，"前海湾综合交通枢纽"依轴线布置，建筑体在东西和南北方向上依次排布。在未来建成的社区内，城市空间参差多样，建筑群结构肌理富于变化。区域内高层建筑多在200~280米之间，通过鳞次栉比的高层建筑打造高效的"紧凑城市"，刻画出前海湾整体区域形象。

小结：香港九龙与深圳前海湾都以独特的身份在城市中展现出枢纽的不同面貌，但同时又通过对枢纽空间的打造将交通空间、居住空间、商业空间等生活空间进行融合，在横向与竖向上共同发展，将轨道交通融入紧凑城市，相互协同，共生共长。

6.3.3　商业开发：枢纽融入生活

1. 九龙枢纽：商业配套齐全的"微型城市"

香港九龙交通枢纽作为超大型综合体，其开发囊括了商业办公、住宅、休闲娱乐等多重功能。在这种空间高度集聚的条件下，其城市功能体现出更高的复合意义，打造出新的生活模式。一方面在交通功能的基础上，完善生活服务设施；另一方面结合考虑整体空间的社区服务功能要求，充分利用庞大的人流量，全面提高各种公共服务设施的使用效率以及商业经营的回报。

九龙站上盖为联合广场，是港铁公司联同永泰控股有限公司、恒隆地产有限公司、九龙仓集团有限公司和新鸿基地产发展有限公司联合打造的集写字楼、住宅、酒店、商业和休闲娱乐于一体的大型商住项目。联合广场拥有良好的区位，与商业价值极高的九龙站紧密连接，与中环 CBD 隔海相望，在开发过程中先是以前期的大规模高端住宅项目吸引潜在客户的注目，利用住宅聚集人气，随着片区的逐渐成熟，高端商业及国际顶级商务和酒店为九龙上盖商业项目实现整体升级（图 6.3-5）。

广场内圆方购物中心由英国著名建筑公司 Benoy 担任设计，以金木水火土五行智慧为设计要素，开创独一无二的购物享受空间，并与中国优秀的传统文化相结合，同时购物中心的顶部与公共空间连接，为顾客提供更好的通透性的空间体验。地铁九龙站与圆方购物中心在地下一层无缝对接，通过中心的自动扶梯可以直达地面购物中心层，实现购物中心与地铁一体化设计。

九龙地铁上盖商业的开发由多个强势开发商合力打造，且不同的开发商之间特点突出，分工明确，并且联合广场占据城市顶端区位，依附于地铁带来的大量客流，具备成熟的商业、商务及休闲娱乐的氛围（图 6.3-6）。

城市基本上可以看成是一个由住宅和其他服务性功能组成的集合，作为在超大尺度巨构建筑中的"微型城市"，九龙站计划案也是如此。作为一个涉及多家大型房地产投资的城市地产发展项目，以塔楼形式出现的集合住宅成了最主要的建筑类型，这种设计也最能符合市场需求，同时也充分体现了枢纽建设融入城市生活。

2. 深圳前海湾：枢纽开发创造新的生活模式

深圳前海湾的开发建设是基于已经设计完成的车辆段，在现有轨道间进行设计与开发的枢纽区域。前海湾开发的业态以服务生活为主，通过良好的设计营造生活氛围，从而带动整体区域的发展。其商业的开发抓住了人们生活的需求，同时利用轨道交通引导新的生活方式，创造出新型住区模式。

前海湾在设计上，因城市交通轨道的限制，区域开发的 SOHO 办公区与原有轨道流线相吻合，从而形成流线动感而丰富的建筑造型。建筑开发需要满足高度上的限制，建筑形态无法充分展示，但也正是因为这些限制，建筑流体形态将

6.3-5　香港九龙站上盖联合广场（左）
来源：Elements 圆方官网

图 6.3-6　香港九龙站商业空间（右）
来源：Elements 圆方官网

轨道交通的走势充分显现出来，建筑与轨道交通完美地融合在一起。此外，区域开发的建筑在设计上巧妙融入中国山水元素，将厚重的轨道交通的上盖平台转变为一个自然的、起伏的、平缓的绿化梯田，给人们提供一个和谐的居住家园。

在功能业态的开发上，深圳前海湾综合上盖的设计充分注重了生活功能，将居住区与其他商业社区的配套结合起来，并且配套建设了幼儿园、小学等教育设施，将整体上盖物业打造成优雅美观、功能完整的新型开发社区。

居住区整体以"组"为单位进行布局，四栋塔楼构成一个组团，形成温馨的居住空间。区域内幼儿园的设计，通过色彩和材质为整体开发区域提供了色彩上的点缀，并与周边住宅区域区分开来。立面材料上主要采用玻璃和木材，充分将室外绿化引入室内，力图给儿童提供一个充满绿化的宜人的学习生活空间。在布局上，为了给上层平台提供一个开敞通透的空间庭院，将幼儿园设计成为串联式的布局形态，通过公共走廊，将各个儿童活动室和寝室串联起来，采取走廊底层架空的处理手法，将视线变得通透。另外，建筑之间形成的内向型绿化庭院，既是儿童的室外活动场所，也是对整体设计中"组"这一概念的呼应（图6.3-7）。

小结：香港九龙与深圳前海湾都在商业开发上通过复合模式打造出新的枢纽生活。两者结合城市定位与项目规划，以服务生活的业态入手，在枢纽区域打造居住社区，在居住生活的需求下进行商业开发，通过住宅聚集人气，带动整体发展，将枢纽融入生活、生活融入枢纽。

6.4 空间共享：德国柏林中央火车站和日本京都站

德国柏林中央火车站和日本京都站都是完全开放的公共空间，很多不需要乘坐火车的人都可以在任何时间进入车站，这里有发达的商业及服务设施。车

图 6.3-7 深圳前海湾上盖社区
来源：AREP 事务所

站空间本身的开放性、共享性以及车站内各类功能与车站空间的融合化发展，使它们担负起了更多的城市功能，成为城市中一个特殊的活动场所。

6.4.1　空间设计：商业与娱乐活动集聚

1. 柏林中央火车站：功能融合开放的商业分层布置

柏林原有的两个火车站——东站和动物园火车站，在历史上分别属于东柏林和西柏林。而中央火车站在曾经欧洲著名的莱尔特火车站的旧址上进行改建。自 1996 年起，柏林火车站作为战后最大的交通枢纽工程，在经历十年的精心打造后于 2006 年正式投入运营。由著名建筑事务所 GMP 主创冯·格康、玛格等建筑师进行改造设计，其双向汇聚的玻璃顶造型结构和功能融合的大型开放商业空间是中央站设计最具特色的部分。

公共交通设施在设计初期往往仅考虑其交通和使用功能，对于商业空间开发往往有所忽略。柏林火车站作为典型的商业与交通功能融合的案例，将交通功能分置于不同水平层，有效发挥了各项功能的作用，并将商业娱乐等活动良好地汇集于车站空间中（图 6.4-1）。

柏林中央火车站整体采用了玻璃幕墙，站内能看到外面的景象，无需标识就能快速地分辨其所处车站出口方向，让自然光线射入位于地下的轨道站台，使枢纽内部的换乘空间安排一目了然。

柏林中央火车站的内部空间功能设计也独树一帜，涵盖了交通、商业及办公，充分地发挥了公共空间的商业性和共享性。其中，三层以下部分为功能空间与公共空间，包含交通功能及公共服务设施，商业及娱乐活动功能也被引入进来。这部分之上还有两座十多层、七十多米的塔楼空间作为办公区域使用。

图 6.4-1　柏林中央火车站
来源：世界建筑，2018（4）

车站正中的玻璃顶棚下是一个大规模的、面积达 15000 平方米的"购物世界"，不同类型的 80 多家商铺均匀地布置在其中，且营业时间均为 24 小时，包括各类购物、餐饮及娱乐服务设施等。此外，车站在原有基础上进行改造，将部分地下空间引入商业，与公共空间有机地结合起来，在此举办展览等活动。柏林中央车站的建设充分利用了公共空间，将商业与交通功能完美地融合起来，各功能空间层次清晰且不失整体性。

车站大厅尺度较大，南北立面均采用通透的玻璃幕墙，给人以开敞通透之感。车站的内部各个商业空间尺度相对较小，每层高度也相对较低，与交通空间相对比，这部分商业空间因功能需要相对较为封闭，多为单一展示界面，其余三面封闭围合。与公共交通空间衔接的通透界面，通过丰富的商品展示面吸引和汇集人流，满足商业需求，同时与公共交通空间充分融合并加以利用。

2. 日本京都站：一个不纯粹的火车站

他是一座购物中心，他是一座艺术中心，他是一座主题公园——其实他是日本京都火车站。日本京都火车站始建于 1993 年，1997 年投入运营。京都站是京阪神地区（东京、大阪、神户）的中心枢纽，年客流量高达 4000 万（图 6.4-2）。

日本京都新站之所以可以被赋予多种头衔，是因为其自身除了交通枢纽这一主要功能外还体现了其他多重价值，他的设计淡化了交通建筑本身生硬冰冷的感觉，与城市和在城市中生活的人们交织在一起，共同构成了更加生动、温暖、有活力的公共空间。在城市生活的人群和往来的旅客都可以在这里找到全新的

图 6.4-2　日本京都站入口
来源：王欣宜摄

空间体验，甚至忘却自己所处的是城市最繁忙的客运枢纽站。京都站的设计更像是一个包罗万象的城市舞台，人们在这里展示自己的生活、享受休闲、体验娱乐，感受城市的历史，与城市进行交谈，在城市间穿梭游走。

京都站是多功能融合的象征。在设计上，京都站由核心超大尺度灰空间将各个功能部分联系起来，在核心大厅空间与室内各空间的衔接过程中，充分将多种功能立体化，各功能空间沿着大厅向东西两侧层叠式展开。主要的地铁线、JR 各线和新干线通过核心大厅南侧和地下空间实现有效的连接。车站大厅通过楼梯与连廊等设计来达到与室内各功能空间的有机联系与融合，东西两侧的连接方式各不相同。东侧界面呈台地状，各台地之间主要通过自动扶梯相连，扶梯的尽端是屋顶花园广场；而西侧则通过巨大的弧形台阶层层向上延伸，形成连续的坡面。因为在京都车站内楼梯很多，除了核心大厅空间与室外空间衔接产生的大楼梯外，室内还有各类电梯、自动扶梯等，且数量惊人，这些连接设计都为核心大空间与室内各功能空间的有机融合奠定了基础（图 6.4-3）。

（1）主要空间核心：超大尺度的核心大厅，由半开敞的灰空间所组成的公共活动区域。这一多维界面与城市间产生交流，是具有展示功能的城市象征（图 6.4-4）。

（2）东西两侧核心空间：东侧室内空间功能包括大型酒店、京都剧场、派出所等，西侧室内空间为大型百货商场（伊势丹百货）、美术馆以及其他公共服务设施等（图 6.4-5）。

（3）连接空间：东侧核心空间主要通过错层台地及手扶梯等将室内外空间联系起来；西侧除了自动扶梯外最主要的是大面积连续上升的弧形台阶及外侧台地将室内外各部分进行连接，并且最终延伸至屋顶层平面（图 6.4-6）。

（4）交通空间：主要的地铁线、JR 各线和新干线以及部分公交线路等都位于地下交通区域和建筑南侧（图 6.4-7）。

图 6.4-3　日本京都站公共活动区灰空间（左）
来源：王欣宜摄

图 6.4-4　日本京都站中庭（中）
来源：王欣宜摄

图 6.4-5　日本京都站剧场（右）
来源：王欣宜摄

图 6.4-6　日本京都站大台阶（下页）
来源：王欣宜摄

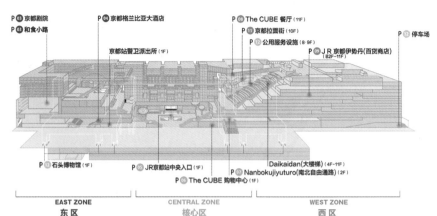

EAST ZONE
东 区　　　　　　CENTRAL ZONE
核心区　　　　　　WEST ZONE
西 区

图 6.4-7　日本京都站立体空
间示意
来源：日本京都站官网

　　小结：柏林中央火车站和日本京都站在空间的设计上都将商业功能良好
地融入进去，枢纽空间与商业、娱乐、艺术、公共空间聚集起来，带动了整体
活力。丰富的空间设计淡化了交通枢纽，开放融合的公共空间和各具特色的商
业艺术景观给往来的旅客带来了新的枢纽体验。

6.4.2　交通流线：一体化换乘空间

1. 柏林中央火车站：线路纵横交汇

　　柏林中央火车站整体线路设计呈斜"十"字交叉形，东西方向的高
架线路与南北方向的地下线路汇集于此，构成了该交通枢纽的基本形式
（图 6.4-8）。

　　柏林中央车站经过改扩建，将城际高铁、普通铁路、城市地铁以及快轨等
多种交通线路汇集于此，于 2006 年 5 月 28 日启用。

图 6.4-8　德国柏林中央火
车站
来源：世界建筑，2018（4）

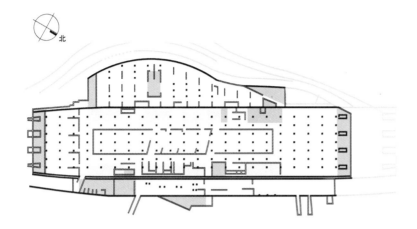

图 6.4-9　德国柏林中央火车
站站台地下平面图
来源：世界建筑，2018（4）

地下二层：该层设有南北向行驶的干线铁路，共计 3.5 千米的四个站台、八条线路和一条 2.4 千米的高速公路隧道从地下 15 米处通过。地上 12 米处的高架东西向线路和地下 15 米处的南北向干线线路交汇于此，各条轻轨与连接南北的地铁相交；在与东面的铁路干线轨道相平行处，设置了地铁（U-Bahn）5 线的新地铁站（图 6.4-9）。

地下一层：换乘大厅以及地铁售票都置于该层，前往地下二层乘车的旅客可经过该层的连接通道换乘地下二层的不同线路。此外，该层与车站地下停车场相连，且通过停车场与高速公路隧道相连。

地上一层：该层为路面交通层，南北贯通的交通大厅与车站室外广场直接相连。该层设置了多种路面交通方式，包括旅行巴士、出租车、自行车以及旅游三轮车等在此集散，还设置了临时上下客的停车区域，并预留港湾式公交停车场和私家车停车场。因此，城市大量出行人流在此处汇集，商业及服务性空间也集中在该层中央厅两侧。

地上二层：该层高度为 4.5 米，与地下一层功能相似，包括售票功能以及为地上三层线路间转换的换乘大厅。柏林中央车站的布局以地面层为基准呈上下对称式的结构，因此地上二层和地下一层、地上三层与地下二层功能结构十分相似。

地上三层：该层高度在 10 米处，同样是轨道交通站台层，总计六条轨道线路和三个站台，所有线路运行呈东西方向，包括城际高铁线路和区域间线路，还有轻轨 S、S3、S5、S6 和 S9 等多条线路（图 6.4-10）。

这些交通层由宽 4 米、长 159 米的车站大厅上方的轻盈的玻璃屋顶结构覆盖，没有任何梁柱支撑，将区域功能完美融合于其中，由此形成独特的一体化的交通换乘空间（图 6.4-11）。

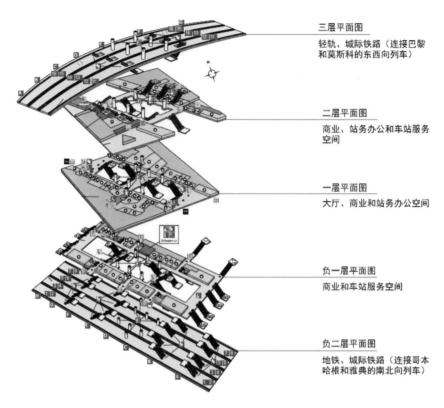

三层平面图
轻轨、城际铁路（连接巴黎和莫斯科的东西向列车）

二层平面图
商业、站务办公和车站服务空间

一层平面图
大厅、商业和站务办公空间

负一层平面图
商业和车站服务空间

负二层平面图
地铁、城际铁路（连接哥本哈根和雅典的南北向列车）

图 6.4-10　德国柏林中央火车站站台各层平面图
来源：世界建筑，2018（4）

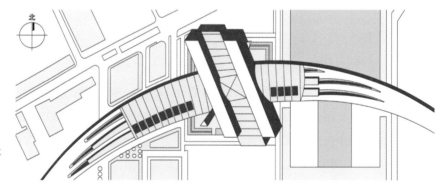

图 6.4-11　德国柏林中央火车站总平面图
来源：世界建筑，2018（4）

2.日本京都站：去候车厅化

日本京都站的规模大、综合性强，各功能组群与城市公共交通相联系，并对城市交通功能进行延伸。京都站在与外部城市交通的衔接上，仍然沿用了传统的站前广场形式，并对其进行了更新，将城市公交线路及出租车停靠等功能在此处汇集，形成了集地面换乘和人流集散于一体的站前广场。

在内部交通中，京都站通过换乘进入车站最先到达底层的半露天的核心大厅，以此来组织不同的交通流线。车站大厅在东西两个方向设置了自动扶梯

和垂直无障碍电梯，将旅客送至地下二层的站厅，旅客可在此乘坐城市地铁及
JR 线。该层除了售票检票处以外，还可以与精品商业街及 CAT 终端站相连。
而需要前往新干线的旅客由大厅南侧进入二层新干线中央口，在此乘坐近铁京
都线（图 6.4-12、图 6.4-13）。

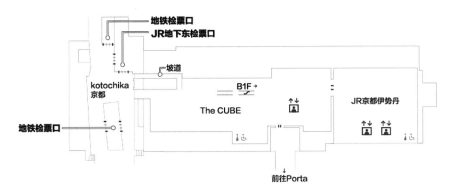

图 6.4-12　日本京都站地下
二层导向示意
来源：日本京都站官网

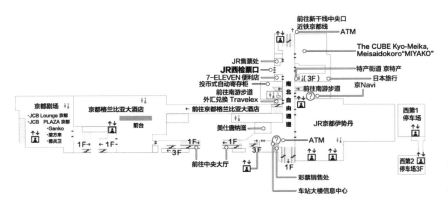

图 6.4-13　日本京都站地上
二层导向示意
来源：日本京都站官网

　　以京都站为例，日本很多车站与我国传统车站不同，站内没有大面积的
候车空间和集中售票区域，往来乘客基本都是通过自动贩售机及城市交通卡
进行乘坐，外来的旅客也可以通过一日通卡或几日卡无限次乘坐列车，长途
的城际线路也如同国内的地铁一样可以方便快捷地乘坐。结合日本人口、国
情及地域面积，这种去候车厅化的模式在日本非常常见，它打破了传统火车
站的空间模式，将人流倒逼给商业功能，使枢纽带动商业的发展，有效地实
现站城一体化。

　　小结：国内外现代交通枢纽均朝着一体化的方向发展，站城融合成为轨道
交通与城市协同发展的必然趋势。柏林中央站和日本京都站在交通上实现了一
体化换乘，尤其是去候车厅化的设计模式，通过高效的换乘方式缩短了旅客出
行时间，提升了枢纽空间质量。

6.4.3　景观设计：文化识别与地域特性

1. 柏林中央火车站：独特的吸引力

　　柏林中央火车站在枢纽景观设计上，体现出了其在城市中独特的标志性，车站建筑造型设计和综合枢纽功能共同将其打造成了具有展示性的城市象征。两座高度 70 米的双子塔楼屹立其上，成为柏林市区域内最高的中心建筑，突显出车站在城市空间中的统治地位。建筑通过体块交错打造出错落有致的空间结构，提升了整体辨识度和空间吸引力，形成柏林当地一道独特的风景。

　　柏林中央车站建筑设计的核心理念是为了在城市环境中突显出线路交错的走向，而南北及东西双向大型轻质玻璃屋顶的交叉则将这一概念进行了强化。车站东西方向站台长达 430 米，其中 321 米被网状钢结构与轻质玻璃构成的透明屋顶所覆盖，弧形的玻璃大厅由近万块玻璃面板组合而成，通透的玻璃屋顶材质可以使自然光充分射入车站大厅，并穿过大厅照射到地下层（图 6.4-14）。南北向长 159 米、宽 45 米的车站大厅置于两座塔楼之间，通过弧形屋顶设计与塔楼形成一个整体，人们可以从该站厅进入两座塔楼内部。此外，柏林中央火车站的导向标识系统应用了深受当地人喜爱的黄色和紫色这两种较为醒目的色彩，通过简洁明了的图案和文字提升车站内部空间的辨识度，营造空间秩序，彰显地域性特色。

　　对于不同的功能区域，柏林中央车站在设计上采用了不同的界面进行处理。如人行交通区域，通透的大空间和条状的线性布局是界面的关键元素，通过开敞连续的空间增强旅客对方向的识别性，通过标识、照明等设施的线性排

图 6.4-14　德国柏林中央火车站玻璃幕墙
来源：白志海摄

布增强对旅客的引导性；而对于商业区域来说，店铺展示界面设计和空间舒适度是吸引消费客流的关键，因此该区域设计通过色彩鲜艳的广告、产品丰富的橱窗以及舒适的室内照明等吸引行人驻足，从而进入其中产生消费；而办公空间相对前两者则较为私密，内部需要安静的空间与纷扰杂乱的室外公共场所相隔开，该界面从结构和材料上与主要车站空间相对分离，选用外置承重钢结构和深色反光玻璃幕墙，对视线进行遮蔽，分隔了不同目的的使用者。此外，在室内路面地板的铺设上，各区域空间也采用了不同颜色和材质的铺地对其进行区分，将各个界面完整地展示出来。

对于车站的外部空间，如站前广场、道路等也进行了特殊的设计。南北向出入口处设置了巨大的玻璃雨篷，为室外行人提供了遮蔽的场所。广场上运用了雕塑及室外景观小品等，将公共空间赋予一定的标志性和功能性，道路旁的标示牌和旗帜等装饰物增加了空间的趣味性。

在车站内部空间的设计上，一些关键的节点处设置了环境景观小品，用于增强空间的标志性。这些小品的设置不仅帮助旅客在空间中识别方向，对所处位置进行准确定位，更丰富了车站内部绿色环境景观，提升了车站整体舒适度，且降低了大量能耗。

2. 日本京都站：自然的塑造

1）站内景观

京都站景观设计手法别具一格，车站内部设计宛如一个深邃的峡谷，层层叠叠的台阶宛如缓缓流淌的瀑布，站内空间通过断层台地延伸至屋顶，直上云霄，创造出视觉效果丰富且震撼的人造景观，让人可以联想到三面环山、头顶苍穹的京都城市空间形态。而大厅内部的设计则较为简洁，主要采用冷色调的钢架及反光玻璃幕墙，与灰白色墙体产生对比，产生虚实结合的效果。空间中穿插着褐色的石材铺地与墙体，弱化掉冰冷的感觉，局部运用色彩鲜艳的装饰进行点缀，形成生动活泼的空间（图6.4-15）。

在景观设计上，车站内部空间包括核心大厅和站房内部的绿色植物景观都相对较少，转角处偶有一些盆栽植物等作为装饰点缀，主要的绿化集中在东侧阶梯尽端的屋顶花园。京都站独具一格的景观设计体现在站房内外各种雕塑小品的设计中。在站内核心空间的关键节点位置设置了色彩鲜艳、现代感十足的立体几何形雕塑，除了本身的功能性外，这些雕塑的设置增强了空间内的引导性，为站内空间带来了生机与活力。核心空间东西两端相隔几百米处分别布置了一尊古代雕塑和一尊现代雕塑，这两尊雕塑象征着古今的变化，仿佛在时空中产生交流，引人遐想。

图 6.4-15　日本京都站搭乘
电扶梯通往空中花园广场
来源：张丹阳摄

　　车站的西侧有一个往天空延伸的景观，171 个台阶的大高差可搭乘电扶梯通往空中花园广场，在顶端可以眺望全京都的美景。其两旁立面接玻璃帷幕的设计，透过玻璃的倒影展现完美的艺术感。

　　2）屋顶花园

　　京都站屋顶花园的设计独具匠心，传统的日式园林与现代建筑设计相融合，营造出京都站独有的景观氛围（图 6.4-16）。从核心厅东侧数百级的台阶拾级而上，远远就可以看到屋顶花园的引路标识——两个黄色的亭子。屋顶花园的四周出于安全的考虑进行了封闭的设计，但通过通透的玻璃材质进行处理，削弱了封闭的感觉，人们可以透过玻璃向远处眺望，从视觉上扩大了屋顶花园的空间感。伫立在屋顶花园南侧，可以看到京都的轨道交通线路，领略往来车辆的繁忙景象；在北侧，可以透过玻璃围栏看到京都古城的风貌，将关西城市的古风古韵尽收眼底。屋顶四周不能做玻璃墙的部分用立体多层的花隔做了垂直绿化。在内部的设计上，屋顶花园以混凝土为主要材质打造花坛和隔墙景观，给人以京都传统朴素之感的同时不失简洁的现代风格。屋顶花园内的灯式设计新颖，颜色鲜艳跳跃，与朴素清冷的混凝土形成对比，丰富了空间质感（图 6.4-16、图 6.4-17）。

　　小结：德国柏林中央火车站和日本京都站在景观设计上都有鲜明的地域文化特色。德国柏林中央火车站在建筑造型上大胆而富有科技感，景观设计

上也采用现代主义手法，通过造型来增强空间的可识别性，绿植、雕塑、色彩的运用与建筑风格协调统一，体现柏林现代化、精益求精的城市风貌。而日本京都站在屋顶设计上也采用了夸张的造型，景观设计上，将现代与传统充分融合，既有现代感的景观小品，也有蕴含本土文化的花园，使景观体验更加丰富。

图 6.4-16　日本京都站屋顶花园（左）
来源：张丹阳摄

图 6.4-17　日本京都站屋顶花园（右）
来源：张丹阳摄

6.5　文化艺术主题：俄罗斯莫斯科地铁站与徐州地铁站

地铁对于一座城市而言，很多情况下不只简单地扮演交通工具的角色，还反映出一座城市的文化底蕴与城市精神。地铁站内精美的装饰、雕塑、壁画等给人提供美好的艺术享受，从而真正体现出空间服务于人的本质，折射出"以人为本"的设计理念。

俄罗斯莫斯科地铁站和徐州地铁站的设计都以不同的方式和手段将功能性、美学性和文化性成功地融合在了一起，使之成为一张亮丽的城市名片。

6.5.1　城市文化：精神与文化的传播

俄罗斯的首都莫斯科，是一座具有悠久历史和光荣传统的城市，同时也是俄罗斯最古老、历史文化古迹最丰富的城市。莫斯科始建于 12 世纪中期，14 世纪俄国人以莫斯科为中心，集合周围力量进行反对蒙古贵族统治的斗争，从而统一了俄国，建立了一个中央集权的封建国家。15 世纪中期，莫斯科已成为统一的俄罗斯国家的都城，一直到 18 世纪初。从莫斯科大公时代开始，到沙皇俄国至苏联及俄罗斯联邦，莫斯科一直担任着苏联的首都，经历过战争与革命的莫斯科至今已有八百多年的历史。

徐州作为具有六千年文化和两千多年建城史的历史文化名城，自古以来便是兵家必争之地，作为汉文化的发祥地，楚汉争霸时就曾以重要的军事隘口被楚汉两国争夺。自古以来，徐州有记载的战事就有四百余起，古代的晋楚彭城之战、抗击日寇侵略的台儿庄战役、解放战争时期的淮海战役都发生于此，因此，徐州至今仍遗留下许多战争遗址，构成了徐州历史文化的一大特色。这座全国历史文化名城一直处于历史发展的动态变化中，见证了中国历史文化的发展历程，具有深厚的文化脉络。

1. 莫斯科地铁：红色文化与革命精神

莫斯科作为俄罗斯最大的综合性工业城市及军事要地，在苏联重工业奠定了初步基础的情况下，政府出于军事防护等考虑，1935 年正式开通了莫斯科的第一条地铁线路。

莫斯科地铁以其华丽的设计和鲜明特色闻名于世，每个地铁站都以战争纪念、民族文化或历史事迹等作为主题，体现出浓烈的爱国主义色彩和红色文化。在这里可以体验到宫殿般辉煌的空间，瞻仰烈士与领袖的雕像，既能感受到西方艺术的精致与典雅，又能体验到革命精神的烘托与渲染。

莫斯科通过地铁枢纽的设计将历史的记忆凝固，将城市文化与城市精神渗透到地铁站的设计中去，通过强烈的设计手法体现城市的精神内涵，通过轨道交通对城市文化进行传承，让市民在体验艺术文化的同时获得精神上的教益。

2. 徐州地铁：两汉文化与精神传播

徐州市是一座国家历史文化名城，轨道交通的文化建设突出了它厚重的历史之感。与莫斯科不同的是，徐州作为有两千多历史的古城，其地上遗址很少，文物遗址多位于地下，因而徐州的地下轨道交通也基于这种特点进行设计与建设，利用地下空间充分展示彰显徐州的历史与文化。

徐州城市文化，历经几千年的历史积淀。徐州的两汉文化，是在原始的本土东夷文化基础上，不断孕育新的文化因子，伴随着西汉王朝的建立，形成两汉文化系统雏形，进而与多元地域文化交流、兼并、整合和共生，再经过复杂的历史演变过程，最终形成成熟、定型的两汉文化系统和徐州地区丰富的汉文化内涵。1990 年代末期，在现代城市文化建设的实践中，徐州逐步确立了"两汉文化"的城市品牌，并不断地进行城市文化品牌的建设实践，如城市名片的确定和城市标志性事件的全面引入等。而徐州地铁的建设紧紧把握住了这一特点，以历史文化和战争文化为背景，构建徐州市独特的轨道交通文化体系。

因此，轨道时代为徐州带来新的机遇，徐州深厚的历史文化底蕴需要在轨道交通空间中充分展现，枢纽地下空间的设计在彰显历史的同时也需要引导和

遵从市民的文化心理，使公众在新的轨道交通空间中产生文化认同感，在历史
文化设计的情境中唤醒人文情怀与城市时代精神，将传统文化精神传承下去。

　　小结：莫斯科地铁和徐州地铁都以城市历史为依托，在轨道交通建设中体
现城市文化，弘扬城市精神，以浓厚的历史文化氛围刻画出城市轨道交通的形
象特征。

6.5.2　景观设计：历史与美学的交融

　　当你走进宫殿般辉煌华丽的莫斯科地铁站，当你走进艺术博物馆般现代典
雅的徐州地铁站……它们通过将动态的当代轨道交通活动与静态的古典韵味视
觉设计相结合，营造出当下与城市历史之间的对话空间、城市公众与城市艺术
资源的互动空间，地铁站成为城市中独特的历史文化空间载体，在历史与美学
的交融中实现一站与一城的连接。

1. 莫斯科地铁站：红色历史的追溯

　　莫斯科地铁站设计曾是苏联最大的建筑项目之一，各个站造型华丽、风格
独特，通过丰富的主题将莫斯科的历史文化展现得淋漓尽致，被赋予了"地下
艺术殿堂"的称号。地铁站内设计富丽堂皇，从墙壁、地板到梁柱，每一个细
节都散发着当地的艺术文化气息。站内大气凛然的铜质雕像、繁复精致的巴洛
克浮雕、精美绝伦的壁画以及璀璨夺目的欧式灯光照明，使人们感到犹如置身
于欧洲远古神秘而华丽的地下宫殿。

　　1）雕塑美学

　　在轨道交通站点文化环境的塑造中，雕塑的运用是设计的一大亮点，雕塑
为站内空间增添了标志性与纪念性，起到画龙点睛的作用。地铁站通过雕塑来
营造站内的艺术文化氛围，将历史文化特色与城市精神展现其中。在莫斯科著
名的革命广场站，候车大厅地下空间的拱形门洞两侧矗立着一尊尊革命战士的
雕像，这些雕像按时间排布，以 1917~1937 年这二十年间发生的事件为主题，
对人物形象进行刻画。他们中有的是工人，有的是农民，有的是士兵，还有战
争中抱着婴儿的母亲……共 76 个青铜制雕塑将站内空间布满（图 6.5-1）。

　　这些雕塑纪念了"十月革命"战争和反法西斯战争的胜利，烘托了革命战
斗的氛围，彰显出俄罗斯独有的爱国主义文化。除了典型的革命广场站外，以
著名的俄国诗人普希金命名的普希金地铁站也运用了雕塑的设计手法，站内将
诗人优雅的坐姿铜像置于车站最明显的换乘通道处，雕塑两侧华丽的灯具点亮
辉煌的灯光，渲染出古典文艺的氛围。除了革命广场和普希金站，鲍曼地铁站
和列宁图书馆地铁站也都运用了雕塑的设计手法。在地铁鲍曼站地下空间内，

图 6.5-1　俄罗斯地铁革命广
场站
来源：马丽娅摄

　　设置了俄罗斯著名的教育学家鲍曼的头像雕塑，用独特的雕塑设计诠释了车站
名称。列宁图书馆站也就是俄罗斯的国家图书馆站，也运用了雕塑的设计手法，
通过苏联伟大革命家列宁的雕塑和大幅的壁画展现了俄罗斯地铁站独有的革命
历史氛围。

　　2）壁画与浮雕装饰

　　壁画、浮雕等装饰物的运用是俄罗斯地铁站设计的又一大特色。在莫斯
科，具有雕塑和绘画作品的地铁站共有 50 余个，占地铁站总数的五分之一以
上。莫斯科的每一个地铁站的设计都反映出不同的主题色彩，而壁画、浮雕等
装饰物往往作为历史文化主题的载体，将一个个充满记忆的故事生动得呈现出
来。如通往机场的帕维列茨站内巨幅的彩色壁画，用 100 多平方米的马赛克
图案将 1941 年 11 月 7 日红场上阅兵式雄浑壮阔的场面描绘出来，整幅壁画
充分彰显了昂扬的斗志和团结的精神，令人们在欣赏艺术的同时感受爱国主义
教育。新库兹涅茨克站站台顶棚上，白色的浮雕装饰衬托出一幅幅色彩鲜艳的
马赛克拼贴壁画，每一幅壁画都展现出一个历史场景，如运动员检阅、地铁的
修建、高架桥的开通等，将传统的俄罗斯风格充分展现。三线交汇的共青团站，
以华贵富丽的黄色为站内设计的主要基调，整体风格呈现出斯大林时代帝国建
筑的皇家气派。站内雕梁画栋，金色的穹顶上镶嵌着精致绝美的浮雕，白色的
外沿包裹着金铜色的壁画，令人恍若置身于沙俄时代的欧洲宫殿。这座久负盛

名的地铁站还被俄国人民誉为"空前绝后的胜利大厅"（图 6.5-2）。

3）灯具及光环境设计

莫斯科的地铁站大多是由不同艺术家专门设计而成的，每个站点的风格样式具有其标志性，内部造型与装饰也不尽相同，连灯具设施等都有其独特的设计。在门捷列夫地铁站，其地下大厅的大面积的灯饰采用了化学元素的不同组合形式，这种化学元素形式的灯饰，较其他地铁站装饰产生的空间形象不同，不仅使门捷列夫地铁站具有良好的可识别性，同时为该空间营造了一种科学文化氛围，创造了科学文化的城市环境。

由俄罗斯著名艺术家和建筑师舒舍夫设计的共青团站，在地下空间设计中采用了一系列富丽堂皇的吊顶灯及顶棚华丽的壁画装饰，结合富有韵律感的雄伟的柱式，在辉煌灯光的渲染下营造出凯旋的隆重氛围（图 6.5-3）。为纪念伟大苏联革命诗人而命名的马雅可夫斯基站，曾被誉为"最美的地铁站"，是典型的斯大林式新古典主义风格的车站（图 6.5-4）。这座金碧辉煌的"地下宫殿"最吸引人的是站台内的顶棚设计，拱形门柱撑起的顶棚上一个个环形圆洞内镶嵌着数十盏明黄色的壁灯，灯光亮起时映照出内部一幅幅壁画，这些壁画均出自俄国著名艺术家杰伊涅卡之手，仅一个站台内就有 31 幅之多。从天而下的唯美灯光将整个马雅可夫斯基站照亮，灯光反射到金属材质的不锈钢拱门和红白相间的大理石地板上，映衬出宛如星光般璀璨的艺术殿堂。

图 6.5-2　俄罗斯地铁浮雕装饰
来源：马丽娅摄

图 6.5-3 俄罗斯地铁共青团站
来源：马丽娅摄

图 6.5-4 莫斯科地铁马雅可
夫斯基站
来源：姚璐 / 视觉中国

2. 徐州地铁站：两汉文化的艺术体现

徐州进入轨道交通时代，由单中心城市跨入多中心城市，作为城市核心空间及轨道交通换乘点的彭城广场，其城市职能也发生了转变。彭城广场及地下空间的价值需要重新审视，复合的竖向空间应突出步行交通、文物展示和适量文化休闲的城市职能。实施方案按照北京交通大学的规划研究，采用空间句法、CIM 技术、交通模拟及虚拟现实等技术手段，从使用者的角度量化分析复杂的空间系统，集约化利用地下空间并有效连接 1、2 号地铁换乘站及周边大型商务、商业综合体。大流量的公共交通将增强空间极化作用，城市空间的商务、商业集聚，以及承载市民活动，赋予城市主广场更复合的城市功能。特别是通过彭城广场地下空间展示三重叠城的古城遗迹，使站城空间成为彰显城市美学的窗口（图6.5-5、图6.5-6）。

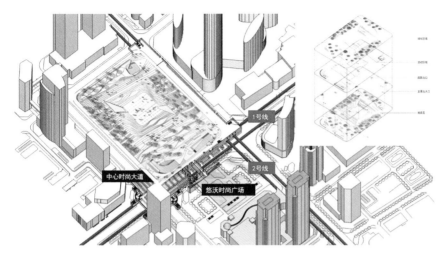

图 6.5-5　徐州彭城广场站城一体化
来源：作者工作室

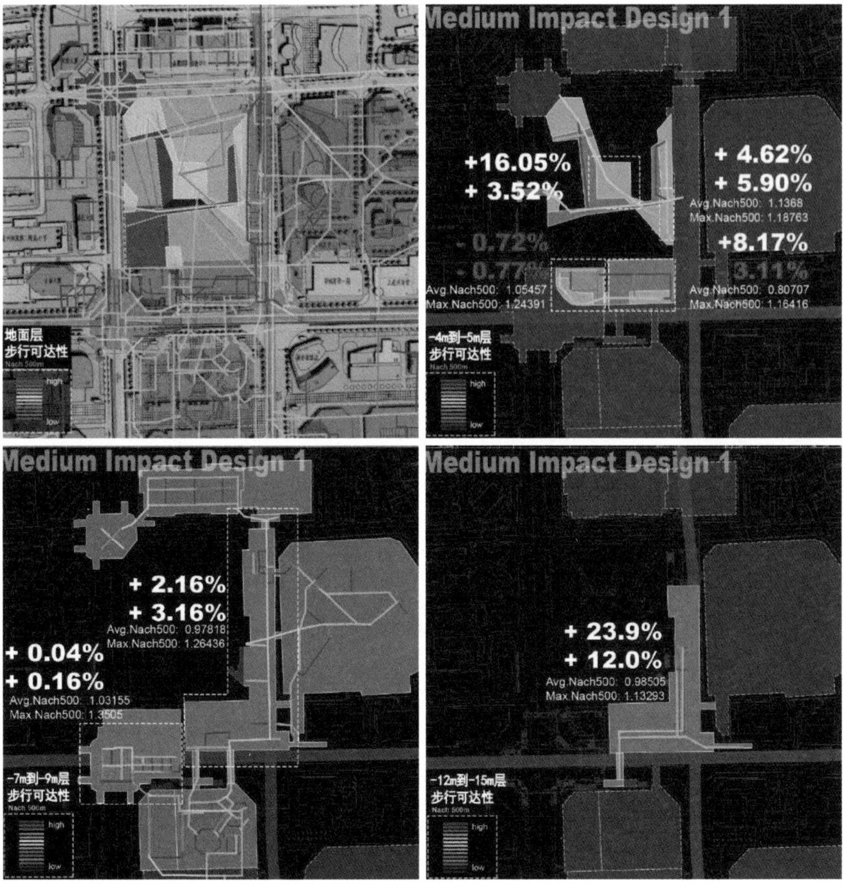

图 6.5-6　徐州彭城广场站城空间数字化设计
来源：作者工作室

1）站点设计体现历史文化特色

徐州地铁站根据当地历史文化特色进行设计，力图彰显城市的文化内涵与民俗风情。站点设计从整体空间到装饰细节都透露着徐州两汉文化的深厚底蕴，柱式端头的壁画设计在保持了站厅整体现代质感的同时，传达着城市的历史文化；站厅内墙壁采用大面积壁画装饰，通过描述的手法讲述徐州历史的重要节点，将纪念性标志物与人物刻画于壁画之上，其立体浮现的效果烘托了站内的历史文化氛围（图6.5-7）；中心站点整体采用汉建筑、汉阙等元素的抽象演变进行设计，空间上方顶棚采用不同色彩设计，吊顶周围也采用细节装饰，将楚汉时期窗墙的格网形式嵌入其中，弥补了单调的吊顶形式（图6.5-8）。

图6.5-7　徐州地铁站内浮雕
壁画（左）
来源：吴天雯摄

图6.5-8　徐州地铁站内吊顶
（右）
来源：吴天雯摄

2）列车装饰与线路景观特色相结合

徐州地铁一号线从东到西贯穿城市，经过城市内重要的区域节点。线路标色选取暗红色，整体空间打造选用城市主色调——黄灰白（图6.5-9、图6.5-10）。徐州自古就是我国的重镇，海内名城，因此遗留下了众多优秀历史色彩元素。这些历史色彩多以雅致的低艳度黄色为主，辅以灰白相衬。车站整体装饰图样来源于汉画像石的《车马出行图》，结合线路特色的列车装饰基于暗红标色进行设计，车厢外侧徐州地铁和两汉车马图腾相结合进行装饰，与站墙上的剪纸图腾装饰物相呼应，无不透露着城市文化的气息（图6.5-11）。

3）中心站点地下空间作为城市文化展示的窗口

彭城广场站作为地铁1号线和2号线的交叉点，是城市至关重要的中心站点，起到城市客厅的关键作用。地下空间除站点区域外还是城市中心商圈地下部分及地下慢行通道。该站点作为城市文化的展示窗口，在公共空间内展示地下文物，充分发挥了中心作用。1号线和3号线的交叉点徐州火车站站点内刻画着一幅《五省通衢》的浮雕彩色壁画，壁画以黄河和其两侧山脉为背景，

徐州城市主色调

黄 灰 白

↓

徐州城市基色调代表色

图 6.5-9 徐州地铁空间色彩（左）
来源：吴天雯摄

图 6.5-10 徐州城市色彩（右）
来源：吴天雯绘

图 6.5-11 徐州地铁站《车马出行图》装饰
来源：吴天雯摄

故黄河从远处流入徐州，石牌楼立于其上，浩气蓬勃，衬托出徐州重要的地理位置（图 6.5-12）。

4）新媒体城市文化营销营造良好站内氛围

徐州地铁作为我国现代新建的城市地铁，数字媒体技术的优势在其应用中显示出来。徐州地铁以城市历史和民俗风情为文化主题，利用新媒体为主、传统媒体为辅的手段，通过内容的设计性、适应性、创意性和互动性彰显城市文化。以地铁 1 号线终点站徐州东站为例，贯穿整层高度的新型内嵌式 LED 大屏在运营时间内全天滚动播放，其设置点正对入口处和自动扶梯连接处，从内容上对使用者进行文化传播，从视觉上给使用者带来艺术享受，充分烘托和营造站内文化氛围。

小结：莫斯科地铁和徐州地铁的景观设计都展现了历史与艺术的交融，但由于设计年代的不同以及设计风格的差异，莫斯科地铁站与徐州地铁站所表现

图 6.5-12　徐州地铁浮雕壁
画《五省通衢》
来源：吴天雯摄

出的景观特色与枢纽氛围各不相同。莫斯科地铁的景观设计刻着时代的记忆，以浓郁的民族风格和强烈的色彩表达艺术与文化。而徐州地铁将历史文化与现代美学相结合，在新的时代背景下表达枢纽景观的艺术设计。

6.5.3　标识设计：简洁与人性的统一

你是否有过这种体验：走进陌生的地方，只要依循箭头或图形指示，即使没有旁人指点，也能顺利找到方向，仿佛建筑空间以视觉作为语言，正在与你交流对话。

在地铁站的导向标识设计中，徐州地铁的导视系统用还原历史的设计手法，通过细节和整体的融合，将两汉文化的设计元素运用于标识中；莫斯科的标识注重人性化，温暖的室内光线、蕴藏历史底蕴的壁画和雕塑、人性化的座椅等，都与标识交织在一起。

1. 莫斯科枢纽标识：人性化融于细节

俄罗斯地铁起步较早，受工业文明的影响，轨道交通的发展也在不断完善。经历了近百年发展的莫斯科地铁，公共艺术设计不断完善，导向标识系统逐渐成熟，公共设施细节方面更加注重人性化设计。在莫斯科地铁站，每个车站的入口处两侧墙面上都带有指示标牌，将车站的名称、车站线路及换乘站都清晰地标示出来。这些标示牌经过精心的设计，设置在人们视线恰到好处的位置，利用简单的图案和文字将信息醒目地展示出来，使乘客一目了然，清楚地知道自己前往或换乘的方位。有的标示牌和站名作为地下空间整体装饰的一部分进行设计，与大厅整体空间环境融为一体；有的则进行单独设计，但造型上仍考虑了整体空间的环境形象（图 6.5-13）。此外，在地铁站入口及端部的设计上，设计师考虑了同一大厅的两端出入口及两侧的端部的可识别性，创造了具有不同标记的可识别的空间形式。采用不同的标记、不同的雕塑或不同的壁画来营造不同的空间环境（图 6.5-14、图 6.5-15）。

2. 徐州地铁枢纽标识：历史文化融于现代

徐州是两汉文化的发源地和具有六千年文化的历史名城，徐州地铁的导向标识系统采用"竹简"作为设计载体的要素，竹简是古代用竹片做成的书写材料，这一设计从细节上展示了古城的历史风韵，同时整套导视系统的设计与站厅整体设计相融合，将汉文化渗透到各个空间要素中，发挥了地域特色，在现代化室内空间中给人以庄重大气的浑厚之感。设计的细节也充分体现以人为本的理念，提升了轨道交通的视觉形象，充分彰显出徐州的城市精神（图 6.5-16、图 6.5-17）。

设计上，色彩依照徐州地铁的整体形象继续沿用低艳度的灰黄白，整套图标的设计旨在通过简单但可识别的形状实现最大可见度，细节上也进行人性化无障碍处理，解决人流疏散可能产生的问题。当我们在陌生的环境中行走时，这些清晰简明的标志使我们朝着正确的方向前进。在这些标志的背后，始终有专家通过精心的研究，不断更新标示系统，提出最佳的解决方案。

图 6.5-13　清晰的车站站牌设计（左）
来源：马丽娅摄

图 6.5-14　结合壁画的端部空间（中）
来源：马丽娅摄

图 6.5-15　地铁座椅与壁画结合（右）
来源：马丽娅摄

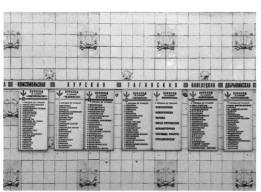

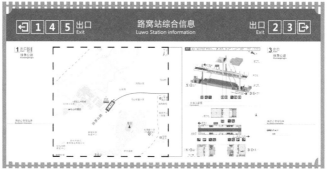

图 6.5-16　徐州地铁导向标识设计
来源：作者改绘

图 6.5-17 徐州地铁标识导视牌
来源：吴天雯摄

　　小结：莫斯科地铁与徐州地铁在标识设计上都兼顾了功能性与视觉艺术性，在满足人性化设计的同时体现了城市特色，将细节设计注入城市文化，与枢纽环境良好地融合起来。

参考文献

[1] 夏海山，刘晓彤，等 . 当代城市轨道交通综合枢纽理论研究与发展趋势 [J]. 世界建筑，2018（4）: 10-15.

[2] 尹从峰 . 基于生命周期理论的铁路客站适应性设计研究报告 [D]. 北京：北京交通大学，2011.

[3] 顾静航 . 城市轨道交通枢纽一体化布局及换乘研究 [D]. 上海：同济大学，2008.

[4] 张纯，夏海山，宋彦 . 轨道交通带动下的城市形态演变——以北京为例 [J]. 城市发展研究，2016，23（9）: 107-112+157.

[5] 梁正，陈水英 . 轨道交通站点综合开发初探 [J]. 建筑学报，2008（5）: 81-83.

[6] 卢源，秦科 . 综合交通枢纽商业空间设计方法探讨 [J]. 交通节能与环保，2014（2）: 89-92.

[7] 秦科 . 基于客流新特征的铁路综合交通枢纽商业空间设计方法探讨 [J]. 铁道经济研究，2013（6）: 31-36.

[8] 陆锡明，江文平 . 无缝衔接理念与客运交通枢纽功能 [J]. 城市交通，2014，12（1）: 1-4.

[9] 盛强，夏海山，刘星 . 空间句法对地铁站间截面客流量的实证研究——以北京、天津和重庆为例 [J]. 城市规划，2018，v.42; No.376（6）: 57-67.

[10] 夏海山，张灿，金路 . 绿色交通建筑设计创新与 BIM 技术应用 [J]. 华中建筑，2016（3）: 128-131.

[11] 康宏 . 城市快速交通枢纽综合体设计研究 [D]. 上海：同济大学，2006.

[12] 王泉 . 城市轨道交通枢纽空间与流线研究——以北京苹果园交通枢纽综合体为例 [D]. 青岛：青岛理工大学，2014.

[13] 张帅 . 城市轨道交通枢纽内部空间交通流线设计初探 [D]. 北京：北京交通大学，2011.

[14] 李澍田 . 城市轨道交通枢纽综合体研究 [D]. 杭州：浙江大学，2007.

[15] 王少婧 . 轨道交通枢纽综合体空间形态研究 [D]. 成都：西南交通大学，2012.

[16] 董建宁 . 城市轨道交通枢纽站内外空间的高效能设计研究 [D]. 天津：天津大学，2004.

[17] 牛艳丽 . 公路客运交通枢纽换乘高效化对策研究 [D]. 重庆：重庆大学，2013.

[18] 徐婷婷 . 城市轨道交通枢纽公共空间设计研究 [D]. 北京：北京建筑工程学院，2008.

[19] 夏海山，张丹阳 . 规划思维转型与轨道交通站城一体化发展 [J]. 华中建筑，2019，37（6）: 63-66.

[20] 哈贝马斯，曹卫东 . 公共领域的结构转型 [M]. 上海：学林出版社，1999.

[21] 于雷 . 空间公共性研究 [M]. 南京：东南大学出版，2005.

[22] 王建国 . 城市设计 [M]. 北京：中国建筑工业出版社，2009：234.

[23] 于晓萍 . 城市轨道交通系统与多中心大都市区协同发展研究 [D]. 北京：北京交通大学，2016.

[24] 夏海山 . "思维转型与轨道交通站城一体化" 专栏 [J]. 华中建筑，2019，37（6）：62.

[25] 张岱宗 . 基于空间句法的轨道交通地下商业空间价值研究 [D]. 北京：北京交通大学，2017.

[26] 夏海山，钱霖霖 . 城市轨道交通综合体商业空间调查及使用后评价研究 [J]. 南方建筑，2013（2）：59-61.

[27] 钱霖霖 . 北京地铁商业空间的使用后评价研究 [D]. 北京：北京交通大学，2012.

[28] 刘娜，韩宝明，鲁放，等 . 中心地空间理论在地铁换乘枢纽设计中的应用 [J]. 都市快轨交通，2010（3）：66-69.

[29] 沈中伟 . 轨道交通枢纽综合体设计的核心问题 [J]. 时代建筑，2009（5）：27-29.

[30] 诺伯格·舒尔茨 . 场所精神——迈向建筑现象学 [M]. 施植明，译 . 台北：田园城市文化事业有限公司，1995.

[31] 吴良镛 . 基本理念·地域文化·时代模式——对中国建筑发展道路的探索 [J]. 建筑学报，2002（2）：6-8.

[32] 徐媛媛 . 与城市轨道交通一体化的建筑设计研究 [D]. 北京：北京建筑工程学院，2008.

[33] 胡乔 . 铁路客站景观设计的地域性表达研究 [D]. 成都：西南交通大学，2011.

[34] 魏曼云 . 城市交通性景观设计研究 [D]. 重庆：重庆大学，2015.

[35] 盖春英 . 北京市轨道交通沿线土地开发增值收益分配研究 [J]. 城市交通，2008（5）：32-35.

[36] 朱巍，安蕊 . 城市轨道交通建设采用 PPP 融资模式的探讨 [J]. 铁道运输与经济，2005（1）：27-29.

[37] 陈讯，邹庆 . 区域集聚经济与区域经济增长关系分析 [J]. 科技管理研究，2008（2）：84-86.

[38] 余柳，郭继孚，刘莹 . 铁路客运枢纽与城市协调关系及对策 [J]. 城市交通，2018（4）：26-33.

[39] 吴韬 . 轨道交通综合体规划编制和技术指标构建分析 [C]// 科学发展·协同创新·共筑梦想——天津市社会科学界第十届学术年会，2014.

[40] 贾永刚，祝继常，诸葛恒英 . 城市综合交通枢纽一体化开发模式与实施探讨 [J]. 铁道运输与经济，2012，34（8）：85-88.

[41] 张颖 . 基于 TOD 的轨道交通项目融资模式探讨 [J]. 铁道运输与经济，2015（4）：78-81.

[42] 张子栋，苗彦英 . 中国城市轨道交通法律法规体系研究 [J]. 城市交通，2012，10
（6）：36-42.

[43] 张远飞 . 武汉市轨道交通地下空间开发利用研究 [D]. 武汉：华中科技大学，2013.

[44] 吴月霞 . 以地铁车站为核心的地下空间开发利用研究 [D]. 上海：同济大学，2008.

[45] 甘勇华 . 城市轨道交通枢纽综合开发模式研究 [D]. 武汉：华中科技大学，2011.

[46] 张远飞 . 武汉市轨道交通地下空间开发利用研究 [D]. 武汉：华中科技大学，2013.

[47] 廉文彬，贾永刚 . 铁路车站经济圈的构建与运作模式研究 [J]. 铁道运输与经济，
2011，33（6）：1-5.

[48] 矢岛隆，家田仁 . 轨道创造的世界都市——东京 [M]. 北京：中国建筑工业出版社，
2016.

[49] 袁红 . 重庆商业中心区地下空间开发利用研究 [D]. 重庆：重庆大学，2013.

[50] 张强华 . 高速铁路枢纽地区的开发模式研究 [D]. 南京：南京大学，2010.

[51] 张协铭，杨宇星，李桂波，等 . 轨道站点用地调整及交通接驳实施策略和措施研究
[C]// 中国城市规划学会 . 新型城镇化与交通发展——2013 年中国城市交通规划年
会暨第 27 次学术研讨会论文集 . 2013.

[52] 郑文含 . 分类轨道交通站点地区用地布局探讨 [C]// 中国城市规划学会 . 生态文明
视角下的城乡规划——2008 中国城市规划年会论文集 . 2008.

[53] 蒋维科，周立 . 城际轨道交通枢纽地区整体规划设计实践——以苏州工业园区城铁
综合商务区为例 [C]// 中国城市规划学会 . 多元与包容——2012 中国城市规划年
会论文集（05. 城市道路与交通规划）. 2012.

[54] 邱增锋 . 城市轨道交通站区综合开发策略研究 [D]. 长沙：湖南大学，2010.

[55] 郑文含 . 居住型轨道交通站点地区用地布局探讨 [J]. 规划师，2009，25（12）：
58-62.

[56] 肖为周 . 大城市轨道交通与土地利用互动关系研究 [D]. 南京：东南大学，2010.

[57] 张子栋，苗彦英 . 中国城市轨道交通法律法规体系研究 [J]. 城市交通，2012，10
（6）：36-42.

[58] 张兴彦 . 城市轨道交通建设若干管理问题的研究 [D]. 天津：天津大学，2006.

[59] 郭仁玉 . 城市基础设施建设项目投融资研究 [D]. 上海：同济大学，2005.

[60] 刘卫 . BOT 投资方式法律风险问题研究 [D]. 武汉：武汉大学，2003.

[61] 刘兴民 . 绿色生态城区运营管理研究 [D]. 重庆：重庆大学，2014.

[62] 张燕 . 城市轨道交通投融资模式比较研究 [D]. 武汉：华中科技大学，2006.

[63] 王欣欣 . 信托业务在管理层收购（MBO）中的应用研究 [D]. 天津：南开大学，2004.

[64] 吴月霞 . 以地铁车站为核心的地下空间开发利用研究 [D]. 上海：同济大学，2008.

[65] 任海静 . 重庆市轨道交通地下空间商业经营模式研究 [D]. 重庆：重庆大学，2012.

[66] 梁小军 . 铁路科学发展新形势下关于高铁商业开发的几点思考 [J]. 长沙铁道学院
学报（社会科学版），2012（2）：50-52.

[67] 苏秋迎 . 重庆市轨道交通地下站点周边地下空间综合开发利用模式和需求分析 [D].
重庆：重庆大学，2012.

[68] 周浪雅，冯姗姗，李桥 . 高速铁路商业经营模式的探讨 [J]. 铁道运输与经济，
2013（12）：49-52.

[69] 孟琳 . 北京城市轨道交通商业物业价值评估 [D]. 北京：北京交通大学，2013.

[70] 夏海山 . 大数据与现代交通卷首语 [J]. 西部人居环境，2017（1）.

[71] 禹丹丹 . 基于寻路行为的轨道交通枢纽导向标识布局方案仿真评估研究 [D]. 北
京：北京交通大学，2012.

[72] 刘皆谊 . 城市立体化视角：地下街设计及其理论 [M]. 南京：东南大学出版社，2009.

[73] 日建设计站城一体开发研究会 . 站城一体开发——新一代公共交通指向型城市建
设 [M]. 北京：中国建筑工业出版社，2014.

[74] 日建设计站城一体开发研究会 . 站城一体开发 II TOD46 的魅力 [M]. 沈阳：辽宁
科学技术出版社，2014.

[75] 韦恩·奥图，唐·洛干 . 美国都市建筑：城市设计的触媒 [M]. 台北：创兴出版社，
1994.

[76] 胡昂 . 日本枢纽型车站建设及周边城市开发 [M]. 成都：四川大学出版社，2016.

[77] 路易斯·维达尔 . 城市轨道交通设计手册 [M]. 沈阳：辽宁科学技术出版社，2013.

[78] 李立，夏海山 . 数字思维下的建筑设计方法 [J]. 华中建筑，2016，v.34；No.225
（2）：16-19.

[79] 付玲玲 . 城市轨道交通枢纽站点间换乘设施设计研究 [D]. 西安：长安大学，2008.

[80] 尚晋 . 乌得勒支中央火车站，乌得勒支，荷兰 [J]. 世界建筑，2018（4）：64-71.

[81] 首尔路 7017，首尔，韩国 [J]. 世界建筑，2018（4）：92-97.

[82] Chen Yuxiao 上州富冈站，群马，日本 [J]. 世界建筑，2018（4）：80-86.

[83] 古谷诚章 . 茅野市民馆，长野，日本 [J]. 世界建筑，2018（4）：72-79.

[84] 深圳地铁前海湾上盖物业综合开发（龙海家园），深圳，中国 [J]. 世界建筑，2018
（4）：40-43.

[85] 付剑桥 . 城市轨道交通综合枢纽与商业空间一体化设计策略研究 [D]. 重庆：重庆
大学，2012.

[86] 朱家骅 . 商业综合体与轨道交通站点间媒介空间设计研究 [D]. 重庆：重庆大学，
2016.

[87] 原伟 . 城市综合体与城市公共交通衔接空间的设计探讨 [D]. 重庆：重庆大学，
2010.

[88] 李柔锋 . 中日交通枢纽之商业空间比较研究 [D]. 成都：西南交通大学，2012.

[89] 安藤忠雄 . 安藤忠雄论建筑 [M]. 北京：中国建筑工业出版社，2003.

[90] 胡乔 . 铁路客站景观设计的地域性表达研究 [D]. 成都：西南交通大学，2011.

[91] 张慧，王淮梁 . 城市公共空间环境中标识导向系统的设计研究 [J]. 兰州工业学院学

报，2014，21（4）：79-83.

[92] 戴炜 . 中外地铁站空间环境设计的比较研究——以北京地铁与伦敦地铁为例 [D].
济南：山东建筑大学，2016.

[93] 纪托 . 综合交通枢纽中公交场站导向标识系统设计研究 [D]. 北京：北京交通大学，
2015.

[94] 马雪 . 城市地下空间导向标识系统设计 [D]. 天津：天津大学，2009.

[95] 张灿 . 基于 BIM 的轨道交通综合体设计效率提升策略研究 [D]. 北京：北京交通大
学，2017.

[96] 邓波 . 从上海城市发展史看"大虹桥"战略的意义 [J]. 工程研究：跨学科视野中
的工程，2011，3（2）：132-148.

[97] 黄骏 . 地铁站域公共空间整体性研究 [J]. 南方建筑，2009（5）：51-51.

[98] 仲泉丞 . 基于空间绩效的交通综合体剖面设计研究 [D]. 成都：西南交通大学，
2014.

[99] 刘刚 . 基于空间句法的轨道交通综合体换乘空间通达性设计初探 [D]. 北京：北京
交通大学，2015.

[100] 刘明 . 铁路客站广场的城市化和换乘衔接设计研究 [D]. 北京：北京交通大学，
2012.

[101] 王禄为 . 城市轨道交通与常规公交的换乘模式分析与评价 [D]. 北京：北京交通
大学，2014.

[102] 孙翔，田银生 . 日韩高速铁路客运站建设特点及其借鉴 [J]. 规划师，2010（1）：
88-91.

[103] 张佳丽 . 铁路交通枢纽综合体功能复合与空间形态设计研究 [D]. 北京：北京交
通大学，2013.

[104] 赵钺，林小峰 . 时空的转换虚实的对接——日本京都火车站的景观设计 [J]. 园林，
2005（12）：24-26.

[105] 董玉香 . 俄罗斯地铁站地下空间人性化设计 [J]. 建筑学报，2004（11）：
79-81.

[106] 董玉香 . 俄罗斯地铁换乘站地下空间设计研究 [J]. 华中建筑，2012，30（1）：
6-10.

[107] 张鑫 . 城市文化的视觉传播——城市地铁中的视觉传达设计 [M]. 武汉：武汉大
学出版社，2016.

[108] 中国城市规划学会，CCDI 悉地国际 . 城市新引力（3 轨道交通综合开发规划理
论与实践）[M]. 北京：中国城市出版社，2016.

[109] 尼科斯 .A. 萨林加罗斯 . 建筑论语 [M]. 吴秀洁，译 . 北京：中国建筑工业出版社
2010.

[110] 北田静男，周伊 . 公共建筑设计原理 [M]. 上海：上海人民美术出版社，2016.

后 记

想写这样一本书算起来有十年时间了。2009年调到北京交通大学开始将研究集中在轨道交通领域，指导第一个研究生的题目就是"铁路客站适应性设计"，此后结合"轨道交通与城市空间"连续主持了三项国家自然科学基金项目，并与中国城市轨道交通协会、中国城市规划设计院和北京城建院等单位合作开展了一系列研究，通过这些研究培养了20多位博士和硕士生，带动一批年轻教师投入该领域，也算是对接高铁和城市轨道交通快速发展的需求。2010年提出这本书的选题便得到出版社的肯定，但写书的工作断断续续，期间也在《Urban Rail Transit》《世界建筑》《华中建筑》等期刊上组织了一些关于"TOD""轨道交通枢纽""站城一体化"等专题文章，但书的进展远落后于中国轨道交通的建设速度，很多年过去了，看到一个个轨道交通枢纽建成使用的同时，也感慨需要研究和思考的问题越来越多，完成书稿的压力也越来越大。

直到今年生病辞掉了行政职务，便有了些自己的时间，在很多以前希望做但是没有精力做的事情中，首先选择了这本书。因身体恢复期还不能持续工作时间太长，好在两位博士生林春翔和刘晓彤也都研究这个方向，于是请他俩加入进来，一起投入写作了8个月的时间，算是将这些年在这个方向的研究和思考做一个整理总结，拿出来与大家分享。

集中的写作也是一个专注学习的过程，期间与两位博士生针对每个问题的讨论、反复研读文献、共同分析实践案例，都是不断思考和提升的过程。同时也深深感到，从发展的角度来看待轨道交通和城市建设，很多认识和思考都是不断变化的，本书受到资料条件和认识的制约，不免会有不成熟的观点和甚至谬误，也希望得到大家的批评指正。

　　特别感谢在研究和写作过程中一直得到城市轨道交通领域的前辈施仲衡院士的关心，以及规划设计领域崔愷院士的鼓励和帮助，并从百忙中抽出时间为本书作序。在研究的过程中感谢中国城市轨道交通协会宋敏华秘书长以及学术委员会仲建华主任、《都市快轨交通》韩宝明社长、北京城建院杨秀仁总工等很多业内专家的帮助和支持。还需要在这里感谢的是胡映东老师、博士生吴黎明和尹建坤、硕士生张岱宗等，为本书做了很多前期的资料收集整理工作。另外，工作室的几位学生参加了本书文字资料的整理、编排和绘图工作，他们是博士生刘子硕，硕士生吴天雯、成静、李艳雯、赵梦茹。工作室的博生生马丽娅，假期回俄罗斯专门为本书拍摄了很多照片，还有研究生张丹阳，利用去日本调研枢纽建筑的机会也为本书提供了一些照片，在此也特别感谢他们的辛勤付出。

　　经历这么多年最后成书，特别感谢中国建筑工业出版社咸大庆总编的鼓励和支持，以及杨虹主任以及编辑团队的耐心和细心。

于北京交通大学

2019 年岁末

图书在版编目（CIP）数据

当代城市轨道交通枢纽开发与空间规划设计／夏海山，林春翔，刘晓彤著．—北京：中国建筑工业出版社，2019.12
　　ISBN 978-7-112-24573-4

　　Ⅰ．①当…　Ⅱ．①夏…②林…③刘…　Ⅲ．①城市铁路－交通运输中心－建筑设计　Ⅳ．① TU921

　　中国版本图书馆 CIP 数据核字 (2019) 第 286267 号

责任编辑：杨　虹　尤凯曦
书籍设计：康　羽
责任校对：焦　乐

当代城市轨道交通枢纽开发与空间规划设计
夏海山　林春翔　刘晓彤　著
*
中国建筑工业出版社出版、发行（北京海淀三里河路 9 号）
各地新华书店、建筑书店经销
北京雅盈中佳图文设计公司制版
北京富诚彩色印刷有限公司印刷
*
开本：787 毫米 ×1092 毫米　1/16　印张：17³/₄　字数：324 千字
2019 年 12 月第一版　2019 年 12 月第一次印刷
定价：**118.00** 元
ISBN 978-7-112-24573-4
　　　　(35263)